版权声明

Introduction to Psychoanalysis: Contemporary Theory and Practice
© 1995 Anthony Bateman and Jeremy Holmes.

Authorized translation from the English language edition published by Routledge, a member of the Taylor & Francis Group, LLC. All Rights Reserved.

本书原版由Taylor & Francis出版集团旗下Routledge出版公司出版，并经其授权翻译出版。版权所有，侵权必究。

China Light Industry Press Ltd. / Beijing Multi-Million New Era Culture and Media Company, Ltd. is authorized to publish and distribute exclusively the Chinese (Simplified Characters) language edition. This edition is authorized for sale throughout Mainland of China. No part of the publication may be reproduced or distributed by any means, or stored in a database or retrieval system, without the prior written permission of the publisher.

本书简体中文版由中国轻工业出版社有限公司／北京万千新文化传媒有限公司独家出版并限在中国大陆地区销售。未经出版者书面许可，不得以任何方式复制或发行本书的任何部分。

Copies of this book sold without a Taylor & Francis sticker on the cover are unauthorized and illegal.

本书封面贴有Taylor & Francis公司防伪标签，无标签者不得销售。

《当代精神分析导论》中文译稿 2017/06/14

安东尼·贝特曼（Anthony Bateman）、杰瑞米·霍姆斯（Jeremy Holmes）／著，
樊雪梅、林玉华／译

简体中文译稿经由心灵工坊文化事业股份有限公司
授权 中国轻工业出版社（北京万千新文化传媒有限公司）在中国大陆地区独家出版发行

英国精神分析系列丛书

丛书主编 杨方峰

Introduction to Psychoanalysis
Contemporary Theory and Practice

当代精神分析导论

理论与实务

［英］Anthony Bateman，Jeremy Holmes 著

樊雪梅 林玉华 译

中国轻工业出版社

图书在版编目(CIP)数据

当代精神分析导论：理论与实务/(英)安东尼·贝特曼(Anthony Bateman)，(英)杰瑞米·霍姆斯(Jeremy Holmes)著；樊雪梅，林玉华译. —北京：中国轻工业出版社，2020.3（2023.11重印）
（英国精神分析系列丛书）
ISBN 978-7-5184-2524-2

Ⅰ. ①当… Ⅱ. ①安… ②杰… ③樊… ④林… Ⅲ. ①精神分析 Ⅳ. ①B84-065

中国版本图书馆CIP数据核字（2019）第121166号

责任编辑：陈 珵　　文字编辑：王雅琦
策划编辑：阎 兰　　责任终审：杜文勇
责任校对：刘志颖　　责任监印：吴维斌

出版发行：中国轻工业出版社（北京东长安街6号，邮编：100740）
印　　刷：三河市鑫金马印装有限公司
经　　销：各地新华书店
版　　次：2023年11月第1版第3次印刷
开　　本：710×1000　1/16　印张：20.25
字　　数：220千字
书　　号：ISBN 978-7-5184-2524-2　定价：76.00元
读者热线：010-65181109，65262933
发行电话：010-85119832　传真：010-85113293
网　　址：http://www.chlip.com.cn　http://www.wqedu.com
电子信箱：1012305542@qq.com
如发现图书残缺请拨打读者热线联系调换
231907Y2C103ZYW

丛 书 序

近年来，精神分析在中国的蓬勃发展，使得客体关系已然成为大家耳熟能详的名词。发源于英国的客体关系精神分析，在众多流派中最为重视人际关系的背景，对于同样热衷人际关系的中国人而言，想必最能贴近其心智经验。由梅兰妮·克莱茵（Melanie Klein）开创的这一学派，率先关注尚未掌握语言能力的婴幼儿与母亲之间的沟通方式。而中国人往往习惯于间接、含蓄的表达，话语中常常包含言外之意，表达的形式也重于言语所直接传达的内容，这相较于西方人表达上的直言不讳，更像是前言语期母婴之间的沟通方式。

继弗洛伊德发现人类的动力潜意识（dynamic unconscious）之后，克莱茵与她的追随者们，勇于探索人类心灵的最深处，将一些远离我们日常经验的心智运作模式呈现给世人。这些内容难免令初学者感到费劲，也增加了翻译工作的难度，给人留下一种印象：这类深度心理学著作晦涩难懂，几乎无法译成流畅的中文。记得大约在十年前，我还是一名航天专业的工科学生，偶然在图书馆翻到精神分析的书籍，便受到深深地吸引。一些读不太懂的文字，却总有几句触动你的心弦，于是便有了想要继续深入下去的愿望。随着对精神分析的兴趣日益浓厚，我决定收拾行囊，远赴英国，学习纯正的客体关系精神分析。海外学习的经验让我发现，并非所有的精神分析书籍都是难读的，甚至一些英文原版的入门读物，非常通俗易懂，比相应的中文译著要好读得多。2013年的某个午后，我在伦敦 Tavistock 中心*的图书馆偶然看到繁体中文版的《俄狄浦斯情结新解》一书，译文流畅、精准，顿时领略到中文阐述精神分析思想的美，也打破了"精神分析书籍难以译成流畅的中文"的印象。

再后来，读到同一系列中《内在生命》（*Inside Lives*）、《谈话治疗》（*Talking Cure*）等著作，更加确信精神分析思想可以通过生动、贴切的中文表达。2000年林玉华教授从英国受训回来后，便开始致力于精神分析的推广，其中包括引进 Tavistock 中心出版的一系列经典著作，前文提及的几本好书便属于这一系列。2015年在北京遇见"万千心理"的编辑闫兰，我极力把这套丛书推荐给她。于是，在闫兰编辑的努力下，其中几本的简体中文版便陆续得以问世。

安东尼·贝特曼（Anthony Bateman）等人的《当代精神分析导论——理论与实务》（*Introduction to Psychoanalysis: Contemporary Theory and Practice*）一书，将带领读者一览当代几个主要流派，略述精神分析跨世纪以来的争议所衍生出来的几大学派在理论与实务上所强调的重点，包括古典精神分析、克莱茵学派、独立学派、当代弗洛伊德学派、人际学派、科胡特学派、拉康学派及自我心理学学派等（林玉华，2002）。

《临床克莱茵》（*Clinical Klein*）一书首次从临床与历史的视角对克莱茵学派的思想进行了全面的阐述。克莱茵学派的概念来源于临床治疗的工作，鲍勃·欣谢尔伍德（Bob Hinshelwood）精心地挑选克莱茵所做的个案，介绍克莱茵如何架构其诠释，如何由病人的谈话中探测病人的心智内涵与历程，及如何借此了解病人所传达的潜意识（林玉华，2002）。

英国的 Tavistock 中心成立于1920年，被认为是世界级精神分析取

---

* 英国 Tavistock 中心（The Tavistock & Portman NHS Foundation Trust），中文译名为"塔维斯托克中心"，是一家集临床心理治疗、教学和科研为一体的顶尖心理治疗机构。克莱茵和温尼科特等精神分析史上的重要人物，曾在该中心授课。——序文作者注

向心理治疗的训练重镇之一，以克莱茵学派为主。大卫·泰勒（David Taylor）所主编的《谈话治疗》一书，收集Tavistock中心的临床研究与个案讨论，论证Tavistock模式对于心智世界的了解，如心智是如何形成的？在各成长阶段中，心智如何运作？"心"如何具有理性所不知的理性？谈话如何有治疗效果等（林玉华，2002）。

马戈·沃德尔（Margot Waddell）是Tavistock中心的资深儿童心理治疗师，她所撰写的《内在生命——精神分析与人格发展》（*Inside Lives: Psychoanalysis and The Growth of The Personality*），从精神分析角度阐述人的发展历程。她由临床实例及文献，巨细无遗地描绘由婴儿到老年的成长过程中，促进及妨碍心智与情绪成长的因素。沃德尔根据多年从事精神分析的经验，以当代精神分析的克莱茵思路为主轴，深入浅出地描绘人格的发展过程（林玉华，2002）。

俄狄浦斯情结可说是精神分析最主要的概念之一。弗洛伊德之后，俄狄浦斯的概念经过几番修饰，约翰·史坦纳（John Steiner）所编辑的《俄狄浦斯情结新解》（*The Oedipus Complex Today: Clinical Implications*）收集了克莱茵及3位克莱茵学派主要代表人物——布里顿（Britton）、费德曼（Feldman）和欧夏尼西（O'Shaughnessy）对于俄狄浦斯的解释。克莱茵以她的个案，10岁的李察及2岁9个月的丽塔为例，描绘俄狄浦斯情结如何通过游戏呈现。其他3位作者则以他们自己的案例，描述当代精神分析对于俄狄浦斯的了解如何由克莱茵的主要概念衍生而来（林玉华，2002）。

1948年，艾斯特·比克（Esther Bick）在Tavistock中心开始以"婴儿观察"作为儿童心理治疗师的养成训练课程之一。1960年伦敦的精神分析学院（Institute of Psycho-Analysis）跟进，"婴儿观察"成为受训精神分析师的必修课程之一。目前欧洲、加拿大、美国、南美洲、非洲、大洋洲及亚洲的许多精神分析训练学院，也将此作为精神分析训练的先修课程。《婴儿观察》（*Closely Observed Infants*）一书的作者们，皆为

Tavistock 的教师，他们以案例描述精神分析师或心理治疗师如何通过观察婴儿学习早期的情绪发展及其内在世界的形成过程，了解婴儿与其家人最原始的情绪互动，并体会自己在观察婴儿与家人互动过程中的情绪反应（林玉华，2002）。

赫伯特·罗森菲尔德（Herbert Rosenfeld）在《僵局与诠释》（*Impasse and Interpretation*）一书中，以鲜活的案例，有力地呈现精神分析对于精神病的治疗效果。他由临床案例解释在诊疗室中的"治疗"及"反治疗"因素，并以案例周详而细致地描绘如何借由了解自恋状态及投射认同，避免治疗僵局的发生。作者认为，能与病人最病态的部分接触，是治疗成功的要素（林玉华，2002）。

《理解创伤》（*Understanding Trauma*）一书描绘创伤事件对于幸存者情绪及生活的影响，常常是持久而不被觉知的。作者们以理论及临床案例，描绘如何从精神分析的角度，了解创伤事件对于每位当事者的意义，及帮助当事者寻回生活的意义的治疗过程。本书介绍多种不同的干预方式，如短期个体咨询、团体治疗及个体分析等（林玉华，2002）。

林玉华教授建议将这套简体中文版系列命名为"英国精神分析系列丛书"，有意避开"客体关系"这一术语，是因为流传到美国的客体关系与英国本土的客体关系已经大为不同。正在流向中国，碰触到中国文化的英国精神分析，又将呈现什么样的面貌？

精神分析的学习是一个漫长的过程，分析师需要在长年累月的个人分析（精神分析的频率一般为每周四五次）与督导学习中慢慢积淀。翻译精神分析著作亦是如此，需要建立在对原著有一定体悟的基础上。放眼当今中国，在追求经济发展的大环境下，精神分析似乎也成了一种快速生活，即快速出书、快速认证、快速见效、快速赚钱……这似乎违背了精神分析追求慢生活的本质与精髓。对此，客体关系视角的理解可以是：当人们没有遇到足够好的客体时，难以维持在抑郁位置（depressive position）。相应地，象征形成（symbol formation）的能力也会不足，即人与人的关系连接无法较多地依靠互相了解、看见与被看见的形式来维系［比昂（Bion）的 K 连接（K link）］，而不得不过度仰赖具体、有形或不变的事物，如共同拥有的孩子与房产，学历、学位、职称等外在的名头，金钱、礼物等可以互换的现实利益。

伦敦学习的经历，让我有幸结识林玉华、樊雪梅、魏秀年等前辈，她们对于精神分析的热爱与天赋，对于学习方法与分析设置的坚守，着实令我感动。她们作为主要译者参与了这套"英国精神分析系列丛书"的翻译，参与翻译的还有许多专业资质和语言功底兼具的译者，在此不一一列出。最后，我衷心希望"万千心理"出版的这套经典丛书的简体中文版，可以让广大读者近距离感受英国精神分析的理念和实践方法并从中获益。

杨方峰
2017 年 1 月

推荐序

浓缩还是鲜榨果汁？

在百家理论众声喧哗的浪潮中，在不同治疗者各行其是的情形下，如何让专业学习人士迅速地在精神分析的领域，得以不失偏颇，综览全貌，不致空谈，亲炙实务？这几乎是不可能的任务。

《当代精神分析导论——理论与实务》的两位作者安东尼·贝特曼与杰瑞米·霍姆斯，在伦敦执业与研究多年后，极富巧思地试图完成这一任务。我们从书名得知这是本导论，而且引导的重点可分为：①当代；②理论；③实务。

当代：精神分析已经发展了百余年，这一学问的理论主张与临床实践在当下与过去有何区别呢？细心的读者不难察觉，从第一章开始到随后贯穿全书的每一章，都以引用弗洛伊德的名句来开头。读者可能会问，既然要谈当代，为何如此累赘地一直提及"弗洛伊德这么说、弗洛伊德那么说"呢？别忘了，作者谈的不只是历史，而且有争议；换言之，弗洛伊德虽然是精神分析的奠基者，但他的主张并不教条。他的主张不但是精神分析的创始，同时也是引发了多种观点的开端。一个学习心理学的学生曾问我，为何许多心理学的书籍在引论中都会提到弗洛伊德，并且"一致"认为他的理论已经过时（换种说法，已成为历史）。那么为何不将他删去呢？不再提他不是更省事吗？这种说法表面上言之成理，但细究之下，认为弗洛伊德已过时的主张其实隐含着"历史就是与当代无关的过去"的观点。我们能否有另一种观点呢？每当提到当代和现在，其实已经包含着特定的古典和历史。这种观点不只是影射着历史决定了当代的成就，而且认为历史与我们当下的争议息息相关，因此古典与当代并非是线性的发展，而是相互揭露局限、启发新的开端，在这种古典与当代互为主体的关照下，作者精练地介绍了精神分析的理论与实务。

理论：维德尔（R.Waelder，1962）将精神分析理论分为四个层次：

(1) 针对个别被治疗者的特色所形成的诠释；
(2) 针对某种诊断类别（例如自恋型人格）所积累的知识；
(3) 针对精神分析基本概念（如防御机制、移情）与临床现象结合的说明与陈述；
(4) 针对抽象概念的解释，例如生本能与死本能。

作者将重心摆在第三个层次，并且以许多简明的案例来概括第一个与第二个层次。

以各种心智模式的主张为开端，接着探讨内在世界的起源以及在世界当中运转的情形（防御机制），随即邀请读者来到分析的实境，也就是充满了移情与反移情张力的临床情境，最后以梦、象征与想象——这一取之不尽、用之不竭的分析的核心——作为理论介绍的休止符。

作者非常精彩、简约地将各家的理论最精要的部分进行对比，包括弗洛伊德、自我、自体心理学、人际客体关系、克莱茵-比昂模式等等，让读者对不同理论的主张与差异有了初步的认识。但在提到当代精神分析寻求大一统理论时，则说："三个凸显的主题是表征（representation）、情感（affect）和故事或叙事（narrative）"，对于要凭借导论入门精神分析的读者，这种表达法委实过于凝缩，难以消化，特别是作者尚未说明（言说）的特殊性质，就凸显了叙事的重要性。

实务：这是本书最值得先看的部分。主题涵盖了初次会谈、治疗关系的探讨、治疗时可能遭遇的困难、赖以解决的方法、历来对精神医学的贡献，以及日后对精神分析疗效（心理治疗）的值得信赖的研究。

梅宁格（K. Menninger，1958）以及马兰（D. Malan，1979）等人所主张的诠释三角，的确是初学者了解临床情况的极佳依靠。然而在书末结尾时，作者主张精神分析与研究的关系有五点：①精神分析不能闭门造车；②可以有所凭据，更有效、更有用地处理心理困扰；③让精神分析自我检视，抛弃过时而无用的神话部分；④精神分析如果要继续得到政府的补助，在健康保障体系中生存，就必须以科学的方法来证明其有效性；⑤研究让精神分析不致脱离现实，成为孤魂野鬼。笔者有些疑惑地自问：神话真的是无用的部分吗？精神分析与心理治疗一定要政府补助才能生存吗？倒是有不少研究者脱离了临床的现实，不但没有成为孤魂野鬼，反而成为研究补助金的宠儿。

翻译者玉华、雪梅有多年在英国研习精神分析的体验（不仅是研读与研究而已），大约十年前玉华着手这本书的翻译，书籍原来是针对尚未见到精神分析果园、果树的读者。她们自然知道在课堂上如何补充不同时空背景下精神分析与心理治疗不同发展的面貌，以及如何妥当地回应笔者上述的小小疑点。然而，如果有读者认为仅凭这本精彩的概论，就了解了精神分析所有的理论，凭借这本独到的秘籍就可以在临床上挥斥方遒。那么，笔者的建议是：因为精神分析的果实尚未在本地量产，所以你喝到的是浓缩还原的果汁。如果觉得滋味不错，那么要不要尝尝鲜榨果汁？或者新鲜的果实？笔者期望翻译者，或者其他精神分析的先驱者，在下一个十年，能够栽培出比这本导论更地道的果实。

最后，吹毛求疵地指出一处翻译的问题：弗洛伊德的"娥玛梦"，被译为怪家伙之梦，有些令人不解。这则梦出自《梦的解析》的第二章，弗洛伊德以自己的梦作为开端，试图说明梦是欲望的满足，而称之为specimen dream，也许应该翻译为"作为样本的梦"。虽然值得商榷，但仍然瑕不掩瑜，因为整体翻译非常翔实生动。

最后的最后，阅读这本书让我忆起玉华从英国到巴黎游玩的那段时光。希望用这篇短短的序文，纪念荏苒的时光与持续的友谊。

杨明敏

中国台湾精神分析学会理事长，国际精神分析学会分析师

译者序之一

"We shall not cease from exploration
And the end of all our exploring
Will be to arrive where we started
And know the place for the first time."
——T. S. Eliot
'Little Gidding' from Four Quartets

"我们将不停止探索，
而我们一切探索的终点，
将是到达我们出发的地方，
并且是生平第一遭知道这地方。"
——T. S. Eliot
《四个四重奏·小吉丁》

Before London
Looked for an understanding
That heals the heart
In people, in religion and in art

伦敦之前
于人、信仰与文学中
寻求
可以医治心的可能

After London
Found a pair of glasses
That see through the dark

伦敦之后
有了一双可以穿越
黑暗的
眼

Translating or not Arrive where I started A book
That is the beginning and the end
And the end is where we start from

翻译此书
是起点
亦是终点

樊雪梅
2017年5月，中国台北

译者序之二

本书略述跨世纪以来精神分析所衍生的几个主要学派在理论和实务上的重要论述及其中异同，包括古典精神分析、克莱茵-比昂学派、英国客体关系或独立学派、自我心理学、人际关系、自体心理学以及拉康学派。这些学派的主要论点仍以弗洛伊德的核心思想为基础。弗洛伊德终其一生不断更新其对于心智世界的解读，早期由创伤典范到原欲理论，强调焦虑来自对于原欲的压抑，提出地形学模型（三个意识层论说）。晚期发现焦虑也是个体面对客体／环境威胁的反应或心理冲突，而提出结构模型（三个人格结构论说）作为补充，强调自我（原欲）与环境／客体之间错综复杂的能量纠葛。

弗洛伊德于1939年辞世之后，驱力与环境的心理病因的争议持续笼罩精神分析学界，其中首推梅兰妮·克莱茵（Melanie Klein）以及安娜·弗洛伊德（Anna Freud）于1941年在伦敦所展开的论战。论战以1944年两个学派代表人所签署的"绅士协议"落幕。论战之后的精神分析各学派相继出炉，本书作者将之统称为后弗洛伊德学派（Post-Freudian），包括自我心理学（Ego psychology）、克莱茵-比昂模式（The Klein-Bion Model）、客体关系理论（Object relations theory）、人际关系模式（The interpersonal Model）以及自体心理学（Self psychology）。

回到《弗洛伊德-克莱茵论战：1941—1945》（*The Freud-Klein Controversies: 1941-1945*），可以一窥本书作者挑选这些学派的思路。为了澄清何谓弗洛伊德学派的精神分析，英国精神分析师们（以克莱茵为代表）以及避难至英国的维也纳精神分析师们（以安娜·弗洛伊德为代表），针对有争议的理论议题与理解进行了激烈的讨论。争论的重点在于克莱茵是否太强调早期幻想生活（early phantasy life）或内在驱力，而忽略了环境对于人格发展的影响。换言之，在驱力和环境／人际之间，何者对人格发展的影响力属于初级的（primary），何者又是次级的（secondary）。本书作者所挑选的后弗洛伊德（Post-Freudian）或当代精神分析（contemporary psychoanalysis）学派之间的差异也以这两者为脉络。克莱茵学派强调驱力对人格发展的影响是主因（初级），环境是次因，而绅士协议之后衍生的独立学派（Independent）则主张环境对人格的影响才是主因，驱力是次因。与此争议相关的是由冲突论（古典弗洛伊德、克莱茵学派等）和缺陷论（独立学派、自体心理学等）所衍生的各学派，这两组论点几乎贯穿了整个当代精神分析导向心理治疗的核心思想。有些学派的论点比较偏颇，有些则在这两种对立思路之间游走（包含两者）。正如本书作者所言，最难的课题在于如何在避开宗派意识的同时，还能不掉入折中主义的陷阱。

作者在第二章阐述了心智模式的两种模型：一者强调内在精神运作（intrapsychic），包括弗洛伊德与克莱茵学派；二者则强调外在环境，例如新弗洛伊德学派和人际学派等。客体关系理论则是一个复杂且模糊的归类。作者将它区分为看重驱力以及不看重驱力的客体关系各个派别。英国客体关系以独立学派四君子费尔贝恩、温尼科特、巴林特和甘萃普为首，一方面沿用克莱茵的论点，强调婴儿被驱力所诱发的幻想及幻想中的母婴关系表征（非真实母婴关系）；另一方面撷取巴林特的观点，强调早期真实的母婴关系对于人格的影响。在美国，客体关系涵盖的范围还要更广，包括依恋理论以及强调环境缺陷的人际模式。这种区分法将克莱茵学派由客体关系区分出来，而与冲突论站在同一边。

除了学派争议之外，有关精神分析的诠释尚有强调自圆其说的内在一致论（coherent），以及强调与历史事实相符的相应论（correspondent）之争。精神分析界的临床工作者比较强调诠释的一致性，而学术界的精神分析研究学者则较强调具有实证效度的相应论,这个超过百年的争议至今仍然壁垒分明,未有共识。有关疗效则有古典的领悟观(insight)与当代的新经验观(new experience)或转化(transformation)之别。当代精神分析学者和临床工作者已不再视此为两个彼此冲突的概念,一般认为患者在诊疗室中的新经验(转化)使领悟更具体化,而领悟则使诊疗室中的新经验(转化)成为可能,两者互为因果,相互补充。以上的争议和整合持续影响着当代精神分析学派、理论、治疗技巧及其研究方法的扩展和创新。

过去二三十年来,许多学术界和临床界的先驱相继负笈海外接受长期临床训练,台湾地区关于精神分析的译著也如雨后春笋相继出现,因此大家在译词上也渐渐有了一些共识。这个新版本在参考台湾地区过去几年来的习惯用语以及多位临床工作者的建议之后,在译词上做了一些修正。其中特别要感谢刘佳昌、蔡荣裕、张凯理、王浩威、李清发和陈登义等医师以及龚卓军教授对于译词和译文的不吝指教,在此一并致谢。

林玉华
2017年5月,中国台北

作 者 序

初学精神分析的人常会得到这样的忠告——为了避免困惑,最好直接阅读弗洛伊德的著作,如:技巧方面的专著(Freud,1912a,1912b;1914a)、精神分析的简介(Freud,1916/17),或是两篇精神分析专有名词的解释(Freud,1922)。这不仅因为弗洛伊德是精神分析的创始者,或是他的思想和风格清晰可辨,更非因为"回归弗洛伊德"是精神分析界必然的趋势;而是因为在精神分析发展的早期,单一"巨作"(Schafer,1990)是可能的;在之后,因为精神分析运动的拓展、发展的多样,再加上许多的争论、分裂和敌对,要找出单一巨作就很难了。

介绍当代精神分析实务或类似实务导论之类的好书不少。我们已在参考书目中,将这些有用的好书标上星号(*)。这些书试图从一个特定的观点了解精神分析历程,其中包括:克莱茵学派、独立学派、当代弗洛伊德学派、人际关系学派、科胡特学派、拉康学派及自我心理学学派。这一多元发展的现象,部分源自分析训练里最独特且必要的经验,即个人被分析的经历。每一个不同的精神分析取向不仅呈现其理论导向,也各自有其传统、风格、来源,以及被分析者在训练过程中慢慢习得的一套共享的价值观与临床假设。在这个过程中,他/她除了需要消化吸收其所认同的独特价值观和临床假设之外,也需要发展出内在的自由,找到自己的特色。

当 Edwina Welham 接受 Jonathan Pedder 的建议,邀请我们写本精神分析导论来搭配《心理治疗导论》(*Introduction to Psychotherapy*)一书时,我们觉得时机已经成熟,到了整合不同精神分析学派理论与实务，并找出共同点的时候了（Wallerstein，1992）。我们认为，不管理论上多么有分歧，整合临床上的理论是可行的（Klein，1976）。受到这个想法的鼓舞，我们决定以丰富的实例来串联文章，并试着展现不同的临床取向该如何整合于同一个架构中。在行文中，我们小心地避开掉进宗派主义或折中主义陷阱的风险。分析师要有能力引用其专业中多元多样的想法与技巧，同时，为了使实务工作更有效能，也必须能在某一特定的分析观点内工作。本书应该会被归在"批判性辞典"（Rycroft，1972；Hinshelwood，1989）一类，即旨在澄清、质疑并萃取每一个精神分析观点中有价值的部分。我们尽可能将研究发现带进精神分析的概念及实务中，并且在撰写及出版之间存在的时差限制中涵盖最新的当代精神分析思潮。本书的副标题——理论与实务*，是为了区分"古典"与"现代（或当代）"思想与实务。此副标题虽然好用，但免不了"人为区分"的有限性。虽然区分"古典"与"现代"有其益处，但不应被视为一种对立，而应该把前者视为后者的基石。再者，我们俩同时在公立精神医疗体系里工作，也私人执业，所以在书中也花了对等的篇幅来讨论精神分析导向心理治疗在治疗严重病患这个范畴的角色作用。这便牵涉到本书的作者——我们——到底是谁。作者之一（AB）是有着丰富精神医学及实务经验的分析师，另一位（JH）则是精神科医师暨精神分析取向心理治疗师。希望我们两人的背景使我们有足够的共识提供统一的观点，也有足够的差异以增加本书的广度。整体来说，我们撰写此书的过程合作无间。有时，作者之一会觉得我们的批判性太多，分析性不足；另一人则觉得我们对精神分析有太多敬畏，疏于将分析流派置于更大的脉络里。

我们的愿望是出版一本对学习精神分析及精神分析导向心理治疗的读者有用的书，这本书包括当代精神分析主要的原理、原则及实务，

---

* 此处指原著副标题"Contemporary Theory and Practice"。——译者注

不仅与临床工作相关，在理论上也足以激发你的兴趣。大部分读者会觉得本书内容不陌生，但也有些读者可能会觉得晦暗不明。我们希望本书能在新手与有经验者之间创造足够的过渡空间，因而有其价值。

我们非常清楚，因为本书有许多不得不省略与不得不列入的内容，导致在某些方面会有所缺失——我们对种族、阶级与性别等议题的处理很有限。与性别有关的一个很重要的议题，也是许多当代作者面临的难题，是书中的人称代名词。最终，尽管知道女性分析师及女性病人比男性多，我们还是决定用带有父系偏向的第三人称代名词"他（he）"。我们俩的分析取向是纯粹的弗洛伊德学派，毫无疑问我们只简略地提及了荣格精神分析。本书另外一个明显略过的主题是儿童心理治疗，这是因为我们俩对这个主题实在没有把握。本书也略过了精神分析在文学理论、心理学史及社会学上的重要影响，不是因为我们对此没有兴趣，而是实在没有更多空间了。本书列举了许多实例——我们深知在书里举例存在专业伦理问题——有些案例已征得病人的同意，其他的因为不可能征得病人同意，只好将病人的个人背景加以修改。

阅读此书时，不需要从头读到尾。每一章均具完整性，可单独存在。各章中会重复使用某些同样的参考文献，主要是因为某些主题，如移情、投射-认同、引发改变的诠释、过渡空间等，无法避免地会一再出现于不同的篇章。在学习一项工艺或技术时，理论与实务之间的交流是无法避免的，精神分析亦不例外。我们知道在本书第一部分"理论"与第二部分"实务"的基调有明显的不同。第一部分旨在传达最新的当代精神分析理论，并希望可以同时满足初学者及有经验者的兴趣。第二部分则无法避免有较浓的导论性质。精致多元的理论以及与高共通性的实务之间的分歧，已渐渐成为精神分析领域里的讨论焦点（Tuckett，1994）。

致　　谢

本书仰赖许多人的协助，包括我的老师、分析师、同事、学生、患者、督导和朋友（有许多协助我们撰写此书的人同时有好几个身份）。我们要特别感谢 John Adey、Mark Aveline、Rosemarie Bateman、Harold Blum、Patrick Gallwey、Fiona Gardner、Isabelle Grey、Stephen Grosz、Ros Holmes、Matthew Holmes、Jane Milton、Jonathan Pedder、Rosine Perelberg、Glenn Roberts、Charles Rycroft，以及 Mark Solms。他们费心地读了部分或全部的手稿，给了我们许多有益的建议和更正。感谢丹佛北区医院的图书馆主任 Alison Housley、精神分析学院的图书馆主任 Jill Duncan，以及海宁格卫生部圣安医院的图书馆主任 Eleanor MacKenzie 热忱高效地响应我们查询文献的要求。最后，感谢我们的家人，谢谢他们的支持与包容。

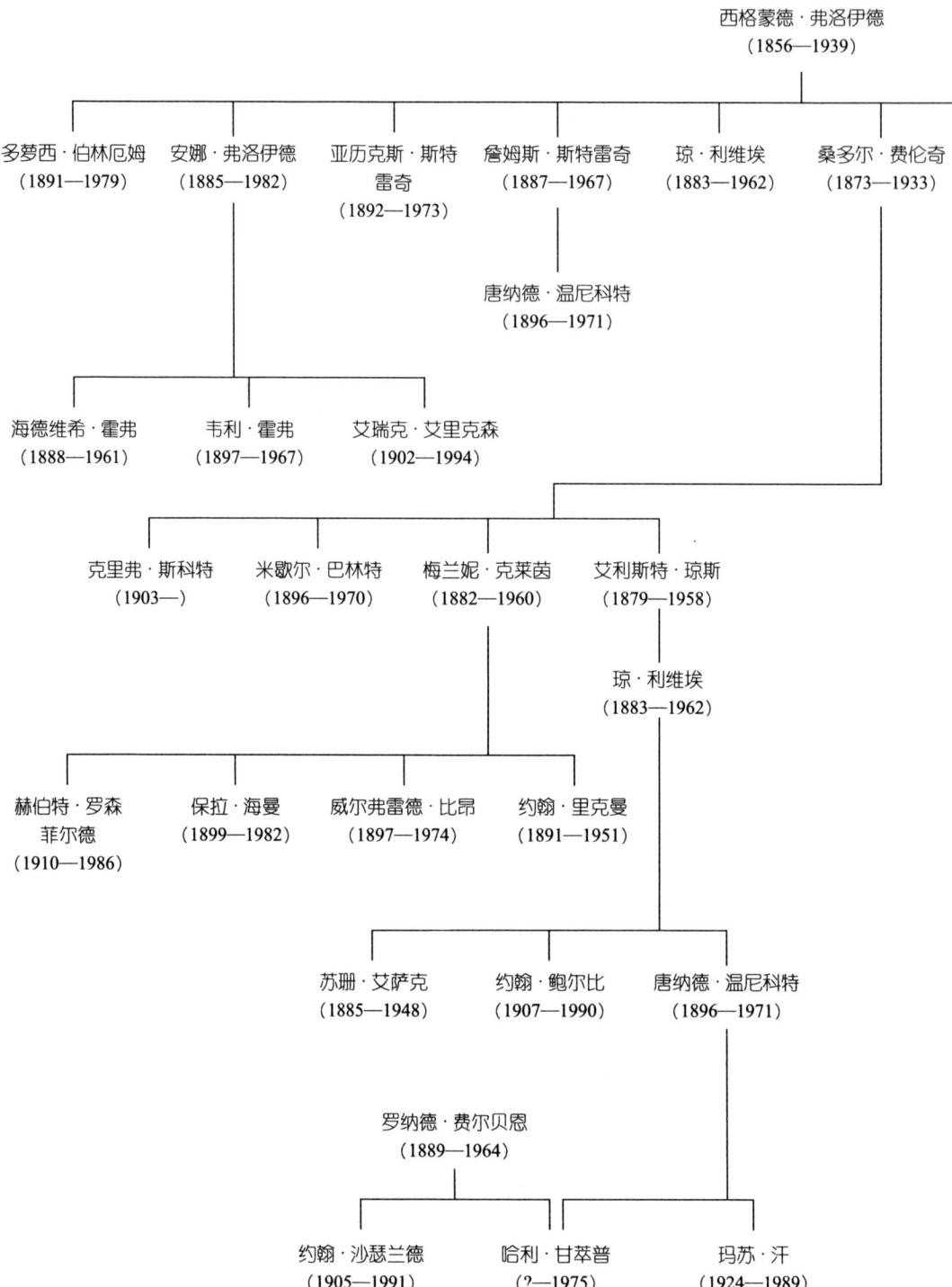

图1 谁分析谁——精神分析文化的薪火相传

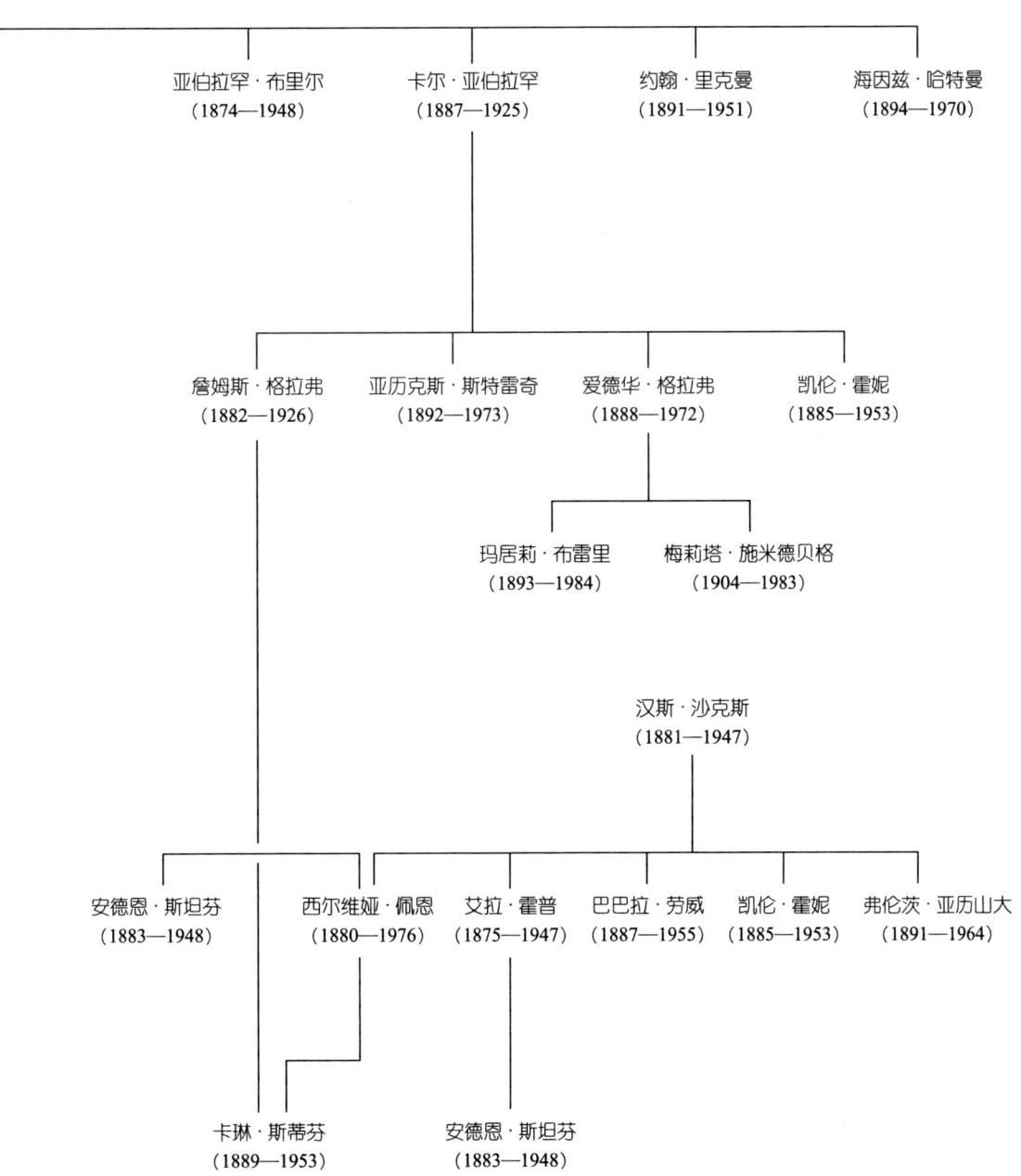

目 录

第一部分 理论 / 1

第一章　简介：历史与争议 ……………………………………… 3
第二章　心智模式 ………………………………………………… 31
第三章　内在世界的起源 ………………………………………… 55
第四章　防御机制 ………………………………………………… 85
第五章　移情与反移情 …………………………………………… 107
第六章　梦、象征与想象 ………………………………………… 131

第二部分 实务 / 151

第七章　初次会谈评估 …………………………………………… 153
第八章　治疗关系 ………………………………………………… 171
第九章　临床工作的难题 ………………………………………… 203
第十章　精神分析对精神医学的贡献 …………………………… 237
第十一章　精神分析研究 ………………………………………… 273

参考书目 ……………………………………………………………… 293

第一部分

理 论

第一章

简介：历史与争议

> 追踪其根源及其发展过程，仍是了解精神分析最好的方法。
>
> （Freud, 1922: 235）

一百年来，精神分析已经由中欧发源、拓展并深入全世界的治疗与文化领域。在几位塑造20世纪思潮的思想家中，弗洛伊德是不可或缺的一位，他的影响力极可能延续到21世纪。从开始，精神分析就充满着来自内外部的对立观点与质疑，它传递的核心信息包括冲突的普遍性，以及冲突解决的可能性及其困难。

当代政治、社会、宗教的变动，使人们对心理知识充满渴望，心理治疗与咨询的训练成了不可或缺的一门学问，对尊重个性的中产阶级社群而言更是如此，心理治疗与训练也因此显得更加重要。虽然充满爱恨交织，精神医学和药物学还是渐渐转向心理治疗和咨询，借此弥补虽然有力却狭隘的科学取向。但在这一混乱的中央，精神分析本身也因试图与精神分析导向心理治疗及其所衍生的各学派相区分、厘清而陷入危机。精神分析的成功反倒使它成了受害者，弗洛伊德的追随者逝世后，师徒制的时代已经消失，心理学界渴望新领导者的诞生，经济萧条威胁着精神分析的经济基础。许多历史学家开始质疑弗洛伊德在个人生活及学术上的廉正与否，而这并非只是一种偏见。以哲学为背景的精神分析面临更严谨的检视，当精神分析变得更加多样化时，寻求统一与整合变得迫在眉睫。

这本导论无法全面涵盖并处理这些议题。我们的目的只在介绍当代精神分析理论与实务的主要维度，借此抛砖引玉引出更全面的有关精神分析的本质，及其在社会、精神医学与心理治疗角色上的讨论。本章尝试将当代精神分析学者在一些主要问题上的争议与论战介绍给读者。为使读者了解争议的脉络，本章将简介精神分析运动的历史与演变。

精神分析运动的历史

弗洛伊德喜欢用建筑学的概念描述人格的发展，他认为成人的人格就像是文明的发展过程，每一段进化都受到过去的影响，以过去为基础，并拥有过去的某些特色。当弗洛伊德谈到自我（ego）时，他将自我比喻为"扬弃了情深贯注的客体后，遗留下来的认同状态（precipitate of abandoned object cathexes）"。也就是说，自我的建构是通过认同早期个体所依恋的重要他人而来的。以上对人格形成的比喻亦适用于描述精神分析的演变，即新观念是由旧观念演变而来，但旧观念并没有完全被取代，而理论家的人格与他创建的理论息息相关。精神分析的发展与其历史背景、地理环境和理论家的风范有关（见文前图1）。

以下是弗洛伊德（Freud，1914b，1927）划分的几个精神分析的演变阶段。

1885—1897：精神分析前期

治疗技巧，如自由联想、诠释；心理发展模式；以及形而上学对心智及其结构的假设——以上是精神分析的三个部分。在本书中，我们认为精神分析基本上是一种技术的运用。同样，基于世俗与实务上的需要，弗洛伊德发明了精神分析这个"新科学"。

1886年，弗洛伊德30岁，已婚，他意识到自己必须养活太太和即将形成的大家庭。虽然他当时已经是位有名的神经学家和神经解剖学家，但不管是想在反犹太人氛围浓重的大学教职里晋升还是自行执业，机会都非常有限。当时，他意识到身边到处都有歇斯底里症患者——后来他称此为神经心理异常——到了巴黎后又亲眼看见沙尔科（Charcot）示范催眠疗法时患者所呈现的歇斯底里的现象，以及珍妮特（Janet）成功地用催眠治疗歇斯底里患者，他深深地被吸引了。此后，他决心以歇斯底里患者的治疗为主。

弗洛伊德在布鲁尔（Breuer，弗洛伊德的密友）的协助下，创造了精神分析。布鲁尔实验性地用催眠来治疗一个肢体麻痹、间歇性思绪混淆的女孩[也就是有名的安娜（Anna·O）]。布鲁尔发现，让安娜进入催眠状态，并借由自由联想宣泄困扰她的事情，可以暂时帮助她减轻一些症状。后来，弗洛伊德开始和布鲁尔一起工作。他们两人根据13个案例，合著了《歇斯底里症状的研究》（*Studies in Hysteria*）（Breuer and Freud，1895）。他们认为神经症乃起因于积累了太多痛苦的情感，而宣泄（cathartic）则像打开烧开的水壶盖，可以释放蒸气、消解压力，即情绪的困扰若能借由口语表达释放出来，病情将得以减轻。

在此，我们可以看出弗洛伊德将阻力化为助力的人格特质，以及此特质如何塑造了精神分析的历史。他在使用催眠疗法时遇到了几个困难：第一，他发现有些患者无法被催眠。第二，他质疑催眠中的"暗示"太强调治疗师的主导角色，而忽略了患者的自主性。第三，他亲眼观察到催眠后的移情现象，即布鲁尔的一位患者从催眠状态中醒来时热情地抱住他。第四，他发现患者的问题都与幼儿期的性创伤有关——有性洁癖且个性胆小的布鲁尔无法接受这个观点。

1897—1908：精神分析发展期：弗洛伊德的旷野年代

1897—1908年，对弗洛伊德来说是智慧上最辉煌、情感上最脆弱的时期。弗洛伊德在他的朋友弗利兹（Fliess）的协助下——弗洛伊德与弗利兹保持了很长一段时间的密切通信——奠定了精神分析理论与实务的基础。他当时所提出的概念仍然影响着当代精神分析的主要观点。

他放弃了催眠，改用自由联想。使用这个新方法的初期，为了帮助患者自由联想，弗洛伊德会将手轻轻地放在患者的前额上。他渐渐发现神经症不是来自真实的创伤（虽然创伤仍占有一定的影响力），也非珍妮特所认为的是神经衰弱的结果（这一说法有点像科胡特和温尼科特的缺陷模式论点，见第二章），而是来自潜意识的冲突。冲突的核心是被本能驱动的与性有关的幻想：男孩的幻想是想要占有母亲，并害怕被父亲报复。弗洛伊德在1905年出版的《性学三论》（*Three Essays on the Theory of Sexuality*）中，强调婴儿期的性冲动及身体经验对早期人格发展的影响力，这个论点成为精神分析思想的主轴之一。此外，弗洛伊德放弃"诱惑论"（seduction theory），改而主张潜意识幻想（unconscious phantasy）。这一论点引发了极大的争议，特别是我们现在也知道儿童性虐待事件有多广泛。欲望实现（wish-fulfillment）及潜意识幻想是精神分析的核心思想。弗洛伊德发现，患者所主张的自己是被勾引诱惑的说法，反映了患者的内在渴望。这是被享乐原则所主导的内在世界，而这个观点在精神分析演进史中是重要的一步。弗洛伊德没有否认外在世界对人格发展的影响："由神经症的病源学看，小时候的诱惑是不容忽视的，虽然所占的成分较低"（Freud，1927）。此种冲突论里隐含着阻抗改变，也就是阻抗治疗师试图攻破神经症的防御结构的努力。弗洛伊德早期认为移情是阻抗的一种，也是使自由联想无法顺利进行的障碍。但是后来他渐渐看清，移情是患者主要困境在诊疗室的重现，因此移情成了精神分析法的核心。《梦的解析》（*The Interpretation of Dreams*）是这个时期精神分析发展的高峰，弗洛伊德也认为该书是他最好的作品（见第六章）。弗洛伊德通过探究自己内在的冲突及挣扎，发展出一套解析梦的方法及心智发展理论，其中包括：他的手足竞争经验、对父亲于1896年过世的复杂情结、母亲对他的宠爱、身为犹太人的荣与辱,还有他在专业发展上的孤立感和抱负。这些个人经验成就了他的梦的理论及心智发展论。

1907/1908—1920:精神分析运动的开端

精神分析刚开始发展的十年内,弗洛伊德的思想渐渐吸引了一些比较先进的医生和学者,如荣格(Jung)、阿德勒(Adler)、史德克尔(Stekel)、亚伯拉罕(Abraham)、费伦奇(Ferenczi)、琼斯(Jones)和瑞克(Rank)等人。这些人成了第一批精神分析圈内人,享有弗洛伊德为他所喜欢的门生所特别订制的戒指。1908年,第一次精神分析会议在萨尔斯堡(Salzburg)召开,第一本精神分析刊物也在同年发行。荣格是第一位以非犹太身份加入精神分析行列的人,他立刻就成为弗洛伊德眼中的接班人。在极具影响力的布雷勒(Bleuler)的协助下,荣格很快就在瑞士的伯格霍兹里(Burgholzli)医院组建了精神分析核心团体。弗洛伊德与荣格在1910年应邀至美国享有盛名的克拉克大学讲学。在这趟旅程中,他们分析彼此的梦,但也许这样的亲密太难以承受了,到了1913年,荣格就与弗洛伊德决裂了;他反对弗洛伊德把性当成其理论的核心,也反对弗洛伊德对宗教的怀疑及其独裁作风。阿德勒也在1911年离开了弗洛伊德,建立自己的心理治疗学派,因为他反对弗洛伊德以原欲(力比多)和俄狄浦斯情结为核心的思路。他所创办的学派则强调攻击和自卑情结。

荣格与阿德勒的出走并不是精神分析承受的最后打击(史德克尔也在1911年离开)。不过,精神分析运动仍旧持续地展开、成长,精神分析诊疗所陆续在布达佩斯、柏林和伦敦成立。伦敦精神分析的发展要归功于琼斯的热情、智慧及对弗洛伊德的绝对忠诚。

在1914—1918之间,第一次世界大战对精神分析在欧洲的发展有着重要的影响。这个时候弗洛伊德已经60岁了,声誉已屹立不倒。他继续发表了很多后心理学(metapsychological)的论述——《论自恋》(*On*

Narcissism）《哀悼与抑郁》（*Mourning and Melancholia*）及《精神分析导论》（*Introductory Lectures in Psychoanalysis*）都在这个时候出版。第一次世界大战改变了弗洛伊德对人性的看法，他开始注意人性的黑暗面，此时的弗洛伊德比以前更强调攻击驱力。20世纪20年代，他提出了桑娜德斯（thanatos）的概念，也就是死的本能。

在英国，战争似乎为精神分析治疗法及理论带来了正向的冲击。许多人从战场上回来后，体验到战后的四肢无力及战争的惊吓［最新的诊断手册将此命名为创伤后应激障碍（Post-Traumatic Stress Disorder）］。由于当时传统精神医学对于这些症状无能为力，精神分析治疗法有了发展空间。詹姆斯·格拉弗（James Glover）所经营的布伦瑞克广场诊所（Brunswick Square Clinic）成为英国精神分析的发源地，这个诊所聘请的爱德华·格拉弗（Edward Glover，詹姆斯的亲兄弟）、西尔维娅·佩恩（Sylvia Payne）、埃拉·沙佩（Ella Sharpe）、苏珊·艾莎克（Susan Isaacs）与马乔里·布里（Marjorie Brierly）等人，在日后皆成为著名的精神分析师。此外，卡索医院（Cassel Hospital）也在战后成立，提供住院服务，专门为战后伤残者提供精神分析治疗。

1920 到弗洛伊德去世的 1939 年

弗洛伊德丰沛的理论创建能力直到去世前都未曾消减。1923年，弗洛伊德认为他于该年所出版的《自我与本我》（*Ego and Id*）对"地形模型"（topographical model）做出了重大的修正（弗洛伊德的地形模型将心智分为潜意识、前意识和意识）。在《自我与本我》中他提出了"结构"或"三结构"模型，即本我、自我和超我。1926年，弗洛伊德重新修正了对焦虑的看法，他认为焦虑是自我（self）受到威胁时发出的信号，而非过剩性能量或原欲（libido）的显现。弗洛伊德（Freud，1927）发表《恋物症》（*Fetishism*）一文，提出自我的分裂（the splitting of the ego）的概念。这篇文章虽短，却极具影响力。自我的分裂至今仍是精神分析的核心思想。20世纪30年代，弗洛伊德持续探讨宗教以及女性性心理的发展。对女性性心理的许多概念，他仍存有许多不解并努力试图找到答案，这显然与当时日益崛起的优秀的女性精神分析师有关。

安娜·弗洛伊德是对儿童进行精神分析治疗的先驱，她在母亲去世之后，负担起照顾父亲的责任［希腊神话安提戈涅（Antigone）的重演］。当德国纳粹在1938年入侵奥地利时，弗洛伊德离开奥地利到英国。在这之前，许多精神分析师已经逃离奥地利。来到英国后，弗洛伊德与安娜在伦敦汉普斯特德（Hampstead）的 Maresfield Gardens 定居下来。弗洛伊德于第二次世界大战前，即1939年去世。

英国的精神分析

精神分析运动从一开始就处于紧张状态，在忠于传统和创造空间以适应新想法之间挣扎。精神分析理论深深地影响着20世纪20年代的英国知识分子，影响了思想先进的精神科医师和其他专科医生们，甚至布鲁姆斯伯里团体（Bloomsbury Group）的成员*，其中卡琳（Karin）和詹姆斯·斯特雷奇（James Strachey）为了成为精神分析师而决定去学医（Pines，1991）。虽然，琼斯决心保护精神分析的传统，不让它被心理学界对精神分析有兴趣的各路人马所稀释，但与美国精神分析发展不同的是，他极力主张认可非医学背景出身的精神分析师。这一想法得到弗洛伊德的全力支持（Freud，1926）。琼斯对英国精神分析学派的另一贡献是，当艾莉克斯（Alix）和詹姆斯·斯特雷奇安排当时在柏林执业的精神分析师梅兰妮·克莱茵（Melanie Klein）到英国讲学时，琼斯立刻肯定了她，并邀请她到伦敦定居，同时还安排自己的孩子接受克莱茵的分析。由于克莱茵当时已经离婚，孩子也快成年了，便立刻接受了琼斯的邀请——精神分析命定的发展。

---

* 布鲁姆斯伯里团体是一个由作家及艺术家组成的团体。——译者注

克莱茵接受了费伦奇和亚伯拉罕的分析。根基于梦的解析,她发展出了一套游戏疗法,认为这套游戏疗法有助于她了解婴儿及孩子的心智。渐渐地,她开始把来自婴儿及孩子身上的发现应用到精神状态受创极深的成年患者身上。她将分析重点放在母亲与婴儿的关系上,并认为俄狄浦斯情结出现在一岁以前的婴儿身上,这比弗洛伊德所认定的年龄还要早。后来,尤其是当她的儿子因意外逝世后(Grosskurth, 1986),克莱茵开始强调婴儿的攻击和忌妒(envy),并将她的分析师亚伯拉罕对发展阶段的分类进行延伸,认为婴儿的发展阶段经过两个状态:先是偏执-分裂位置(paranoid-schizoid position),然后是比较成熟的抑郁位置(depressive position)。

弗洛伊德对克莱茵的看法存有疑虑,尤其当克莱茵的想法与同是儿童分析师的他的女儿安娜的观点存有冲突时。安娜质疑克莱茵对婴儿心智的理解,认为治疗孩子需要一些支持性的技巧。20世纪30年代,一些精神分析师陆续逃难到伦敦。这群维也纳移民与克莱茵的追随者和学生之间的冲突和紧张也随之升高。克莱茵的追随者中包括利维埃(Riviere)、里克曼(Rickman)、艾莎克(Isaacs),她的学生则包括温尼科特、比昂(Bion)和鲍尔比(Bowlby)。1939年弗洛伊德去世时,派系间的争议越演越烈。到1944年,精神分析学界凸显出两派主流,分别以克莱茵和安娜为领导者。眼见英国精神分析学界就要分裂,激烈的演讲和辩论,如著名的"论战"(the controversial discussions)及协调会陆续展开(King and Steiner, 1990)。克莱茵、安娜在西尔维娅的协调下签署了"绅士协议"(gentlemen's agreement)。这一连串的讨论与争议之后,成立了两个学派,一为克莱茵学派,一为安娜·弗洛伊德学派,有其各自的训练课程,在各个委员会里也有所占人数比率。稍后,第三个团体也形成了,即独立学派(the Independent),或称之为中间学派(middle group)。

随之而来的是一段辉煌的创意期,由克莱茵及其思想主导。她的思想后来被比昂、西格尔（Segal）、温尼科特、罗森费尔德（Rosenfeld）、约瑟夫（Joseph）和其他人延续并发扬光大。英国的客体关系论点很明显地偏离了弗洛伊德以驱力为基石的发展模式，主张婴儿和母亲的关系是影响婴儿发展的核心。英国客体关系理论部分衍生自克莱茵对婴儿内在世界的看法，部分则衍生自独立学派分析师对人格类型的创造，例如迈克尔·巴林特（Michael Balint）。克莱茵认为婴儿的内在世界充满了被幻想扭曲的早期关系表征（representation），独立学派的巴林特则认为影响人格发展的是个体早期的原初关系，而非性欲与口欲。

比昂和温尼科特则从完全不同的角度强调母亲、养育环境或乳房对人格成长与整合构成的好坏影响。虽然约翰·鲍尔比日渐远离英国精神分析学会，但他整合了动物学与精神分析，为客体关系提供了科学支持。费尔贝恩（Fairbairn）虽然独自在爱丁堡工作，但他也是客体关系理论的重要贡献者之一。他的学生沙瑟兰德（Sutherland）后来成为塔维斯托克中心（Tavistock Clinic）第二次世界大战后的第一任主任。

英国精神分析学会目前仍以克莱茵学派、安娜·弗洛伊德学派和独立学派为主，但彼此之间的沟通越来越多，对立的观点日益减少，也有了一些彼此互惠的成果。三个学派之间的差异不总是意识形态上的（意识形态之争常在学会里营造势不两立的氛围），也在于风格及重点的不同。例如，当代弗洛伊德学派的桑德勒等人（Sandler et al., 1992）澄清了精神分析的一些主要概念，诸如区分发生在分析情境中的潜意识（present unconscious）与早期潜意识（past unconscious）的不同，再度活化了弗洛伊德的地形模型——意识、前意识与潜意识（Sandler and Sandler, 1994b）。冯纳吉（Fonagy et al., 1995）致力于应用实验方式研究儿童发展的问题。克莱茵学派的主要精神分析师之一斯皮利厄斯（Spillius, 1994）则讨论西格尔（Segal, 1986-1991）、约瑟夫（Joseph, 1989）和欣谢尔伍德（Hinshelwood, 1989-1994）如何严谨地澄清克莱茵学派的观念，以及它运用在临床上的内涵。斯坦纳（Steiner, 1993）以投射-认同的概念将克莱茵学派的理论运用在边缘型人格障碍的治疗上。独立学派的斯明顿（Symington，1986）和科尔塔特（Coltart，1993）也写了一些非常实用的导论。科宏（Kohon，1986）与雷纳（Rayner，1991）则收集一些独立学派的主要思想。此外，卡斯曼（Casement，1985）和博纳斯（Bollas，1989-1993）也用不同的方式拓展了温尼科特提出的过渡现象（transitional phenomena）及反移情观点，并精致地描述了分析关系中两个人的互动。

美洲的精神分析

1925年，国际精神分析学会（International Psychoanalytic Association）22%的会员来自北美；到了1952年，这一比例提高到64%。这主要是欧洲移民的结果，不过，也有部分原因在于美国是一块欢迎新主张新理念的肥沃土壤。比起英国本土精神分析对医学的微弱影响力，1950—1970年，精神分析是美国精神医学界的主导力量。其中一个典范是哈特曼（Hartmann，1939）的自我心理学（ego psychology）。自我心理学强调自我适应的能力及创造"化外之境"（conflict-free zone）的能力，这非常不同于弗洛伊德所主张的"骚动的潜意识"（sturm und drang）。移民通常比较保守，因此北美的精神分析也比欧洲的精神分析要保守些。驱力理论与结构理论仍然主导着北美精神分析界，非医学背景的分析师一直被美国精神分析界排除在外。直到20世纪80年代，一位心理学家到法院申告，认为自己被歧视后，美国精神分析学会才开始接受其他相关专业学者的入会申请。

美国地大物博，许多不同的精神分析团体大量增加，使得美国的精神分析意见多元、派系众多，如埃里克森（Erickson，1965）的八阶段发展论，他同时强调文化及心理因素，在美国的精神分析界有非常大的影响力。马勒等人（Mahler et al.，1975）以直接观察法了解婴儿的心理发展过程，后来斯腾（Stern，1985）和艾曼德（Emde，1981）以更严谨的科学方式修正了马勒所提出的心理发展阶段。弗洛姆（Fromm，1973）是人称新弗洛伊德学派中的一员大将，他探讨了精神分析在社会中的政治地位，这一论点也为日后拉希对文化自恋（cultural narcissism）的批判（Lasch，1975）铺了路。霍妮（Horney）是以女性主义角度回应精神分析的先驱。霍多罗夫（Chodorow，1978）和本杰明（Benjamin，1990）的论点即基于霍妮的思路。沙利文（Sullivan，1953）创立了人际关系学派（Interpersonal School），他的论点与英国客体关系非常相像，强调关系联结及发生在诊疗室的此时此刻，而非古典精神分析治疗法所强调的对被压抑的性及攻击驱力的认同，以及重建幻想中过去的历史。他的理论在"栗子公寓"（Chesnut Lodge）疗养院非常有影响力；弗洛姆-瑞奇曼（Fromm-Reichmann，1959）与瑟尔斯（Searles，1965）也在那里工作，他们以温尼科特的抱持模式（holding model）来治疗严重精神疾病患者和边缘人格障碍病患，并且强调反移情的重要性。米歇尔（Mitchell，1988；Greenberg and Mitchell，1983）也发展出了人际关系模式，并将它与柏林的积极自由观（positive liberty）相联结，强调人可以自由地发展其潜能。它不同于古典精神分析以驱力为基石的人性观，即消极自由观（negative liberty）——强调从内在冲突以及外在干扰中解脱。挑战美国古典精神分析最具代表性的理论是科胡特（Kohut，1977）的自体心理学（self psychology）。他认为不足或匮乏才是最主要的病因，而非冲突；健康的自恋是良好客体关系的基础，而非其阻碍。治疗师的同理心及对患者的共鸣性了解才是成功治疗的主要因素，而非诠释及领悟。自体心理学的此种论点在精神分析学界引发了许多激烈的讨论，辩论自体心理学到底是不是精神分析。科胡特为他所提出的主动同理心辩护，认为古典精神分析师太静默或被动。科胡特从社会学的角度指出，弗洛伊德当时的患者有很多都来自过度融合或介入的家庭（这可能是个不正确的夸大），所以他们需要一个不介入的精神分析师，以便让患者发展其自主性。而现在的患者大多来自被父母忽略的或破碎的家庭，精神分析若要有所帮助，就得积极主动地支持和重视他们。

另外一个挑战美国主流精神分析的力量来自一群立论者，其中很多是雷帕伯特（Rapaport，1951）的门生。雷帕伯特质疑弗洛伊德所提出的后设心理学超级理论（metapsychological superstructure），并主张"去理论"（theorectomy），意指去除超级大理论（G.Klein，1976）；不过这么做可能也会失去有用的临床概念与技术（Wallerstein，1992）。谢弗（Schafer，1976）与史宾斯（Spencer，1982）也根据哈伯马斯（Habermas）与利科（Ricoeur）的建议，主张精神分析应该被视为语言学或诠释学，而非严谨的科学。他们认为精神分析强调的是意义，而不是机制。在英国的荷姆（Home，1966）及里克罗夫特（Rycroft，1985）也在独立研究这个议题时提出了同样的论点。

过去十年来，保守派和前进派之间的争议和紧张使得美国精神分析处在不确定的状态中。此外，由于神经化学、遗传学及大脑研究的进展，使精神分析失去了在美国精神医学界的主导地位（Gabbard，1992）。其他心理治疗法的发展及经济萧条皆威胁着精神分析的存在，这些改变的正向影响是，精神分析对新的意见更开放了——比如英国的客体关系学派（Greenberg and Mitchell，1982）和婴儿观察法（Stern，1985）——势不两立的争辩得以缓和（Wallerstein，1992），也较愿意让精神分析接受严谨的科学研究法的检视（Weiss and Sampson et al.，1986；Luborsky et al.，1988）。

在拉丁美洲，雷克（Racker，1968）对反移情的解释已被广泛地接受。伊奇高亚（Etchegoyen，1992）也将雷克的理论与克莱茵学派及拉康学派（Lacanian）的思想整合，并将它应用到精神分析的临床工作上。精神分析在拉丁美洲的政治动荡中扮演了举足轻重的角色（Hog-gett，1962）。由于死亡的威胁，拉丁美洲的精神分析师需要凭借勇气及特殊的治疗技巧让当地的精神分析工作延续下去。此外，精神分析不仅遍及美国及拉丁美洲，也在澳洲大放异彩（Symington，1986；Meares and

Coombes，1994）。

欧陆的精神分析

由于强调真理、自主及个人自由，精神分析和极权主义是不相容的。在德国，法西斯主义使精神分析至少消失了一个世纪。

西德在第二次世界大战后的重建中开始发展出严谨的精神分析文化，当时的精神分析通常附属在医院的身心疾病科，或是为神经症设立的门诊部，这些单位让精神分析治疗与医疗并存，有别于传统的精神医疗体系。自从国家健康保险系统仿效加拿大，明确规定患者可以免费接受200个小时的精神分析治疗，整个欧洲的精神分析界的经济情况就好多了。此外，乌尔姆（Ulm）精神分析团体也出版了一些阅读性很强的精神分析教科书（Thoma and Kachele，1987，1992），这些教科书以乌尔姆模式为主，所采用的治疗法与马兰（Malan，1979）的短期治疗法很相似。乌尔姆团体也成为精神分析研究的重要力量，还成立了一个极为卓越的精神分析研究中心（Dahl et al.，1988）。

弗洛伊德与沙尔科和珍妮特的交会，使法国成了孕育精神分析的温床。哲学在法国思潮的核心位置，意味着各种主义——像存在主义、马克思主义及晚期的结构主义——都影响了当时精神分析思想的形成，同时使精神分析成为一套势均力敌的哲学思考系统。沙特（Sartre，1957）对精神分析的早期决定论提出了有力的攻击，他强调潜意识这一概念将不好的信念合法化，更使人不必负担自由抉择的责任。

法国的精神分析如同法国的政治一样，存在许多对立的团体（Turkle，1978）。其中最主要的人物是拉康，他成了崇拜者与反对者的焦点。拉康（Lacan，1966）将索绪尔（Saussure）的语言学和精神分析整合，指出俄狄浦斯期的孩子进入了象征（sign）世界，而象征告诉他何谓自我、性别以及身体；同样的，他必须接受语言及文法的学习，同化它们成为语意世界里的一分子。拉康批判哈特曼学派的自我心理学，他认为哈特曼太强调适应——这恐怕是另一个法国知识分子阻抗美国帝国主义思想的例子。拉康呼吁大家要"回归弗洛伊德",就是要回到结构模型(structural model)之前的弗洛伊德思想。拉康描述了三个发展阶段:第一,潜意识中最原始的婴儿欲望;第二,镜映阶段(mirror stage)的想象,这个时期的孩子会先挑战自己的影像,自恋且错误地以为这个自我影像就是真实的我;第三,象征次序(symbolic order),这个时期的孩子开始进入语言世界。弗洛伊德认为,从语言学的角度,法文"no(m) du père"(父亲之名)表达了父亲在此时的角色——父亲是分开孩子与母亲、理想我及潜在阉割者的必要角色。成功的治疗全靠通过语言的象征次序来探索早期的欲望,使患者逐渐离开他的想象世界。

在法国精神分析主流中,拉普兰奇与彭大历斯(Laplanche and Pontalis, 1973)出版了界定弗洛伊德学派主要概念的辞典。格林(Green, 1975)则对温尼科特的空间(space)概念做出了不同的诠释与应用——这是精神分析师和患者之间创造及成长的空间,但也是绝望及不存在扎根的空间。居住在巴黎的新西兰人麦克道格(McDougall, 1990)用精神分析治疗一群身心病症患者,并发表了许多极具影响力的文章。夏丝洁-史米格(Chasseguet-Smirguel, 1985)是女性主义精神分析的重要人物,她指出男性的基本恐惧是害怕在女人中失去自我,这使俄狄浦斯的男孩发展出"粪便阴茎"或"假性阴茎"的现象。她进行了许多临床和文化现象分析,例如性别倒错和革命性政治活动的某些面向。精神分析在意大利有很大的文化影响力,其中有浓重的克莱茵传统。精神分析在北欧也很普遍,以独立学派为主流。从荷兰到斯堪的纳维亚半岛,皆有先驱者主张用精神分析法治疗精神病患者(Alanen et al., 1994)。

精神分析目前的困境与争议

> 我们甚至不要求患者信服精神分析的真理，或对它忠诚不二。若真有人如此，反倒引起我们的怀疑。我们更渴望的是对精神分析善意的存疑。
>
> （Freud, 1916/17: 244）

以上从地区性及历史性的角度介绍精神分析的发展，希望让读者概略了解精神分析的分歧及其生命力。它也帮助我们了解到目前为止精神分析运动一直存在的争议。这些争议和冲突来自两股对立的力量：一方面是需要一种具有创造力的不确定感［即济慈所谓的负向能力（Negative capability）］以免对心理现实太粗暴；另一方面是需要在未知的心智领域里找到有所依靠的踏脚石。前者很容易让精神分析再次陷入混沌及奥秘的状态中，而后者可能导致精神分析的教条化。这两股力量在精神分析导向心理治疗的文献中皆有详细记载。本章的最后部分将探讨当代精神分析面临的挑战及其争议。

何谓精神分析？

要清楚界定并区分精神分析和各种从精神分析中延伸出来的心理治疗法是不容易的。许多精神分析导向的心理治疗师都可以被称为精神分析的孩子，也有着像父母和孩子之间一样无法避免的冲突。每一个长大的孩子在追求独立自主的同时，也珍惜着父母的亲情及友谊，并渴望他们的持续支持。身为父母，一方面鼓励孩子成长，拥有独立的思想及生活方式，同时也很担忧自己灌输给孩子的理念会在青少年危机中被否认、被扬弃，这些模糊的情感界限，都是争议及对立的主要问题所在。心理治疗协会中的心理动力式心理治疗组（Psychodynamic

Psychotherapy Section of the UK Council for Psychotherapy，UKCP）列举了三十几种不同的组织及机构，为了不和这些机构混淆，英国精神分析学会和荣格分析式心理治疗师（British Psycho-Analytical Society and Jungian Analytical Psychologists）及少数被认可的精神分析导向心理治疗组织，从 UKCP 分裂出来，成立了自己的联盟，称为英国心理治疗师联盟（British Confederation of Psychotherapists，BCP），有些组织则选择同时留在 UKCP 和 BCP。

弗洛伊德（Freud，1914b）认为精神分析治疗的主要特征在于处理移情及阻抗。然而大多数精神分析导向的心理治疗师也认为，处理移情和阻抗是他们的主要工作，因此弗洛伊德所定义的精神分析是不够精确的。事实上精神分析的实证研究（见第十一章）无法证明"分析历程的发展"及"移情的发生与消解"与正向的治疗成果有关。好的分析效果不一定来自分析移情，诠释移情之后也不一定会改善患者的病情。

以实证方法研究精神分析是必须的。精神分析作为学术研究的主体，可以说是心理学的一个分支，这个由弗洛伊德所开创的分支特别强调以下三方面内容：第一、心智的发展及早期经验对成人心智的影响；第二、潜意识心智现象的本质与角色；第三、精神分析的理论与实务，特别是移情及反移情。

这样的强调并不令人满意。如果对精神分析的了解固着在弗洛伊德的定义上，精神分析的命运就会像怀特赫德（Whitehead）所警告的一样："一门科学如果无法放弃其原创者的思想，则注定要灭亡。"可是，弗洛伊德却依然不朽，他一直被描绘为"不死之父"（Wallerstein，1992）。更重要的是，上述定义隐含着"精神分析是一种精神分析导向的心理治疗的研究"，这使得两个名词之间的区分更加模糊。定义精神分析师虽然比定义精神分析容易些，但是也掉进了同样的悖论中——例如，一般对精神分析师的定义是"在国际精神分析学会认可的学院或组织接受并完成训练的人。"此定义令人不甚满意，在实务工作上，精神分析和精神分析导向心理治疗法的区别在于治疗的频率、强度及其治疗期限。简言之，一个星期见同一位患者三次以上，称为精神分析，三次及少于三次则称为精神分析导向的心理治疗法。

以会谈频率来区分精神分析与分析式治疗法时应考虑以下几点：首先，强调"一周几次"在当代精神分析工作里会引发较多原始焦虑（此原始焦虑因高频率分析所引起的退行而起），这是弗洛伊德当年没有的情况；其次，用多于三次或少于三次来界定精神分析或精神分析导向心理治疗法是有漏洞的，因为在法国或拉丁美洲，精神分析师只接受一个星期三次的治疗频率训练。对于不同的次数及强度所造成的治疗效果及影响，需要更多的研究结果支持。综上所述，我们暂时将精神分析式的治疗定义为：①介于纯精神分析及精神分析导向心理治疗之间的治疗法；②处于表达性心理治疗及支持性心理治疗之间的治疗法；③处于纯诠释和同理涵容之间的治疗法。

只有一种精神分析吗？

精神分析与其他心理治疗法之间的差异不是最主要的问题，许多精神分析师其实担心的是精神分析本身就有的许多派别，诸如弗洛伊德学派（Freudian）、克莱茵学派（Klienian）、科胡特学派（Kohutian）、人际关系模式（Interpersonal）、拉康学派（Lacanian）、客体关系学派（Object Relations）、独立学派（Independent），而这些不同派别能否共存并同为精神分析。1948年在英国达成的绅士约定使英国精神分析学会免于分裂，但这一约定是否适用于北美洲，或有助于平息科胡特学派与其他学派之间的争议，并协助维持21世纪精神分析的统一，就不得而知了。

瓦勒斯坦（Wallerstein，1992）提出了共通性（common ground）论点，声称所有和精神分析有关的理论在临床实务经验上有极大的共同点。他认为，比较不同理论流派的分析师对同一个临床个案的诠释，可以帮助我们澄清这个问题。

> **例：治疗师临时取消会谈**
>
> 瓦勒斯坦论及科胡特和一群拉丁美洲的同事们讨论过的某个个案，他以这个个案请教不同的分析师，看他们如何解释患者对治疗师临时取消会谈的反应。在治疗过程中分析师告诉患者将取消下一次会谈，患者听到这个信息之后就突然静默下来。克莱茵学派的分析师认为患者的静默来自他对分析师的看法正在改变——分析师在患者眼中本来是温暖的、愿意喂他奶的乳房，得知会谈取消时，分析师变成是冷酷、不喂他奶的乳房。所以克莱茵学派的分析师认为患者因害怕说出伤害分析师的话，便以静默保护分析师。对这样的诠释，科胡特感到奇怪，他认为静默是因为患者突然失去了一个包容的自体-客体（self-object），所以刹那间感到内在的空虚和死寂。瓦勒斯坦则认为静默是由于分析师突然取消会谈，让患者觉得好像被赶出父母的卧房，而产生了俄狄浦斯反应。

瓦勒斯坦认为这些诠释的差异其实是表面的，上述三者都注意到患者对分析师临时取消会谈感到不高兴，也以此为诠释的重点，即诊疗室里的立即移情（Sandler and Sandler，1984），并与患者探索这一移情的意义。根据雷帕伯特（Rapaport，1951）和乔治·克莱茵（George Klein，1976）的看法，瓦勒斯坦区分了临床理论（clinical theory）与纯理论（general theory）的不同，他认为临床理论有一些共通点，即它们皆以同理心、涵容、诠释、防御机制、分析移情及阻抗为临床工作的重点。这些现象都可以被观察、测试及研究。相反，他认为纯理论的后设心理学则反映了精神分析不同的传统、治疗方式及历史脉络，例如"从多元角度探讨信仰／信心的精神分析论点"及"我们赖以为生的隐喻"；这些后设心理学比较关切政治和宗教性的归属感，而非科学的研究。从政治角度看，瓦勒斯坦努力平息精神分析学界里的一些争端。尽管如此，认知上的差距仍然存在，争议与辩论仍会继续。

潘（Pine，1990）认为以折中立场谈及精神分析就如瞎子摸象，每个人摸到大象的不同部位，但都不是全部；他认为驱力心理学、自我心理学、自体心理学和客体关系心理学所呈现的是现实的不同片段。每个学派有自己的后设心理学及不同的治疗技巧或方法，分析师的任务是了解精神分析发展的时空背景，以决定采用最恰当的治疗取向。

当然，这种尝试整合各学派的做法也可能模糊了各学派间真正的差异，并阻碍了因为冲突和争辩所带来的创意。桑德勒（Sandler，1983）认为太具弹性的精神分析概念反而可能曲解理论的真实性。他注意到新想法往往会插枝接种在旧概念上，而非取而代之，这导致旧概念（例如移情和投射−认同）被过度扩张，以致包袱太重、无法使用（并让学习者一头雾水）。格林伯格和米歇尔（Greenberg and Mitchell，1982）则认为驱力理论和客体关系是无法兼容的。他们认为这两个流派反映了两个本质上非常不同的哲学观念。谢弗（Schafer，1990）认为努力制造一元的精神分析学派是很可惜的，他认为精神分析学界内持续存在的争议值得庆贺，也认为"升华攻击有其用处"。一个人会持多元立场或一宗一派立场当然有其心理动力上的意义。理论创造者及其理论的重要性在于，当一个人追随或反对某个流派，像是克莱茵学派或科胡特学派时，这可能是他个人潜意识在响应该学派领袖所代表的完形。

就像我们的思想基本架构会受原生家庭所影响，除了那些比较著名的精神分析先驱外，被分析者的思考模式也常常受他们的分析师影响。不管是多元立场或是宗派意识的立场，都各有其防御机制，多元立场者可能害怕偏爱某一学派会伤害到其他学派，相反，钟情一个特定学派的学者，可能不知不觉地夸大了自己所选择的学派，而借由分裂机制，将这个学派的有限性投射到其他学派，以逃避在"精神分析这不可能的专业"（impossible profession）（Freud，1927）内可能遭遇到的困难。

我们相信精神分析各学派确实存在重要且真实的差异，能在同理并尊重别人观点的同时保有真实的自我特色是不容易的。我们的立场与瓦勒斯坦的观点较接近，也就是说，除了忠实于临床经验外，也尝试将精神分析的理论建立在科学的研究结果上。我们也试着指出，其实许多不同的语言表达只是在描述同样的现象，但同时也指出有些不同的人性观确实是不兼容的。

精神分析在科学界的地位

精神分析的主要争议在于它是否如同弗洛伊德满心期待的一样作为一门科学（心智科学），或只是一门人文艺术，如历史学、诠释学等。存在此争议，是因为这是一个科学挂帅的社会，只以严格的自然科学为首，排斥像精神分析这种软性的学科。

精神分析在科学界的地位会引起争议，因为实证论者视精神分析为一个封闭的意识形态系统，他们认为精神分析缺乏科学性的假设及实证研究基础。如果精神分析师愿意聆听这种挑战，而不将这些挑战解释为阻抗或忌妒，则精神分析学界可能会有两种反应。第一种反应是承认精神分析在实证研究上的证据确实很薄弱，而尝试以科学的研究方式来了解被质疑的现象（本书第十一章对此有一些交代）。第二种反应则认为强调用科学的方式了解精神分析是错误的，持这一观点者会认为精神分析是语言学的一种训练过程，它所关注的是现象的意义及诠释，而不是现象的真实性（Home，1966；Rycroft，1985）。哈伯马斯（Habermas，1968）和史宾斯（Spence，1982）进一步强调，心智现象的因果关系和物质世界的存在是不同的。史宾斯认为当精神分析师宣称童年经验影响成人神经症时，他们所关心的是患者如何呈现他的故事（narrative），而非客观事实本身。根据这一观点，精神分析架构所关心的不是它是否与事实相符，而是他们对现象的诠释、方法及内容是否连贯一致或是令人满意。

这一争议与哲学界对真理到底是一致（coherence）还是呼应

（correspondence）的争议类似（Cavell，1994）。前者指的是理论的内在一致性，后者关心的是理论与外在事实的呼应度。罗蒂（Rorty，1989）认为，虽然哲学多元论有其迷人之处，但退入诠释学也有自圆其说的弊端；换句话说，如果只考虑故事的内在一致性，那么要如何区分不同叙述之间的真伪呢？以精神分析为例，拉康学派或克莱茵学派对患者困难的了解会比顺势疗法或占星学更好或更差吗？

葛奔（Grunbaum，1984）反对哈伯马斯的意见，他认为虽然精神分析比自然科学更难研究，但因果关系的原则在心理学的适用性不会低于自然科学。他认为许多精神分析的假设都是可以被验证的，他也认为弗洛伊德其实很有修正其理论的雅量——若情况需要，他甚至会放弃原来的观点。举一个过时的例子，他认为弗洛伊德的某个论点——分析师诠释的内容越接近事实，患者就会好得越快——是没有根据的。

伊格（Eagle，1984）声称若采取诠释学的角度，则精神分析的演进只能像虚构故事的发展一样。虽然这一观点有某种程度的真实性，但是观念的继续澄清、新技术的发明及对于精神分析观点的实证检测已经使我们对精神分析的概念有了更深入的了解，如对早期心智状态（见第四章）以及患者与分析师之间互动关系（见第八章）的了解。

当代心理学界对精神分析的科学地位有了新的争议：第一，因计算机革命而引进的认知科学（Bruner，1990）使有关心智方面的研究不再与科学无关。其实认知科学和精神分析有许多相同点（Teesdale，1993），精神分析不再需要将自己孤立在相关专业领域之外（Gabbard，1992；Holmes，1994a）。第二，发展心理学的最新发现拉近了故事的叙说与历史的真实性之间的距离（Holmes，1994b）。成人依恋关系访谈法（Main，1991；Fonagy et al.，1995）是一种心理动力式访谈，其内容的计分方式被认为具有很好的信度及效度。成人依恋访谈研究指出，人们对于过去经历的回忆方式与小时候的依恋模式有关。第三，葛奔声称有效的心理分析来自精神分析师对患者的关怀、对他们的兴趣、约谈的规律性以及治疗师的可依赖性，而非来自传统分析学界所谓的诠释的正确性。这一论点与婴儿观察法的发现相符。婴儿观察法认为母亲的同理心及其对婴儿需求的反应才是婴儿形成安全依恋的最主要因素，这些因素也是使接受精神分析的患者有所改变的原因（Shane and Shane，1986；Holmes，1993）。

综合以上概念，我们相信从精神分析的角度来看，一致性及呼应性的概念并非不相容。换句话说，在面对概念上和临床上的挑战时，精神分析若想站得住脚，其理论和技巧则必须是一致的，且必须与事实相符。精神分析的拥护者也必须准备好以实证研究的结果来修正自己的观点。

当然，有些精神分析的概念，如对潜意识的认识、压抑、内化过程及认同等，都是在科学方法的运作下建立起来的；但是另一些后设心理学的概念，可能终究要被拆分、合并或修正。精神分析临床工作者在意的是患者的故事、故事的意义，以及治疗师对故事的诠释。对于这些现象的科学性的探索则需科学的观察法，也就是勒温（Lewin）所介绍的婴儿观察法（Wright，1991）。

精神分析如何会有治疗效果？

尝试区分自己的理论及古典精神分析的观点时，科胡特提出了这个问题。他认为治愈最主要的因素来自治疗师的同理心及建立在治疗师与患者之间安抚性的自体-客体（self-object）。古典精神分析则认为治愈来自治疗师对患者的正确诠释及患者的领悟。其实科胡特的看法和葛奔所提出的"某些非特定因素（non-specific factors）对治疗有正面影响"的理念相去不远。在弗洛伊德提出精神分析的主要特征在于移情及阻抗后，精神分析学界的三大主流针对"构成心理健康的因素是什么"提出了他们的看法（Steiner，1989）。

1. **古典精神分析/冲突模式**。此观点强调自我为了保持自己的完整性而压抑了"有问题的经验"(Stiles et al., 1995)。为了安全,个人的需求被牺牲了。这种适应不良的妥协方式会在治疗室里借由移情重新表现出来。例如患者会对治疗师感到生气,并希望治疗师可以照顾他,但同时又在治疗师面前拒绝(阻抗)表达这一需求与感觉。治疗的目的在于帮助患者对这个心理历程有所领悟,并借着在治疗室中的领悟,更完整地响应他的所有经验:"本我在哪里,自我也该在哪里"(Freud, 1923)。

2. **克莱茵学派-客体关系/冲突模式**。此模式强调冲突来自爱与恨,以及对依赖的需求和对丧失的害怕。自我(self)在投射-认同的过程中失去了自己。这个过程导致了错误的知觉及对现实的曲解[曲解一词同时被克莱茵学派(Segal, 1994)和认知治疗师所使用]。移情的内容及特征则与投射-认同的过程和错误的认知有关。治疗师的主要任务在于涵容患者所投射出来的内容,并在患者准备好时回馈给患者(Bion, 1952)。治疗室中所发生的阻抗是因为患者无法接受自己对治疗师的依赖(当他意识到这份依赖时),因为在患者的移情中,治疗师是患者所忌妒同时也担忧可能会失去的对象。从此模式的角度来看,治疗的主要目的是让患者由偏执-分裂位置(paranoid-schizoid position)转移到比较健康的抑郁位置(depressive position)。

3. **人际-客体关系/缺陷模式**。此模式强调的是诊疗室中此时此刻的移情,也就是发生在治疗师和患者之间的潜意识沟通与互动。这一模式不从冲突角度讨论阻抗,而指出阻抗是对于缺陷环境的一种反应。当治疗过程引发患者退行时,患者别无选择地只能回到早期适应不良的模式中,意指患者宁愿拥有一个不好的客体,也不愿处在完全没有客体的状态下(Fairbairn, 1958)。治疗的效果全靠治疗师的同理心及对患者的专注,借此患者得以在与他人保持关系时，重建一个较安全的自体感（a sense of self）。

以上三种模式皆认为分析式的治疗效果来自领悟、涵容，以及在治疗室中的新经验。大多精神分析都包含了这三个要素，只根据一种要素运作是不容易的。所以克莱茵学派将重点放在领悟与涵容上；科胡特学派较看重的是涵容和新经验；而当代弗洛伊德学派则强调领悟与新经验。以上说法又与瓦勒斯坦所提的共通点很类似，即当我们将重点放在临床实务上时，会发现各学派间的差异变模糊了，但若由后设心理学角度来看精神分析，则各学派间的差异就会凸显出来。

精神分析师的训练

若精神分析是一种不可能的专业（impossible profession），即一种无法确定及预测结果的专业，那么精神分析师的训练难免会面临困境。从精神分析的多元论来看，诸如定义上的困难、对于治疗效果及改变过程的不同看法、有关理论概念的弹性说法及文化差异等，使精神分析师的训练在方法及内容上亦因不同文化而有所差异。这些差异包括申请者进入训练机构所需具备的资格、如何征选精神分析师的训练者及其在训练中所扮演的角色、一个星期接受治疗的次数、督导和小组课程的进行方式、婴儿观察训练的重要性、训练期的长短及赋予资格的过程，甚至在训练过程中个人接受精神分析的付费方式等。在欧洲一些训练机构里，即使受训者的保险机构可以支付被分析的费用，受训者亦不可接受保险公司的支付，这让受训者的处境更加困难。在英国，精神分析师会将受训者被分析的过程及报告交给训练机构*，每位受训者都会有个体督导，并定期评鉴，分析的频率是一星期5次。在法国有个训练机构，受训者被分析及训练的过程是分开的，有些是团体督导，分析的频

---

* 这个要求已不存在，目前的情况是只在受训者要开始其训练前，学务委员会询问受训者的分析师是否同意。——译者注

率是一周3次。在美国及其他国家，通常是一星期4次。

理想中，训练的过程应属教育性质，即在精神分析导向心理治疗的氛围内，鼓励受训者自由思考，而非灌输某种精神分析学派的思想。在训练历程中出现过分强烈的移情与反移情是常态，整个训练的安排反映出调节此种现象的需要。移情及反移情的现象在训练机构里无所不在：包括受训者和分析师之间、受训者和患者之间、受训者和其督导之间、受训者的督导和其分析师之间，以及受训者的分析师和机构之间。这些主要关系之间"足够好的"距离，以及分析训练、督导与机构之间"足够好的"距离，使受训者有良好的学习及发展。过分介入的系统会让受训者害怕自我表达。每个受训者都需要认同、去认同、分离，然后独立。

精神分析导向心理治疗理论与实务之间的共生关系是很有趣的。我们发现精神分析师在接受训练时，若被分析的频率较高，则被他分析的患者接受治疗的频率也较高；换句话说，若一位分析师在他受训时一星期被分析3次，他比较会倾向于一星期见他的患者3次；若分析师在他受训时一星期被分析5次，则他会倾向于一星期见他的患者5次，依此类推。弗洛伊德希望受训的精神分析师能在理论、实务工作、研究及照顾患者方面精进，并发展出自己独立思考的能力，这个愿望还有待实现。

精神分析的价值

在欧顿（Auden，1952）的一首诗中，他如此描述："弗洛伊德已不再是人，而是一整套观点体系。"虽然到目前为止这本书谈及了许多临床上的内容，但是我们必须肯定精神分析在伦理及文化上的意义。弗洛伊德（Freud，1927）与荣格用不同的方式，视人类社群为人类文明大海上的一片浮叶，有点像是自我对映本我的位置，漂浮在原欲和攻击大海上的浮萍。弗洛伊德以悲剧的观点（tragic vision）（Schafer，1976）谈论人性的破坏本能，并主张要有平衡及面对此本能的勇气；他强调将冲动与驱力升华为被文化所接受的成就，这种思考模式使弗洛伊德不仅是一位科学家，也是一位伦理学家（Rieff，1959）。

许多当代精神分析的作者对弗洛伊德在文化及伦理的评论表达了关切。他们认为精神分析暧昧含糊的观点揭露了某些社会真相，但某种程度上也合法化或强化了它所批判的社会（Frosh，1991）。早期女性精神分析学界对弗洛伊德以阳具为中心的论点的敌意渐渐转为感激。一些女性主义精神分析学者认为精神分析帮助他们了解了性别意识的发展过程，其双性观有助于了解父权社会的相对性，精神分析治疗法也帮助女性发现她们的真实自我，而非强迫她们顺从于男性的观点与价值（Benjamin，1990；Sayers，1995）。甚至拉康，这位认为父权是无法避免的分析师，也受到欢迎，因为他对创意、自恋及象征的区分及说法解放了人原有的框架，说明借由在治疗中发现自己的声音，人可以找到异化的自我。

受克莱茵影响的评论家则强调投射、分裂、破坏本能、恨及性暴力等精神病性的机制离我们并不遥远，它们普遍存在于日常生活及政治现象中（Young，1994）。有人则尝试将精神分析在分析家庭动力时所隐含的伦理价值观应用到社会现象上。在精神分析所隐含的伦理价值观中，有许多是与重要的社会及政治争议紧密相关的，比如：①非常看重真相，看重承受看清现实时带来的痛苦，而不是睁一只眼、闭一只眼（Steiner，1993）。相较之下，认为爱就能驱走邪恶的想法太简单了。在爱与恨之间找到平衡才是比较实际可行的；②鲍尔比和独立学派的精神分析师皆认为，在一个足够好的环境中长大的孩子，会渴望拥有一个健康的社会，如果我们忽略孩子，那么社会必然遭殃（Rustin，1992；Holmes，1993）。温尼科特（Winnicott，1971；Meares and Coombes，1994）同意这一看法，并认为精神分析是一个学习玩耍（learning to play）的过程，他强调玩的权利（right to play）；③精神分析珍惜独立自主，认为它是人的权利，特别希望人能从欲望的桎梏中释放而成为自由人,这个说法是解放学派的核心观点。良好的养育环境是独立自主的摇篮,倘若缺乏这样的养育环境,就只有借由被分析来扭转乾坤了(Holmes and Lindley,1989,1994)。

以上不同意见来自精神分析的后设心理学意识形态,但精神分析的理论若要得到肯定,就不应只将理论建立在神话故事与原始的渴望上,而必须建立在临床理论与实务经验上。对此的探索也正是我们撰写本书的目的。

第二章

心 智 模 式

> 这些推测性的精神分析理论假设或想法，若经过证实已不再适用，就可以被舍弃或改变，无须有丧失感或遗憾。
>
> （Freud, 1925a: 32）

我们可以用考古学的比喻来了解精神分析理论（见第一章），换句话说，精神分析学界的新观点常建立在弗洛伊德的理论基础上。有些概念完全被新概念所取代，有些则一直被沿用至今。弗洛伊德也不断重新反省自己的理论架构，若有需要，他也会大幅修正自己的概念。经由他的继承者对其概念的反省，精神分析经过许多改变，对于心智模式的看法也发展出不同的流派，这些不同的流派并非自成一体，相反，它源自不同思考角度的一些概念组合。有些概念甚至是彼此冲突的，这些流派的产生不仅是旧流派被取代的结果，同时也是精神分析学界内不同层次的交谈结果。

维德尔（Waelder, 1962）提出了精神分析理论的几个层次：

1. 临床上针对个别患者所做的诠释，即根基于某一患者所衍生的理论。

2. 临床经验的类化，即针对某一类患者所形成的理论概念，如自恋组织。

3. 包含一般精神分析概念的临床理论，如心理防御机制或移情，这些概念是本章首要关切的主题。
4. 解释用的抽象概念，如生与死本能。

不同的理论对世界有不同的基本假定，譬如：人的经验中有多少是被环境所影响或决定的，其中又有多少是天生的？我们看待世界与人性的态度究竟是悲观还是乐观的？我们对心灵的看法究竟源自机械性的观点还是人本的观点？宿命论与自由论的平衡如何取舍？要强调心智的影响力还是强调语言及意义？要偏重写实主义还是心智表征？

许多从科学或哲学角度分析精神分析的学者已经讨论过上述问题（Rieff，1960；Wollheim and Hopkins，1982；Greenberg and Mitchell，1982；Holmes and Lindley，1989；Cavell，1994）。本书从临床角度提出两个观点：一是如何平衡环境及内在精神因素对人格发展的影响；二是在理解心智现象时，要侧重因果关系、防御机制，还是意义的理解。其实弗洛伊德自己在两者之间也很难取舍。一开始，他比较强调环境因素，特别是婴儿时期创伤事件对人格的影响。他认为这些外在事件，如婴儿时期的性诱惑，是形成成人心理病症的主因。但他在晚期的驱力-结构模型中，则认为婴儿的内在世界才是影响成人人格的第一原因，外在环境则是引发早已存在的内在冲动（如俄狄浦斯情结）的导火线。此种强调重点的不同一直持续到今天。有些精神分析的理论流派比较强调内在精神运作（intrapsychic），有些则较强调人际的动力，另一些学派的观点包含了两者。虽然弗洛伊德早期致力于描绘病态心智生活的机制，但是后来他越来越强调患者说的故事、所传达的意义及整个对话的动力。

临床工作者面临的两难是，为了让临床工作更有效，特别是对于刚开始临床工作的人，稳固的理论架构是必要的；但是，以单一的理论构架来了解人类的心智及动机是不可能的。因此在实务工作上，许多分析师在忠于某个学派的同时，也取用了多种不同的理论作为基础。本章将系统性地回顾精神分析的一些主要概念及流派。

潜意识

潜意识是精神分析理论最主要的概念，虽然弗洛伊德并未"发现"潜意识（Ellenberger，1970），但他却是第一位以系统的方式探索潜意识在病态心智与正常心智中的运作的人。当代精神分析从四种不同角度理解潜意识。

潜意识作为"物自身"

弗洛伊德最初视潜意识为心智器官（mental apparatus）的一部分（Laplanche，1989），它是康德哲学（Kantian）笔下的一种"物自身"，是无法被直接了解的，但可以通过非理性的心智现象，如梦、神经质的现象，以及语误等加以解说。他认为一些无法被接受的记忆、幻想、渴望、思想、意见及痛苦事件与相关情绪，皆通过压抑被推回潜意识里。弗洛伊德在其未出版的一篇论文《科学心理学方案》（*Project for a Scientific Psychology*）*中试图根据精神能量或原欲的流动、其束缚感及能量释放的原理，从神经生理学角度解释潜意识。虽然"水力学"模式已经被其他观点所取代，但是当代神经心理学家却证实了，通过下意识知觉（subliminal perception）及前意识过程（preconscious processing），心智生活里与生存有关的心智活动可以在意识之外存活下来（Dixon and Henley，1991）。

潜意识是潜藏意义的储藏库

当代精神分析渐渐远离弗洛伊德早期所提出的机制论，转而较看

---

* 简称科学心理学（Scientific Psychology）或方案（Project）。——译者注

重意义；潜意识被渐渐视为患者未觉察的情感意义的隐喻，通过与分析师的关系，情感意义方能再现。在此定义下，潜意识不再是名词而是形容词：它在描述一种潜意识历程（unconscious processes）而非指"潜意识"（The unconscious）。这种转变使精神分析也赶上了后现代的潮流，即在任何文化现象下的多元化或多元意义。在此理解下，精神分析师不再是心智的解剖学家，而是探索心智潜在意义的心理学家。

潜意识的奥秘

荣格（Jung, 1943）强调的是潜意识中比较不具实质性的"准-奥秘"（quasi-mystic）。他对人类经验中的宗教及灵修层面更有兴趣，并提出集体潜意识的概念。荣格认为集体潜意识是天生的，也是人类的一种普遍现象，它所存在的心智层次比弗洛伊德所描述的潜意识更深。荣格发现存在于世界各地及不同时代中的宗教及文化皆有其共通的信仰、象征及神秘性，因而提出了集体潜意识的观点。

过去的潜意识及当前的潜意识

通过丰富的临床经验，桑德勒夫妇（Sandler and Sandler, 1984）有效地区分了过去的潜意识及当前的潜意识。过去的潜意识是成人的"内在孩子"以未经修饰的形式，继续影响着成人的渴望与需求，就像小时候的他仍然存在于成人世界中，控制着成人的行为。当前的潜意识与前意识极类似，它通过防御机制调整过去的潜意识，好让过去潜意识的幻想借着现在的潜意识表达出来。桑德勒认为治疗师在治疗过程中必须先处理当前的潜意识，再处理过去的潜意识，即在重建患者的过去创伤前，要先将治疗重点放在患者和治疗师之间此时此刻的关系上。

弗洛伊德的思想流派

弗洛伊德对于心智的了解分为三个阶段,桑德勒等人(Sandler et al., 1972)将此三阶段称为:①情绪创伤模型(affect-trauma model);②地形学模型(topographical model);③结构模型(structural model)。以下将陆续介绍这三种模型。

情绪创伤模型

普法战争这一意外事件影响了弗洛伊德早期的精神分析概念,当时的歇斯底里性瘫痪似乎与战争时在前线的创伤经验有关;他发现若患者有机会描述并表达出所体验到的恐怖经验,则症状可以缓解。弗洛伊德注意到歇斯底里患者普遍有童年被性侵的经验,他依据第二次世界大战后创伤案例的推论——痛苦的外在事件如果来自父母的诱惑,那么就是孩子的心智器官(mental apparatus)无法承受的,于是产生了创伤性的反应。他尝试区分真正的神经症(神经衰弱和焦虑式神经症)及心理神经症(歇斯底里和强迫式神经症)。前者来自晚期的创伤,后者则来自小时候的创伤。虽然晚期的创伤,如突发的意外或丧亲,有可能导致创伤后应激障碍(post-traumatic stress disorder),但这种区分法早已不被采用。

释放那些威胁心理平衡或造成心理症状的被压抑的情感的理论,称为情绪创伤论,这也是弗洛伊德后设心理学第一个发展阶段的参考架构。情绪创伤的概念是当代精神分析思想中很重要的一部分,特别是当儿童在性、生理及心理上的虐待变得越来越为人所知时,这一思想就更加重要了。不同的学者对婴幼儿期创伤的本质有不同的看法,有些较强调内在的心理因素(intrapsychic factors),有些则较强调环境的影响力。克莱茵和科恩伯格(Kernberg)从内在精神的角度出发,认为幼儿的恨、攻击或嫉妒是与生俱来的,都是会让当事人受创的情绪;他们怀疑边缘人格障碍者早年可能经受了过量的这类负面的感觉和经验，无法同化这些感受，导致过度地分裂与投射。相反，科胡特则认为人际关系才是创伤的主要来源，即因为父母缺乏同理心，使孩子无法建立一个完整的自体（self）。缺乏完整的自体会在后来的生活中带来一些崩解现象（disintegration products），如攻击或试图借着酗酒、滥用药物、强迫性性行为及自伤来自我安慰。

以上两种立场皆相信创伤经验会带来痛苦的情感，此情感又会反过来促成病态的反应或行为模式。鲍尔（Bower，1981）也支持情感会影响心智功能的看法；借着观察患者的回忆，他发现患者的记忆常与情绪有关，有些记忆只有当患者处于类似的情绪状态中才可能被忆起。在移情中，患者可能忆起深埋已久的过去的创伤，而有机体以一种比较不具威胁性的方式重新面对过去的创伤，因此早期的丧失可以重新被哀悼，愤怒的情绪可以被释放，借此使患者渐渐能够自我接受或者自我谅解。

地形学模型

地形学隐含了空间的概念，即不同的心理功能位于不同的位置（或心智空间），此理论将人的心智区分为三种不同的系统：潜意识、前意识及意识（Freud，1900）。这是弗洛伊德于其精神分析生涯第二阶段（1897—1923）所提出的概念。这一说法强调脑部不同的区域的功能，这不免让我们想起弗洛伊德神经学的医学背景。当代精神分析仍然沿用地形学的观点，但不再以解剖学的角度看待人格结构，而是指出每一部分的心智都是一种系统，如潜意识系统及前意识系统等，此种转变将弗洛伊德的思路渐渐导向了结构模型。结构模型比较关注不同心智部分的功能。

两个原则

弗洛伊德在理论发展上最重要的贡献是区分了两个心智功能的原

则（Freud, 1911a），他称其为初级思考及次级思考。次级思考是理性的，它会遵守时间及空间的逻辑原则；初级思考代表的是梦、幻想及婴儿期的生活模式，在此思考原则下，时间、空间的原则及对立概念是不存在的。因此过去、现在及未来不再有顺序，不同的事件可能发生在同一个时空，一个象征也可能代表着许多不同的对象，并同时拥有不同甚至互相对立的意义。

潜意识及前意识

弗洛伊德知道许多心理的思考过程都属于潜意识，个人也许无法意识到它的存在，但它们却很容易被带回意识层来。因此它们不一定都是被压抑的，也不一定依据初级思考过程行事。这些存在于潜意识中，却未被压抑的现象称为前意识系统。从地形学角度看，前意识系统储藏了一些可被唤起的想法与记忆，它是用来修饰潜意识本能欲望的检查人员，好让某些被遗忘的数据可以被意识系统所接受。

本能理论

从以情绪创伤为中心的思想架构到地形学的思想架构，象征了精神分析理论的重要演变，即精神分析的焦点从外在事件对心理的影响，转移到内在世界对心理发展的影响。在弗洛伊德的大部分生涯中，他认为一个人的内在世界充满了他与其本能或驱力之间的挣扎。

弗洛伊德以本能或驱力理论解释人类的动机。本能（instinct）这个词造成了许多混淆，因为英文将德文的"Instinkt"和"Trieb"都翻译成了"Instinct"。Instinkt 指的是天生的行为模式及反应（本能），而 Trieb 则隐含着敦促或推动自己朝向目标的动力（驱力），如生存的动力。不幸的是，以往相关的译文会交替使用这两个词，这一现象也许正反映了精神分析学界持续存在的挣扎，即生理观与心理观之间的挣扎。弗洛伊德认为本能是基本的发展需求，由幻想所构成，具有独特的特质，是需要被表达及被满足的。

弗洛伊德一直都是顽固的二元论者（obstinate dualist）(Jones，1953)。他初次提出本能概念时（Freud，1906a），强调性的驱力存在于正常人的发展过程中，同时也是病态人格的原因；后来，他又提出了攻击及毁灭驱力或死本能（Freud，1920，1930）。虽然弗洛伊德早期强调性本能时，也曾强调自我保护的本能［即对死亡的否认（death defying）］，但由于他对性及攻击本能的强调，他的论点还是被公认为本能二元论（dual-instinct theory）。他认为个体皆被这些驱力或本能欲望所牵制，如成人为了处理婴儿期的欲望而启动心理防御机制，过分使用防御机制则会形成症状。每一种本能渴望都是潜意识系统的构成要素，一直在寻求发泄的机会，但是为了发泄本能欲望，它只好在其发展过程中与一个客体联结。

在古典思考模式中，本能欲望有它的根源、目标及对象。本能的根源存在于身体上，可以是性快感区，如嘴、肛门或性器官；本能使这些身体部位的感官产生不同层次的紧张，而后寻求发泄。当婴儿体验到饥饿痛苦时（根源）会开始吸吮母亲的乳房（对象），直到他的本能欲望被满足（目的），不再感到饥饿为止。婴儿记住了客体或母亲乳房及其质量，当再次体验到饥饿时，对乳房的记忆及幻想也再次被唤起。如此一来，本能的根源、目标及对象渐渐融合在一起，成为一个复杂的互动幻想，其中一部分幻想则存留在潜意识系统里。

在这个例子中，虽然经验及被唤起的记忆皆源自真实的世界，但需求及之后被满足的过程也可能来自想象。如果婴儿式的"愿望实现"的白日梦是"存活"于个人内在，后来又被压抑了的，则潜意识系统会以初级思考过程来处理这些想象的事件，从而认为它是真实的。

在临床上，要区分创伤记忆的重现及"愿望实现"的幻想的复苏是不容易的，因为两者都曾被压抑过。即当患者描述一个早期经历时，治疗师常常无法确定这是否为真实事件。近来有人以假性记忆症候群

(false memory syndrome)来描述想象出来的创伤事件被当事人体验为真实事件的这一现象。

地形学模型的限度

临床经验使弗洛伊德越来越意识到自己所提倡的地形学模型有理论内部的诸多不一致性。最重要的是，他发现地形学模型无处容纳理想、价值与良知。他也发现需要多探索外在世界对心智结构及防御的潜意识本质所带来的影响。例如，焦虑曾被认为是积累被压抑的性兴奋或原欲的结果（见第一章），即由性渴望转变为不愉快的感觉；这一观点强调焦虑完全由内而来。但是弗洛伊德渐渐明了焦虑有时也是面对外在威胁的反应，它可能直接来自外在环境的刺激，或是经由外在环境的威胁而导致的心理冲突；例如一个孩子对父母忽略自己感到生气，但又因为害怕失去父母而不敢表达心中的愤怒，这种亲子关系的内化过程无法与地形学观念兼容。

弗洛伊德亦在其《论自恋》（*On narcissism*）及《哀悼与抑郁》（*Mourning and melancholia*）两篇论述中开始强调内在世界与外在世界的互动。尤其当他在讨论内化过程及认同时，他开始思考严厉的父母如何影响孩子内在世界结构的形成。而结构模型（Freud，1923）则是弗洛伊德尝试回答以上问题时发展出来的理论，也是他第三阶段（1923—1939）的理论架构。

结构理论

在结构模型中，弗洛伊德（Freud，1923）将人格分为三个主要结构成分，根据柏特翰（Bettleheim，1985）的说法，这三个心理结构被误译为耳熟能详的本我、超我及自我。就像地形学模型一样，这三个结构更偏向三个功能，或三种心理组合的隐喻（Rapaport，1967；Friedman，1978），而非三个结构实体。结构模型根植于本能理论：本我指的是天生的驱力、性和攻击冲动。但是结构模型除了关心人格结构如何适应本能渴望的要求外，也强调外在世界的影响力。

超我

弗洛伊德（Freud，1914a）早期所提出的理想我（ego ideal）概念，是一种个体所期望或试图顺应的内在模式，它后来被包含在更广义的超我概念里。超我一词用来描述良心及理想；如同理想我一样，超我来自对父母或权威人士的内化（internalization），它被童年文化所影响。就客体关系而言，超我所代表的不尽然是内化了的真实世界里的父母。超我所内化的父母可能也包括了个体投射给外在父母的自身内在攻击及严厉。

因此，超我所代表的内化的父母或其他权威人物同时来自个人的幻想及真实经验，它包括部分自体的外显及投射；因此，整个结构的功能是根据这些被修改过的内化客体来运作的。这种说法可以解释临床上的一些现象，例如有些被患者认为极为严厉的父母，在真实生活中其实还算和善。超我所体验到的常是罪恶感、犹豫不决、完美主义及充满对错的评论，因此它在抑郁症、强迫性人格障碍及性困扰上扮演了举足轻重的角色。

超我的运作同时存在于意识及潜意识中。例如有些人可能很清楚自己正要做的事与自己的价值观有所冲突，尤其当它与其家庭教养背道而驰时；但另一些人则会有潜意识中的罪恶感（Freud，1923），就像强迫式患者不知道为何自己非做某些事不可，若没做则会感到极度罪恶。

自我

自我一词所描述的是人格中比较理性、真实及执行的部分，它同时存在意识及潜意识中。弗洛伊德认为自我的任务是控制原始的本我冲动，它根据现实原则行事并配合超我的要求，缓和冲动以适应外在环境。弗洛伊德（Freud, 1933）说："可怜的自我……要同时侍奉三个主人，并努力协调三位主人的要求，使它们能和谐相处……这三个专制的主人就是外在世界、超我及本我。"

结构模型不能勉强套用在地形学模型上。潜意识系统与本我相似，两者皆依据初级思考运作，但是，意识系统和自我则不对等，因为有一部分的自我存在于潜意识中。前意识与超我也无法相提并论。临床工作最关心的不是患者是否处于意识或潜意识中，而是心智的运作方式，例如，患者的行为和思考到底是受到初级思考还是次级思考（适应性）的监控？

冲突与适应

内在世界常意味着延宕或等待，换句话说，"渴望"被理智的围篱无情地塑造、影响、修正、禁止、改造或伪装。本能欲望无法获得直接的表达——从地形学模型来看，这些本能愿望必须经过前意识才能到达意识层；从结构理论来看，超我与自我会阻挡本能愿望的表达。当本能愿望走进意识层时已改头换面，而只能通过梦、语误（parapraxes）或临床情境中的移情等慢慢地拼凑起来。个体以防御机制修饰本能愿望，而防御机制则是内在冲突的结果。冲突来自享乐原则所主导的本能欲望（Freud, 1920）与现实的要求无法兼容；简而言之，是过去与现在之间的、或内在孩子和成人功能之间的冲突。在结构模型中，冲突存在于本我、自我及超我之间，以及它们当中任意一个与外在世界间的冲突中。通过现实的冲击，本能愿望的满足被延宕或修改，即当它们威胁到个人的完整性，或与个人的伦理道德观/社会文化价值观背道而驰时，它被迫要延迟满足自己的欲望。自从弗洛伊德（Freud, 1911a）提出了现实原则后，精神分析学界就从原来偏重内在世界甚于外在世界的趋势，逐渐转向看重内在世界与外在世界的关系。

后弗洛伊德学派模式

古典精神分析的思考模式常将人格视为一个战场,强调本能及冲突,内在紧张与适应,指出人一生的发展都处在内在要求与外在现实环境的挣扎中,其中内在需求仍是动机的主要来源。压抑则被视为原始的防御机制,以确保无法兼容的渴望被留在潜意识中,或被伪装起来;但由于被压抑的渴望或冲动有回到意识的倾向,所以紧张仍是系统中必有的现象。

自我心理学

自我心理学的创立者哈特曼(Heinz Hartmann, 1939, 1964)质疑以上观念,并强调一个没有防御性的自我(他的理论受到拉康的大力批判)。哈特曼认为自我并非本我及外在现实世界的中介者,而是位于冲突区之外的。它可以自由地与外在世界接触而不受内在的影响。若环境足够好,这一没有冲突的自我便可独立自由地发展。自我的功能包括思考、知觉、语言、学习、记忆及理性的计划。这些人格面向的发展影响一个人是否能拥有快乐及满足的经验。

在地形学模型中,弗洛伊德已经将理论重点由外在世界的影响力转移到心智的内在运作过程;后来在结构模型中,又重新回到原先的重点。哈特曼依据这个思路往前延伸,认为快乐的经验不只是来自欲望的满足,也取决于外在世界能否提供好的经验。

自我心理学的另一贡献是区分了弗洛伊德及当代精神分析学者对自我的看法。弗洛伊德将自我视为结构,当代精神分析学家则将自我视为自体表征(representation of the self),这个概念是科胡特在自体心理学中发展出来的。安娜·弗洛伊德(Anna Freud, 1936)也重新强调自我与外在世界的关系,以及人格中的正常部分及其适应。她认为心理防御机制不只针对危险的内在世界做出反应，也对危险的外在世界做出反应，例如向攻击者认同。然而，由于她的理论比较不像自我心理学般以结构模型为主，而且她不断强调地形学模型的好处，使得精神分析学界将她排除在典型的自我心理学家之外。雅各布森（Jacobson，1964）继续发展自我心理学提出的上述概念，但近年来，自我心理学渐渐与客体关系整合，我们可从科恩伯格（Kernbe-rg，1976，1980）、阿洛（Arlow，1991）、吉尔和赫夫曼（Gill and Hoffman，1982）及桑德勒（Sandler，1987）的著作中看到这一趋势。

克莱茵-比昂模式

虽然梅兰妮·克莱茵是一位实务工作者而非理论建构者，但在精神分析发展史中，她是众所公认最富原创性、挑战性的思想家之一。克莱茵认为虽然结构模型有其优点，然而精神分析从地形学模型进展到结构性模型的过程中失去了一些东西，尤其是精神内在的潜意识幻想。克莱茵将其学说的重点放在前俄狄浦斯期的发展经验上，并尝试整合潜意识的幻想及弗洛伊德的驱力理念。

克莱茵学派的两个心理状态

克莱茵最为人所知的大概是她所提出的心智生活的两个基本位置：偏执-分裂位置与抑郁位置，以及投射-认同的概念。克莱茵提出的两个位置（positions）指的是整组幻想、焦虑及防御机制，其目的在于保护个体不会被内在的破坏力所伤害。偏执-分裂位置的主要焦虑来自被吞吃及崩解的威胁，此时的婴儿试图借着分裂及投射，重新组织这些经验。婴儿将不好的经验分裂掉，并将之投射到一个外在客体上，因此被投射的客体被认为是具有迫害性及危险性的，会威胁到好的经验。为了保护好的经验，婴儿把好的经验投射到另一个客体上，而将该客体理想化。抑郁位置的主要焦虑来源不是为了保护自我的生存，而是为了保护婴儿所依赖的对象。个体在此时意识到，原来令他感到挫折的对象同时也是满足他以及他所爱的对象。当婴儿意识到原来他所恨、所爱的对象是同一人时，开始有了爱恨交织的情感与罪疚。根据克莱茵的说法，这两个心理位置各有其特定轮廓，但两者之间是相互流动的。除了这两种位置之外，当代精神分析师则增补了第三种心理位置，称之为边缘位置。

幻想和驱力

对弗洛伊德而言，原欲和攻击是无形无状的现象，它们不只受限于驱力得到满足与否，也受限于身体的发展阶段；但是对克莱茵而言，本能与客体息息相关，我们可以从原始幻想的内涵里看出（克莱茵用 Phantasy 而非 Fantasy 来区分潜意识的幻想与白日梦或意识中的渴望）。因此心智生活的基本单元应是与客体有关的潜意识幻想，而非如弗洛伊德所言，为了释放本能的欲望创造出客体。

精神分析学界持续的争议是：婴儿所拥有的知识中到底有多少成分是天生的，又有多少来自后天的发展。克莱茵认为，破坏性及潜意识幻想都是天生的，也是初级的（原始的）；但是弗洛伊德则认为，潜意识幻想是来自挫折的经验，因此是次级的。克莱茵认为婴儿的心智里有许多对客体的复杂影像。例如，在《嫉羡与感恩》（*Envy and Gratitude*）一文中，她说："婴儿在潜意识里天生就能觉察到母亲的存在"，这使婴儿有了"本能知识"，这些知识是婴儿与母亲维持早期关系的基础。因此克莱茵认为在心智生活初始，潜意识就有了特定的内涵，她称之为潜意识幻想。这一潜意识幻想是心智的必然结果或本能的心理表征。

本能的欲望是以潜意识幻想的形式被体验到的（Isaacs，1943）。这种认为婴儿天生具有思考本能的说法比弗洛伊德的"空白屏幕"说更复杂。虽然斯腾笔下（Stern，1985）的"快乐母婴配对"与克莱茵所说的早期忌妒与怨恨截然不同，但这种认为婴儿早就会思考的概念（不同于弗洛伊德笔下的婴儿)已渐渐得到一些发展心理学家的证实。

比昂与他所提出的"涵容"概念

在弗洛伊德早期的著作里,客体只是满足或抑制婴儿欲望的对象。一般而言,发展到俄狄浦斯期时,客体已经完全成形了;至于它是如何形成的却不是很清楚。虽然克莱茵一直努力在整合驱力理论及其所强调原初客体概念中的客体寻求,但直到接受克莱茵分析的比昂出现,才将克莱茵学派的理论由驱力导向关系。当比昂谈到"涵容者及被涵容者"(the container and the contained)时,他(Bion,1962)将克莱茵的投射-认同概念说得更清楚了。他认为母亲就像一个涵容器,大到可以包容婴儿所投射出来的所有感觉,如痛苦、害怕、死亡、妒忌和恨。这些感觉被养育性的乳房解了毒(在治疗关系中则是通过分析师的聆听而渐渐消失)。当母亲或治疗师的关怀重新被婴儿或患者吸收之后,婴儿或患者有了被支持、了解及被拥抱的感觉,这一感觉自然取代了原来不好的投射。借此,婴儿得以重新了解他的经验,并内摄进一个可以承受并舒缓焦虑的客体。虽然死本能仍然是引发投射的主要动力,但婴儿与客体的互动因素却是显而易见的。

客体关系理论

虽然比昂将克莱茵的思想带到客体关系的领域,但通常费尔贝恩(Fairbairn,1952)和甘萃普(Guntrip,1961)才被公认为当代客体关系理论之父。先前我们提到因强调重点的不同,心智模式常被归类到不同的流派中:一是将重点放在内在世界,如弗洛伊德的结构模型和克莱茵的思想;二是将重点放在外在世界,如新弗洛伊德学派的沙利文、弗洛姆、霍妮、艾瑞克森和鲍尔比等;还有一些是介乎两者之间的(如温尼科特、比昂、科胡特——弗洛伊德的情绪创伤模型)。客体关系理论可以更进一步区分为:相信驱力理论者及不相信驱力理论者。费尔贝恩、甘萃普和沙利文并未尝试以接受驱力观点与否来区分客体关系学派，但马勒、克莱茵、科恩伯格与科胡特却尝试以此区分客体关系理论中的不同学派，不过后来科胡特不再重视攻击驱力。大部分英国学派作者如温尼科特和巴林特，能毫无困难地整合这两个模式，此种整合在其临床理解上可以看得更清楚；晚期的桑德勒（Sandler, 1981）则提出了混合模式。尽管费尔贝恩、甘萃普、温尼科特与巴林特之间极为不同，却都被归为英国客体关系的理论学家（Sutherland, 1980；Greenberg and Mitchell, 1983；Phillips, 1988）。虽然这些理论学家所提出的理论各有其独特的表达形式，但是他们的一些主要假设却是相通的（Westen, 1990）。

寻求客体

客体关系理论的核心概念是：相信人最初的动机在于寻求客体或与他人的关系。人最终的目的是为了和另一个人保持关系，而非寻求满足享乐。婴儿的早期活动都是为了要与母亲有接触，后来则是为了与别人有接触："客体是使一个人快乐或不快乐的主体，而不是享乐的发泄对象"（Fairbairn, 1952）。寻求客体的方法因不同发展阶段而异：小时候是通过喂食过程（包括眼神的互相注视，Wright, 1991），后来则是分享彼此的活动和兴趣。这种说法并未完全抛弃寻求享乐的概念，如巴林特（Balint, 1957）认为个体同时在寻求客体与享乐。强迫性地要求享乐则是当人际关系受挫时的病态反应。

表征世界

客体关系理论的主要观点强调内在世界充满了自体、客体，以及这两者之间的关系。桑德勒称其为表征世界（representational world），他将此表征世界比拟为人生的舞台，舞台上演着"内在生活"的戏码。这些内在客体之间的关系是日后人际关系的样板，特别是当初级思考历程在运作的时候。与伴侣和与分析师的亲密关系皆受内在世界所影响。费尔贝恩（Fairbairn，1952）不同意克莱茵对早期客体幻想的见解，认为内在客体和幻想的内容都与外在客体无法避免的失误有关。对费尔贝恩而言，外在客体的失误会使心智核心（the heart of psyche）一分为二：一是使主体满足的原欲客体（libidinal object），另一是使主体挫折的反原欲客体（anti-libidinal object）。因为客体的分裂，自我也分裂为二：一是原欲自我表征（libidinal self representations），另一是反原欲自我表征（anti-libidinal self representations）。费尔贝恩的看法与弗洛伊德类似，他认为人之所以发展出内在世界，是为了代替并补偿未获满足的外在关系，被挫折所引发的攻击是组织此内在世界的主力。他也强调婴儿内化进去的不是一个客体而是一种关系。费尔贝恩的这个观点常被忽略。

过渡性空间

甘萃普的第一个分析师是费尔贝恩，一个顽固的苏格兰人（Sutherland，1989）。后来，甘萃普接受了和善的德文郡人（Devonian）温尼科特的分析（Phillips，1988）。正如我们先前所描述的，温尼科特对人类的关系持比较正面的看法，他认为创意及内在世界是足够好的母婴关系的自然结果。温尼科特坚信客体关系理论必须探索的不只是内在与外在的客体，还应包括这两者之间的互动，因此他提出了潜能空间（potential space）的概念，这一空间既非内在，也非外在，而是介于内在世界与外在世界之间。

过渡现象（transitional phenomena）联结了弗洛伊德的享乐原则及现实原则。借着过渡空间的概念，温尼科特（Winnicott，1965）试图调和驱力理论及人际观点。他相信被驱力所驱使的婴儿会在其心智中勾勒出一个适配又能满足其需求的客体，在这一刹那间，如果刚好有一个足够好的母亲满足了婴儿的渴望，那么这个婴儿会生出一个错觉（illusion），他会以为是他"制造"了这个满足自己的客体。借由母亲实时供应婴儿所需要的一切，这样的幻觉（hallucinatory）欲望持续被实现，婴儿便相信是他创造了自己的世界，这一全能感会使婴儿健康地发展出一个有创意又活泼的自我（playful self）。只有在真实自我（true self）被建立起来时，全能感才会减少，婴儿也才能面对现实世界的痛苦及丧失。如果母亲不是"足够好"，则会出现"顺从的假我"，这一假我里隐藏的是受挫的、被隔绝的本能驱力。

渐渐地，发展中的婴儿开始区分内在与外在世界，现实与错觉，他渐渐意识到有一个真正的外在世界的存在，而不是自己的投射结果。当婴儿意识到这一点时，便会开始与其他人的心智相接触，他的自我感会因而扩大。甘萃普相信，这个过程可以在分析中借由重新接触"退行的自我"而再次被创造，即通过治疗关系让患者再次体验一个无助的、脆弱的、不被爱的自我。这个无助的我不断对抗寻求客体的冲动，但经由治疗关系退行到"过渡空间"而产生治愈效果。巴林特也强调退行的重要，他认为在分析关系中，退行对那些被困扰的患者或处在基本谬误（basic fault）中的患者（如边缘人格障碍的人）而言，是最重要的治疗工具。

恨

温尼科特不但尝试通过过渡现象的概念将原欲与人际关系进行联结，在其"正向恨意"的观念里，他也尝试将死本能关系化。在所著的《客体使用》（*The Use of The Object*）一书中，他仔细区分了两种不同的经验：一是与客体的关系，二是使用客体。在早期发展阶段，个体以部分的我（或部分心智）与客体保持关系，因此个体体验到的不是真实的客体或是与自体有别的客体。在晚期发展阶段中，个体才会感受到客体的真实性及独立性，此时新的关系模式开始展开，在此关系模式中，个人与客体共享同一个现实经验。温尼科特称此经验为"客体使用"，并将此联结到一个人在想认识他者的同时想被认识的挣扎。这个挣扎背后的驱力是"恨"——为了能认识及体验到客体是在个人的操纵之外，客体必须在幻想中被消灭，然后再于现实世界中感受它的存活。如此一来，毁灭性的驱力才不致太可怕或危险，而只是分离-个体化的过程之一而已。

温尼科特将驱力论与关系模式进行了极富创意的整合，使英国精神分析学界内的理论观点免于僵化。同时，在美国，许多精神分析学家开始对缺乏弹性的自我心理学（ego psychology）感到不满，他们认为自我心理学过分强调俄狄浦斯情境及本能的论点，有其自身的限制，且限制了他人。再说，20世纪60年代的文化开始对自体（self）感兴趣，从积极面看，它是一种个人解放；从消极面看，则是放弃关系强调自我膨胀和自我满足。在精神分析界，科胡特的自体心理学（self psychology）是这两个因素的结晶。根据拉希（Lasch, 1979）和谢弗（Schafer, 1977）的说法，这个现象表征了从本能满足论到自我实现的转变；由背负在完整自我中深受内在冲突之苦的俄狄浦斯人物，到受困于无法建构一个统合自我的悲剧人物的转变。自体心理学除了反对自我心理学的教条式论调外，也以沙利文所提出的人际关系模式为基础。

人际关系模式

人际关系模式是由所谓的新弗洛伊德学派的沙利文（Sullivan, 1962, 1964）、霍妮（Horney, 1939）、弗洛姆（Fromm, 1973）、艾瑞克森（Erikson, 1965）等人发展出来的，此模式坚持以人际关系为其理论的基础——套用温尼科特的名言（改个字）"没有个体这回事"（there is no such thing as an individual）*。沙利文是一位精神科医生，他坚信20世纪20年代强调生物学观点的克雷佩林（Kraepelin）学派对精神分裂症的看法是错误的（他们认为精神疾病纯粹归因于生物因素，无法复原的人格恶化造成了心智或情绪功能的崩解）。身为时代先锋，沙利文认为精神

---

* 意指人是活在关系中的。温尼科特原话是"there is no such thing as a infancy"。——译者注

分裂症是住院的结果，而不是一种疾病。他强调刺激精神患者建立人际关系才是治疗精神疾病的主要方法，而不是住院治疗。在上述的脉络里，沙利文发展出人际关系理论。

人际关系模式就像其他精神分析一样，强调母亲与幼儿的互动关系是人格形成的主要因素，但他不认为孩子的内在世界具有决定性的影响力，同时也驳斥了弗洛伊德所提出的驱力结构模式。对沙利文来说，焦虑是被外在激起的，是对他人心智状态的反应，而非因为潜意识本能渴望急着要冲出、表达并被满足所引起的。所以，孩子以为"坏我"（Bad Me）造成了母亲（或他人）的焦虑，才产生了焦虑，这一焦虑反过来影响了"特定心智表征"的形成。同样的历程里，能缓和焦虑的"好我（Good Me）"及"非我（Not Me）"也一起形成。非我是面对严重痛苦和混淆的反应，这一概念与甘萃普对精神患者的看法相似：自我的脆弱感及无助感是精神症分裂患者的核心，也是导致精神分裂症患者感到支离破碎的原因。

焦虑是为了建立安全感而出现的人际互动策略。这个安全机制（security operations）包括逃避、忽略、有技巧地形成某些不正确的表征及其他人际关系策略。人际模式的心理分析虽然用很简单的词汇呈现其理论（与桑德勒的内在孩子很像），但它在治疗技术上的贡献是重大的，因为它将治疗重点从古典的历史重建（reconstruction）指引至看重治疗中的此时此刻。人际模式显然是针对精神分析理论"神秘性"（Esotericism）的一种反动，而强调一个简单易懂的、较少理论层面的表达方式，以及患者与治疗师之间的合作关系。对人际模式的治疗师而言，移情只是密度较大的生活现象而已，它不再是复杂的幻想所造成的对目前生活的曲解——只有靠治疗师的专业知识才能被洞悉。

自体心理学

科胡特（Kohut，1971，1977）对美国正统精神分析提出挑战，他宣称为了有效地治疗自恋症患者（该病症在美国变得越来越普遍），分析师必须采用新的方法，而不能只执着于分析俄狄浦斯情结。科胡特将他的理论重点放在自体上，以及否认、挫折和欲望的满足对自体发展的影响。起初，科胡特尝试将他的理论建立于客体关系及自我心理学上，他也认为自体（self）是自我（ego）内的心智表征引发出来的，是自体表征的精心之作。后来，他认为自体是一个超结构的概念，有它自己的发展路径，而且它本身已经包括了本能愿望和防御机制。

必要的自恋

正如哈特曼提出自我的无冲突境界，科胡特也根据弗洛伊德原始自恋的观念提出自爱是心理健康的必要条件，他认为病态的自恋是因为父母缺乏同理心而使孩子的自体有了缺陷。他先提出了枢轴自体（bipolar self）的概念，后来又提出了三轴自体（tripolar self）的概念。第一轴是有把握的抱负；第二轴是理想与价值；第三轴则是才华及技巧。病态可能是任何一轴向受到干扰的结果，它可能借由强化其他轴向来补偿。

自体的概念或自恋的发展循着不同的发展途径，我们可以将它视为弗洛伊德性心理发展阶段的延伸，也可将之视为安娜·弗洛伊德（Anna Freud，1965）提出的与驱力、自我及客体关系并存的发展线路（developmental lines）的延伸。但是，强调自体之于人格发展有其超越、整合及涵盖性的看法，则较受争议。主要的争议点在于科胡特认为攻击驱力是次级的，它来自无法自我安慰的自体，是因为父母缺乏同理心所导致的现象。科恩伯格（Kernberg，1975，1984）特别呼吁学者们注意科胡特对攻击驱力的轻视。在科胡特的思考模式中，理想和价值被视为自体的一部分，于是超我在人格架构中的地位便很难定位。

自体心理学的主梁是自体客体（self object）。自体客体是指对于稳定的亲密关系的主观感受，即对方所提供的安全感及对主体的兴趣使自体有了完整的感觉。对于自体客体需求（self-object needs）的描述，最早出现于自恋人格障碍患者的治疗中，但现在则被认为是一种普遍而持久的现象，是正常心理功能的必要条件。自体客体需求会导向自体-客体移情，此移情包括镜映（mirroring）、理想化（idealizing）和伴生移情（twinship）。以上三种移情与三轴自体的内涵相呼应。

自体客体一词被用来描述他人在自体形成的过程中所扮演的角色，尤其是在满足自体对镜映、理想化及伴生的需求。人的一生都有这些需求，而自体客体可被视为重要他人身上用来满足自体心理需求的必需品，如安全感、安慰和赞许等。这一观点不同于传统驱力-结构理论和客体关系理论强调分离-个体化的观点。虽然鲍尔比的依恋理论也主张人终其一生都需要彼此依赖，但他的观点仍旧不同于自体心理学所提到的自体客体需求。自体心理学专注的焦点是人终其一生都需要被他人同理及赞美，但是在这个过程中，人会渐渐从对客体的完全依赖转向比较成熟的依赖。

结　　论

在精神分析的传统中，每位分析师必然会遭遇保守与创新之间的挣扎。极端创新的想法是，渴望完全放弃父母的权威，创造全新的想法，并拥有完全属于自己的领域；极端保守的想法是，坚决地保留旧概念中好的部分。虽然在特殊的情况下，且对独特的思想家而言，这两种俄狄浦斯反应是必须的，但却不是常态科学（normal science）（Kuhn，1962）。成长中的分析先是像俄狄浦斯期的孩子一样，在其智性发展过程中，调和健康的认同及分离，后来则到了父母的位置，尽可能地让互相竞争的不同分析派别能在心里共存。

自体心理学强调同理心、环境的失误、正向的自恋并挑战以驱力为基础的诠释方式,这些主张平衡了自我心理学过度极端的部分。其实本章所讨论的所有理论都是因为对于盛行的理论感到失望而产生的。大部分的心理分析模式都不完整,就像不同的心理学理论只从某种角度来解释心智模式。不同的心理分析模式会以强调某一论点来凸显自己的立场,但同时也牺牲了其他角度的论点。精神分析界的所有争议都忽略了这点,也会错了意——其实不同的观点都只是试图拯救其他理论的弱点,而非想推翻它们。

弗洛伊德所用的词汇受到当时医学的影响,而至今精神分析师仍然使用客体、驱力及彼此的动力这些字眼。当代精神分析在寻求大一统理论的过程中,三个凸显出来的主题是表征(representation)、情感(affect)和故事或叙事(narrative)。对桑德勒(Sandler,1981)来说,自体和客体表征才是引导个体与外在世界保持关系的主要因素。桑德勒认为个体的原始动机不是驱力,而是安全感,调节个人的感觉是为了得到安全感。斯托罗等人(Stolorow et al.,1987)也提出了相似的主张,他们认为内因性的(endogenous)驱力动机早该被抛弃,而以自体及自体-客体之间的互动所产生的情感取而代之。

从情感理论观点来看,意义与机制相互交错。意义组织并修正困扰的情绪经验,使它成为有条理的故事,同时解释自我与世界的关系(Elliot and Shapiro,1992)。因此,诠释的重点不再是本能冲突、受挫的欲望或攻击驱力,而是患者的情感经验、此情感经验在治疗关系中的根源及患者如何将此情感经验述说成有条理的故事,并以此为治疗计划的指引及预告。潘(Pine,1981)强调在发展及治疗中的紧张时刻(intense moments)即是一例。

但是,就像精神分析视人格为"扬弃了情深贯注的客体后的沉淀状态(precipitate of abandoned object cathexes)",理论及实务的改变也会有其先驱，就像将重点放在患者的情感经验上并不是新的见解。费尼切（Fenichel，1941）用"阻抗"来解释人的复杂——阻抗可能是强烈的情绪，用来让自己的认知觉察不到潜意识冲突；但有时，认知——如理智化——可能是用来防御情感经验的阻抗。过分依赖情感或认知经验会减弱对人性复杂的动机及不同因子之间复杂互动的了解，并且失去认知与情感的整合性。

精神分析对心智模式的看法仍在发展中，也还存在着不同观点之间的紧张状态。有些学者（与里克罗夫特的私下对话）主张在心理科学领域里需要一个新的思考范典，它必须从精神分析思路出发，但是要超越目前的思考模式。若精神分析要成为有活力的学科，就必须对其他相关学科的发现持开放的态度，如儿童发展心理学、语言学、认知科学。同样，存在于精神分析学界内及学界外的差异和矛盾都必须被接受，并且在可能的情况下寻找出新的综合观点。

第三章

内在世界的起源

出乎我们的意料之外，儿童及儿童的冲动还存活着……

（Freud, 1900: 191）

弗洛伊德是达尔文学派的信徒。他认为成人的心智中还留着进化和发展的历史痕迹；他深信在解释心理疾病时，最好回溯到神经症状的童年根源——歇斯底里症患者的痛苦主要来自其回忆（Breuer and Freud, 1895）。他也受到英国神经学家修利斯-杰克森（Hughlings-Jackson）的影响（Sulloway, 1980），这位神经学家指出，患者生病时神经系统会退行到比较原始的运作模式。

对弗洛伊德和渥兹华兹（Wordsworth）而言，"孩童乃成人之父"（the child is father of the man）。这一想法在临床经验上有两重意义：首先，它提醒我们，许多害怕、幻想、疑惑和困难都是早期生命的遗存，它不再与我们所熟悉的成人世界有关；其次，它帮助我们更加意识到活在潜意识心灵里并持续影响着成人思想和行为的"内在孩子"，也协助我们更能容忍这个内在孩子（Sandler, 1992）。

我们将在本章探讨精神分析理论如何解释健康的成人心理状态，以及这一心理状态如何从未分化的婴儿状态中蜕变出来。健康的成人心理状态指的是：安全的自我感、稳定的自体-客体分化、具有建立亲密关系及独处的能力、良好情绪生活的调适，以及拥有安全感及高自尊。我们也将谈谈若童年心智生活受到严重搅扰，会如何影响成年。

首先，我们将讨论不同理论对于影响人格发展的背景因素的看法。

序　曲

"阶段"相对于"状态"

在其早期的论述中，弗洛伊德（Freud，1905a）主张心理发展经过一系列的"阶段"：口腔期、肛门期、性器期、潜伏期及生殖期。一般人循着这些发展阶段渐渐迈向成熟，出现病态则与停滞在某个发展阶段有关。这种对人格发展的说法根植于当时的胚胎学——当时学者认为身体中每一个有机体都与胚胎有关，所以心理发展的过程也与胚胎的逐步发展有关。

当代精神分析从多种不同的角度修正了这个观点。首先，他们认为不能像早期一样，用器官或性欲区等简单的方式来描述发展阶段。观察母亲抱孩子的方式及母亲与婴儿之间的注视，就足以使我们相信，新生婴儿除了口腔欲望之外，还有接触和注视的需求；细心观察性器期的3岁孩子，可见他们满脑子所想的、他们的抱负与感觉与能够掌握性器官的快乐和骄傲有关，而他们的惧怕则与害怕失去性器官有关。其次，弗洛伊德所谓的性欲区（zones）更适合被视为一种隐喻，象征着不同发展阶段孩子心中所关心的各种"存在主题"。艾瑞克森（Erikson，1965）提出了八个发展阶段，如信任与不信任、自主与羞耻、主动与罪恶感等等，试图描述孩子在面对世界时会碰上的基本课题，而非关心身体的部分。最后，在发展过程中的特定阶段是否存在敏感期（sensitive periods）是令人质疑的。例如，肛门期通常被认为发生在1~2岁左右，它反映了孩子自我控制及反抗父母的能力。但是斯腾（Stern，1985）指出幼儿在4个月大的时候就已经会用嫌恶的眼神来拒绝父母；7个月大时，已经会借由手势或身体动作表达拒绝，在2岁时则会借由语言拒绝。

艾瑞克森（Erikson，1968）的"渐成说"（epigenesis）概念可能比阶段概念更有帮助。渐成说一词最早出现在19世纪关于胚胎学的争议中：到底胚胎是预先形成的，还是在每一世代的发展过程中渐渐被创造出来的。渐成说的信念隐含着：①人的发展不是预先决定的，而是环境与人互动的结果；②发展的路径不是单一的，只有某些发展路径会在任何特定的环境中产生；③发展的阶段不会被取代或停滞，各个发展阶段一直活跃地存在，感到压力时可能再次被引发；④在人的生命周期里，环境带来的创伤会持续发挥影响；最明显的例子是童年性暴力所造成的伤害，常在潜伏期或少年期再现（虽然早期好的经验在某方面会有缓冲效果）（Westen，1990）。

例：无法信任别人的女人

马莎发现丈夫一直在欺骗她，因而深陷苦恼，决定来接受心理治疗。他不只在外遇一事上欺骗她，也对于他过去和现在所从事的活动不诚实——她说先生是"强迫性说谎者"。患者的行为举止合宜谨慎，与分析师保持些微距离。在治疗过程中，她想起小时候每天都盼望着父亲从战场归来。当她坐在窗前翘首期盼父亲归来时，别人就会告诉她："他很快就会回来了。"但父亲却殉职了，从此再也没有回来。明知父亲已经不会回来了，把她带大的母亲及外公却仍然欺骗她。直到母亲快过世时都没有机会和她谈到这件事。马莎的人际关系，包括她和分析师之间的关系，充满着天真的信赖及情绪上的退缩。

从例子中，我们看到无法信任（人际关系主题）别人是如何在发展过程中影响一个人的生活，并成为分析的焦点的。对马莎来说，那个永远没有回来的、不可信赖的父亲已延伸到她丈夫和分析师身上；由这一现象，我

> 们可以联想或猜测她早期与母亲的关系。她母亲显然是在否认事实且无法哀悼丧失，这样一位母亲也许无法敏感地响应婴儿的需求，也是一个无法信任的母亲。

内在客体（原型）相对于白板

弗洛伊德（Freud, 1915）假设婴儿具有以下知识：父母的性交关系、阉割及俄狄浦斯诱惑。克莱茵和艾莎克延伸了弗洛伊德的观念，宣称婴儿天生就知道乳房、阴茎及阴道的功能。这些天生的知识影响着婴儿早期以及往后的生命经验。例如，内在客体关系的幻想（嘴中的乳房）成为所有吞并活动的原型，如喂食、性和汲取知识。从这个角度看，内在客体的本质基本上是属于精神内在的（intrapsychic）。此原型渐渐被真实客体的行为所修饰，其中最典型的客体是乳房。这些幻想不仅持续影响孩子，也影响成人的心智生活，每一个想法都有意识和潜意识之间错综复杂的内涵。

> **例：发现大秘密**
>
> 汤姆是一个不寻常的17岁男孩，他很聪明，有点孤僻，对政治很感兴趣。父母生了10个孩子，他排行老大。他由于出现一些躁郁症的症状而来接受分析。他相信自己手中握有政治秘密：有位重要的政治人物将背叛其党派，投靠另一个党派。他把所有时间都用来打电话给许多重要人物和报社去报告他的大发现。在治疗中，他充满意见、极好争辩、过度理性，问起问题来咄咄逼人。他说他喜欢和别人争辩是"为了透视别人的脑子"。这句话可以从几个层次来了解：①从俄狄浦斯的层次看，患者表达的是他那即将萌芽却受到压抑的性冲动；②从前俄狄浦斯层次看，患者在表达想与

> 他人有联结的渴求，这一渴求与婴儿对"插入"及"涵容"的早期幻想有关。他这么在意背叛，可能与他的俄狄浦斯焦虑有关；换句话说，患者认为与"有性能力"的父亲相比，他作为一个男人好像更容易背叛。但同时，他也责备母亲是那么容易背叛——背叛他，为他父亲怀了那么多孩子。

就像前面几章所提到的，弗洛伊德也了解，内在客体不只是天生就有的，它同时是主体对重要关系的认同、内化及表征——客体的影子烙印在自我上，而自我的特质则是扬弃了对客体深情贯注后的沉淀状态，人终其一生都处在客体选择（object-choices）之中（Freud，1917）。弗洛伊德认为超我是父母禁令的内在表征，此概念具体描绘了上述例子。客体关系学派，尤其是费尔贝恩（Fairbairn，1952）和鲍尔比（Bowlby，1988），彻底采用了心灵互动（interpsychic）或超个人的观点，强调内在客体的本质［鲍尔比称之为内在工作模式（internal working model）］是客体行为的表征，这些行为印在婴儿如同白板般的心智上。派德尔（Padel，1991）指出，被内化进去的不是客体、母亲或阴茎，而是一种关系。个体可能认同任何他所体验到的关系中的任何一方，因此性暴力会代代相传，被性侵犯的受害者，在下一代却成为施暴者。

比昂（Bion，1962，1970）采取一个较为中庸的立场，他兼顾内在因素及关系因素（inter and intra）。从动物学角度，想象主要照顾者的行为是在解开天生固有的心智结构。他认为有养育功能的乳房有能力（虽然未被认识）将婴儿有可能变成想法的念头［比昂的先备概念（preconception）］转化为真实的幻想或内在客体［比昂的概念（conception）］。可以借乔姆斯基（Chomsky，1965）对语言发展的看法来了解这个思想模式。根据乔姆斯基的说法，深度结构，或说可能变成语言的种种潜能［语言获得装置（Language Acquisition Device，LAD）］是经由孩子所接触到的语言世界而被转化为一个特定的方言的。

因此成长中的孩童可说是拥有了幻想获得装置（Phantasy Acquisition Device，PAD）。用克莱茵学派的术语来说，这个解释在临床上的意义就是治疗师使用他的乳房-心智（breast-mind）引出患者内在本来未被意识到的概念，如患者心智中的幻想、创意的理解或尚未被探索的路径。

记忆的本质

另外一个相关的议题是认知科学对记忆的最新观点。这些新的知识使我们可以将回忆（reminiscences）分类，而回忆是精神分析工作的原始素材。托尔文（Tulving, 1985）区分了下列三种记忆：①程序性记忆（procedural memory），指我们在婴儿时期是如何被照顾养育的非语言表征，它与克莱茵（Klein, 1946）所说的感觉中的记忆类似；②语义记忆（semantic memory），指行为互动的模式或脚本（Byng-Hall, 1991）；③事件记忆（episodic memory），指能够被回忆起来的真实事件。

虽然很少人可以记起两岁以前的事，但早期事件和关系仍影响着我们体验世界以及与世界保持关系的方式（语义记忆）。这些影响会持续通过治疗关系中的移情释放出来。例如，性爱的外显行为仍带有婴儿行为的迹象——互相注视、抚摸、吸吮及强烈的分离焦虑等等。因此，幻想和移情仍继续影响成人的心智生活，尤其在体验到强烈情绪的时候。在健康的发展中，它会强化并深化情感程度，如钢琴家在弹奏乐曲高潮时，会出现原始的吸吮动作，像婴儿一样吸吮着自己的嘴唇。但是在病态的发展里，移情则会曲解甚至创造表面的事件记忆。总而言之，就像斯腾（Stern, 1985）所说的，发展并不是一连串的历史事件，它是一个持续的过程，不断在更新。事实上，根据弗洛伊德"迟来的行动"的概念——即一种逆向移情，在此逆向移情中，上述三种过去的记忆会在此时此刻的经验中重现——这种不断更新的过程，才使精神分析这个行业成为可能。

临床上的婴儿和被观察的婴儿

理论学家一直将婴儿期的生活视为"白板",在白板上投射他们的意识形态和偏见。只有借由仔细观察婴儿与母亲的早期互动,被观察的婴儿——而非临床上的婴儿(Stern,1985)——才有机会"反驳"理论学家,并修正他们对于婴儿的种种错误观念。

谨记上述概念的澄清,以下我们将以时间为序,从出生开始,介绍精神分析观念的心理发展。虽然有了以上预告,我们还是以传统的方式将其分为四个发展阶段:前俄狄浦斯期(或二元时期)、俄狄浦斯期(或三元时期)、青少年期及成年期。

"前俄狄浦斯"期或二元时期

是前俄狄浦斯期还是二元时期?

对弗洛伊德(Freud,1916/17)来说,俄狄浦斯情结是神经症的核心。在精神分析运动初期,大家都相信俄狄浦斯情结的核心思想是精神分析的标志,也是不容质疑的信条,因此当梅兰妮·克莱茵依据其分析师亚伯拉罕的发展基础,将注意力放在婴儿出生后头几个月的生活时,便很自然地将自己的发现称为"前俄狄浦斯"期。她发现,婴儿在更早的发展阶段就已经有了俄狄浦斯期的结构。巴林特(Balint,1952)根据里克曼的说法,用比较中立的词汇来介绍这两个阶段,即"二元"和"三元时期",前俄狄浦斯期是二元时期,俄狄浦斯期则是三元时期。

此争论带来了一些重要的影响,它不只是名词上的争论。我们从第二章得知,弗洛伊德的思想所依据的是冲突论(conflict),他认为神经症源自本能需求与教化要求的不相兼容,以及当个体一方面渴望爱父母且被父母所爱,另一方面又害怕兄弟姐妹竞争及竞争带来的结果时所感受到的重大张力。对弗洛伊德来说,教化是人类为了对抗潜意识中乱伦欲望的产物（教化为了防御潜意识中的乱伦欲望）。科恩伯格（Kernberg, 1984）和克莱茵学派（Segal, 1986）将此冲突理论向前推到婴儿时期。他们认为，婴儿的冲突来自婴儿一方面爱他们的照顾者，另一方面又对于他们的缺席怀恨在心。因此对科恩伯格和克莱茵学派的学者而言，教化是避免精神病的防御，而非避免乱伦的防御（Young, 1994）。其他理论学家，特别是科胡特（Kohut, 1977）和温尼科特（Winnicott, 1965），认为问题来自婴儿期，特别是造成成年边缘人格障碍的问题，来自缺陷（deficiency）——即婴儿期缺乏必须的养分（例如母亲的同理和敏感）导致他无法健康地发展。事实上，以上两种论点（克莱茵和科胡特的论点）可能都是正确的（见第十章）。

生命的前几周：自闭或共生

弗洛伊德用"蛋"（Hamilton, 1982）来比喻新生婴儿的状态，新生婴儿就像蛋壳里的雏鸡："婴儿时期的生理系统与外在世界的刺激是隔离的，他们很自闭地满足营养的摄取……"（Freud, 1911a）。这一想法使马勒等人（Mahler et al., 1975）提出正常自闭（normal autism）发展阶段理论；弗洛伊德（Freud, 1914a）则提出原始自恋（primary narcissism）的概念，指婴儿完全地融入自我、专注于自我的现象，是一种自爱，也是培养爱人能力的必要条件。

马勒延续弗洛伊德的孵蛋说，主张婴儿前6个月从正常自闭期发展到共生期，再到孵化期。但是马勒所用的"自闭"一词引来了一些质疑[见塔斯丁（Tustin, 1986）的文章，该文支持这一观点，但她在1994年发表的另一篇文章则指出这是个错误的论点]。新生婴儿确实非常自我中心，但是研究显示，新生婴儿会主动参与二人（母亲和婴儿）世界；新生婴儿很早就会辨认母亲的声音、味道和面庞。这一情况又说明了母亲和婴儿的共生图像。共生期的婴儿强烈地渴求可以滋养他的对象，以及敏锐地聆听婴儿需求的母亲的反应。

对弗洛伊德来说，早期的好（goodness）的感觉与原始自恋有关。此种自爱的状态是生存的必要条件，诚如斯拉芬与克瑞格曼（Slavin and Kreigman，1992）所言，自闭现象的存在是"因为我们都是性繁殖进化物种，所以没有人比我们更爱我们自己"。弗洛伊德（Freud，1914a）认为发展过程中自恋比关系更早出现（即要先能自爱才有能力爱别人），他那个有名的阿米巴变形虫的比喻将这个概念表达得很清楚：

> 自我投注在性欲上的有些能量，在晚期会投注到客体身上，两者之间的关系就像阿米巴变形虫的身体与它伸展出去的假足之间的关联一样。
>
> （Freud，1914a：75）

弗洛伊德认为原始自恋会持续到成年，并以理想自我的方式呈现，此理想自我告诉了我们个体的目标、价值和抱负，之后再并入超我，并且以自恋性的父母之爱呈现，让父母觉得自己的孩子比别人的孩子特别："婴儿陛下……父母都觉得自己的孩子很特别，其实那只是父母本身原始自恋的再生而已。"（Freud，1914a）

克莱茵—科恩伯格模式对婴儿早期的观点

对弗洛伊德来说，新生婴儿的心智是纯粹的本我，缺少和外在世界相联结的自我。克莱茵反对弗洛伊德的看法，而认为婴儿出生就有一个原始的自我，因此也就有了原始的客体关系。婴儿从出生开始就会遇见并内摄两种对立的经验：①好的经验，源自成功的哺育、与母亲温暖的身体接触；②不好的经验，婴儿体验到分离、被遗弃、饥饿、尿湿和冰冷的感觉。这两种经验是形成婴儿爱与恨的基础，受生（或爱欲）与死的本能所影响。

早期自我为了保持心理平衡，只好将好与坏的经验分开来。婴儿内化并认同一个好的"我",同时将不好的"非我"(not me)分裂掉,再将之投射到外在世界。不好的我被投射到抚育他的父母身上,于是"好乳房"被婴儿转化成"坏的"迫害者。因此,外在世界反映了婴儿的内在世界。在这种全能感和潜在精神症状的情况下,一切都被个人化了,对婴儿而言:"每一件事都是客体的行为造成的"(Etchegoyen,1991)。婴儿的焦虑增高,为了"吸进"好的经验,孩子必须将父母的好吞食(内摄)进来。但是同时孩子又觉得自己伤害了乳房,于是失去了好乳房,因此又必须将这一有伤害性的自我投射出去,于是造成了另外一连串的恶性循环。

这一模式所谈及的分裂(splitting)是把双刃剑,一方面它是必要的防御机制,借由分裂,婴儿的自我价值感及好的感觉才能发展出来,而不会被愤怒和失望等坏的感觉污染。具有同理心的父母(或是接纳婴儿的乳房)允许这些不好的感觉有暂时的安置之所,直到在处于抑郁位置时被个体整合。另一方面,分裂防御机制也可能阻碍婴儿的成长。如果父母对待婴儿的态度是忽略、不一致或是暴力的,让婴儿感觉到缺乏一个涵容的乳房,无法将不好的感觉整合进抑郁心理位置。那么,分裂的防御机制就会阻碍婴儿的成长。在临床应用上,这表示分析师应该清楚地判断,是否在一开始就诠释患者所使用的分裂防御机制,或是一开始就处理或诠释负向的移情。科恩伯格(Kernberg,1984)认为应该尽早诠释负移情,但是约瑟夫(Joseph,1989:76)则提出警告:

> 当患者尚未有足够的资源和想象力之前,分析师就要求患者面对其惧怕、渴望、丧失和伤痛,这位分析师显然要求太高了。

克莱茵认为那些处于偏执-分裂位置的孩子心中非但没有光亮,还满布忌妒、愤怒和失望的乌云。克莱茵认为偏执-分裂位置可用抑郁位置来平衡。在抑郁位置中,孩子能整合好与坏、爱与恨,了解到他所恨、所害怕的对象也是他所爱、所依赖的对象。这个领悟所带来的罪恶感和抑郁同时也激起了修复和创造的动机。克莱茵认为人一辈子都在这两种不同的位置上持续地往复来回，遇到心理发展上主要危机时，这两种心理位置的交替则更为明显。

人际关系模式对婴儿期的说法

人际关系模式对婴儿成长的看法不同于克莱茵模式，它强调自体（self）的萌现，以及前语言期母婴之间（二元模式）互动的意义。费尔贝恩认为婴儿期最基本的创伤是母亲的忽略或不在乎，即婴儿感觉不到被母亲真切地看见，这可能起因于母亲的抑郁。婴儿会用全能感来面对这一创伤，他想象着他的爱已毁坏了母亲的情感，这是一种分裂型的反应；或是他的恨抹灭了母亲的情感，这是抑郁型反应。

温尼科特（Winnicott, 1965）和斯腾（Stern, 1985）认为父母对待婴儿的方式决定了婴儿能否发展出稳定的自我。换句话说，父母的敏感和同理将协助婴儿发展出稳定的自我。对温尼科特来说，抱持（holding）、整合（integration）和个性化（personalisation）是主要的议题（personalisation 是温尼科特学派偏好用来指代自我感形成的术语）。抱持通过原初母性贯注（primary maternal preoccupation）表现，在婴儿尚未出生前就已存在了——即在孩子出生前，母亲满脑子的潜意识和意识中想的都是即将出生的孩子。因此婴儿很容易就成了父母的投射对象，同时也是投射的根源。弗瑞伯格等人（Fraiberg et al., 1975）称此种投射现象为育婴室里的阴魂（ghosts in the nursery）。温尼科特学派认为母亲扮演的是环境母亲（environment mother）（具有支持功能，不只是客体母亲，后者只是满足婴儿需求的工具），接纳婴儿自发的举动（spontaneous gesture）并赋予意义；以此协助婴儿发展出真实的我（true self），使婴儿在生理和心理上都有"成为一个人"的感觉。

温尼科特（Winnicott, 1965）和科胡特（Kohut, 1977）将两人互动

模式的发展观与原始自恋放在一起讨论。科胡特认为主要照顾者（或分析师）的镜映同理（empathic mirroring）能协助婴儿发展出健康的自恋，也能使婴儿内化一个抚育的自体-客体（nurturing self-object）。有抚育力的自体-客体是一个人成长过程中的必要条件，即使后来客体爱超过了自体爱，它也不会过时。自尊则根基于母亲和孩子彼此的奉献和投入。因此，科胡特认为自恋人格障碍所用的防御机制，如角色倒转、屈从及假我并非由于内在过度的攻击驱力威胁了原始自恋的结果（这是克莱茵-科恩伯格模式的说法），而是上述此种重要联结受到破坏的结果。

从这一角度看，母亲回应给婴儿的面部表情先是有镜子的功能，后来则是关系的象征，它如同丰满的乳房一样重要。在往后的日子里（Wright，1991），温尼科特为了描述自恋者的全能感，想象出一个存在于母婴之间的过渡空间（transitional space）。此过渡空间不是自我，也不是他人；不是主观，也不是客观；不是内在，也不是外在。在此过渡空间里，母亲敏锐地回应婴儿的渴望（她听命于婴儿的渴求），使婴儿产生自己"创造了"这个客体的错觉，这是婴儿日后感到效能感及创意的基础。

这些人际关系模式的学者，比克莱茵更清楚地区分了正常和不正常的发展过程。对克莱茵来说，人的发展永远处在从分裂走向整合、从恐怖不安的偏执-分裂位置进入悲伤但却神志清明的抑郁位置的历程中。人际关系模式的学者认为，克莱茵所谈的那些原始的防御机制并非是一个正常的婴儿会有的反应，他们认为正常的婴儿在面对无法避免的焦虑时，若有足够好的母亲安慰和协助，便不会使用原始的防御机制。只有当婴儿面对一个无能且不断让他经历创伤的父母时，才会为了存活下去而使用这些病态的防御机制。

人际关系模式的学者们认为，只要父母能正常地回应婴儿的需求，婴儿便有能力以健康地抗议来面对一些不好的经验，如延迟的哺乳或食物、冰冷的婴儿床、呼吸系统感染、无趣的一天等，而那有反应的乳房也会接受这些抗议，并加以转化。换句话说，当婴儿说"喂，客体，你已经被我摧毁了"（Winnicott，1965）时，父母也能处理婴儿这些健康的恨意。相对的，婴儿也会将好的父母影像留在心中足够久，从而可以忍受生活中不可避免的短暂分离，而不会产生被迫害或被抛弃的感觉。因此，健康的强力抗议（aggressive protest）如同分解作用一样，协助婴儿度过丧失，存活下来。这种最理想的幻灭感（optimal disillusionment）（Kohut，1977），逐渐使婴儿接受现实情境中的丧失，同时持续感受到"平凡中的特殊"。

人际关系模式认为病态的成人所使用的原始防御机制——分裂、投射、投射-认同、全能控制、自恋式地自我专注等——都只是次级自恋的现象，而非退行或是固着于某个发展阶段。次级自恋指的是在有敌意的环境中个人退行到自我内部的现象。科胡特称此现象为"失败的产物"（breakdown product），源自不当的抚育过程。

> **例："Oxo 母亲*"**
>
> 马克是位二十出头的年轻人，患有精神分裂症。他听见有声音告诉他，他是个很糟糕的人。他也会看见吓人的蛇和其他怪物。年纪大且充满母性的女人比较吸引他，这些女人通常先会喜欢他、怜悯他，觉得他是个很"乖"又很顺从的男人；但是，过没多久，她们就会发现他的占有欲强得令人窒息，于是拒绝继续与他交往。他和分析师之间也有同样的关系模式。他的父母曾是嬉皮士，也都有严重的毒瘾。他们觉得照顾马克是件十分头痛的事，因此童年时马克时而被寄养，时而与母亲一起生活。他记得小时候常到厨房的柜子里"偷"Oxo 方糖，然后把糖放进嘴里慢慢地咬碎，听着从隔壁房间传来的妈妈和她朋友因嗑药而发出的癫狂笑声。由于早期环境极度贫乏，马克迫切地向这"四方形的乳房"（方糖）寻求抚慰。

---

* Oxo 是一个商品品牌。——译者注

每一个理论模式都来自一些对立的前提，像克莱茵认为好来自外在，而坏来自内在；对人际关系理论学家而言，孩子是天真无邪的，发展上的不完美来自环境的不足。尽管如此，在实务工作上，这两种思考模式并不会相差太远。克莱茵学派认为好的父母可以缓和婴儿内在的分裂倾向，而人际理论学者及自体心理学家则强调，不好的父母可能会导致孩子采用分裂及其他的原始防御机制。因为现实世界同时有好有坏，而且婴儿从一开始就会爱、也会恨，所以，这两种论点皆有其可贵的洞察。

分离—个体化

到目前为止，我们将讨论的重点放在婴儿及其主要照顾者之间的关系上。但是我们也知道，要两个人一起才能制造一个婴儿，甚至在父亲进入舞台之前，婴儿和母亲之间已经存在着第三者了，即缺席（absence）本身。从俄狄浦斯角度来看，婴儿会想象，母亲不在一定是和父亲在一起，变成一种结合父母（combined parent）。婴儿在7个月大时会呈现陌生人焦虑，也越来越注意母亲何时走、何时回来。马勒等人（Mahler et al., 1975）视这个现象为分离-个体化的开始。在此阶段，婴儿开始建立内在的客体恒存，即将不在身边的母亲留在脑海中的能力——类似患者能在会面间隙或放假时，将分析师留在脑海中的能力。

依恋关系理论（Bowlby，1988）强调，如何处理分离议题是决定幼儿是否形成安全依恋（secure bonding）的关键。若父母能在现实环境及孩子的心目中提供安全堡垒（secure base），孩子便能勇于探索外在世界，并能在遇到危险时立刻回到此堡垒寻求安慰与保护。马勒等人（Mahler et al., 1975）提到分离-个体化阶段中的一个次级阶段，即再回转期（rapprochement）。处于这个阶段的孩子会忘形地探索外在世界，或"爱上了外在世界"，但是在探索的同时，他仍会不定时地回到母亲身边，寻求母亲的肯定，像是担心安全堡垒会为了他的好奇而抛弃他，以此作为处罚。这一爱因斯坦所谓的神圣的好奇心（holy curiosity），也可以视为象征性的俄狄浦斯禁果（Hamilton，1982）。

科恩伯格（Kernberg，1984）认为，当幼儿这一时期有了不想要的感觉时，会以压抑（repression）为主要防御机制，而不再是分裂。在正常发展过程中，此时的幼儿已有了比较强壮的自我（ego），它来自内化并认同一个稳定、抚育及支持性的父母。早期的超我也开始出现，幼儿因而在某种程度上渐渐能整合好与坏，也比较能将不想要的感觉驱逐到本我之中，而不需要投射到外在世界。

当幼儿的分离经验越来越多时，他渐渐会看见这个世界存在着许多独立的个体，每个人都有自己的观点。当他渐渐形成自己的主观我时，他也开始觉察到别人也有他们的主观我——这是抑郁位置的认知层面。此时，孩子能将好的和坏的部分客体整合到一个完整的人身上；这个人会抚育他，同时也会让他受挫。冯纳吉（Fonagy，1991）认为这一现象表示孩子已经开始形成心理理论（theory of mind）。在处理受虐者时，这个概念更加重要，因为受虐者会害怕知觉到那些照顾他们的成人会有想伤害他们、毁灭他们的心智（想法），而防御性地想去掉那些可怕的知觉。同样，在治疗过程中这类患者会渐渐发现，分析师的心智是在他之外的一片净土——在那儿，他可以安然居住。

俄狄浦斯期或三元阶段

1897年，在给朋友弗利兹的信中，弗洛伊德第一次谈到俄狄浦斯情结的概念。这是他在父亲过世后，经过自我分析而发展出来的概念，此概念至今已然家喻户晓。像神话中的俄狄浦斯一样，小男孩想杀掉父亲，以代替父亲在母亲床上的位置；想占有母亲的渴望激起了俄狄浦斯内心的恐惧，怕那个握有权柄的父亲会因报复他而将他阉割。这种被割掉性器官的处罚幻想是幼年割礼记忆的象征表达。小男孩的性好奇确定了阉割的事实，当他发现小女孩没有阴茎，心里面更加相信她一定是被阉割了——当女孩开始有月经时，男孩就更加确信他的想法是正确的。

弗洛伊德似乎认定女孩的性心理发展与男孩十分相似，所以女孩也会爱上父亲，渴望取代母亲，但是因为缺乏一个有力且明显的性器官，于是产生了被阉割的无力感。弗洛伊德认为俄狄浦斯情结是每个人在发展过程中必须体验及解决的课题。小男孩通过认同他所害怕的父亲，相信这个父亲将来会赐给他真正的权力；女孩则借由认同母亲，相信只要她吸引并拥有了一个男人（既然她不能成为一个男人），她就能制造一个比阴茎更大更好的婴儿，借此补偿缺乏阴茎的遗憾。

许多女性对此种以阴茎为核心的理论提出强烈抗议。虽然当代精神分析受了女性主义的影响，对弗洛伊德所提出的性心理发展阶段提出质疑。但是，俄狄浦斯情结所指出的孩子对父母既渴望又怕被踢走的焦虑，仍旧在精神分析界引起了很大共鸣。由于从婴儿期到成年期，每人都会体验到"渴望""抑制"及"爱恨交织"的感觉，且都需要在其中找到平衡点，因此许多精神分析界的学者仍沿用俄狄浦斯情结的概念来解释这些现象。以下，我们将从四个角度来一览俄狄浦斯情结-克莱茵学派和拉康学派的观点、女性主义者的回应，以及社会变迁的影响，特别是缺席的父爱或施虐的父亲所造成的冲击。在开始介绍这四种观点之前，先来看看与弗洛伊德的原始概念有关的资料。米歇尔（Mitchell，1989）指出弗洛伊德当时想了解的是男人性无能的心理因素（他们爱的时候却没有渴望，渴望的时候却不能爱）（Freud，1916/17）。以下这个案例即从这个问题展开。

例：是父亲的儿子，还是自己？

彼得不算是真的性无能，他的问题是无法与女人建立稳定的关系。身为一位三十多岁的商人，他曾与很多与他"速配的"女性交往。一开始都还不错，但是每当到该给承诺的时候，他就开始恐慌起来，然后——就如同他所说的——关系就"渐渐淡"了。另外一个附带的问题是，他在工作中显得情绪化且脾气暴躁。他说，公司的同事们因此给他起了一个外号——笨拙的家伙。

彼得家有三个男孩，他是老大。父亲是拥有实权的一家之主，家里大小事情都由他一人主控，父亲也是家族企业的负责人，而彼得就在这个家族企业里工作。母亲已经退休了，她是个经常抱怨的女人。在治疗过程中，分析师很快发现彼得以那令他既尊敬又害怕的父亲为榜样。但有时候，他又觉得这个榜样似乎不太适合他。他暗自觉得自己其实比较像母亲——他和母亲无话不谈，母亲则期待他出席固定的家庭饭局。即使理论上彼得已经独立在外生活，他还是顺从了母亲的要求，因为他不想得罪母亲。有一回，彼得有了一个关系不错的女友，突然他觉察到了问题的所在。当他把女友介绍给父母认识时，事情就开始不对劲了。当看见父亲对他的女友温和而友善时，他立刻感到非常不舒服、非常嫉妒。他把这一感觉投射到女友身上，指责女孩行为不检点。在分析中表达这些想法对彼得来说是非常困难的事，在治疗过程中，他一直保持强硬而固执的态度。他常常用"也许你是对的"或"我从没那样想过"来中断分析师（男）的看法，暗示心理工作者常有这种疯狂的想法，总是摸不着像他这种脚踏实地的商人的心思。当分析师诠释了他与分析师之间的竞争关系之后，他开始想起小时候的一些悲惨经验——当母亲怀上弟弟时，他觉得母亲背叛了他；还有一次他在吃饭时闹别扭，父亲强迫他离开餐桌，这让他觉得非常丢脸。他突然意识到，在与父亲的争斗中，他根本就无力挣扎，更不可能胜过父亲。他暗自幻想

> 与母亲发展出女友无法取代的亲密关系，即使如此，他仍要用单身来羞辱母亲，因为她又生了两个男孩，这是对他的不忠。他想问母亲，这一切是否因为他不够好。当他述说这些事时，他开始流泪并以为分析师会嘲笑或反击他。此次会谈之后，他开始在面对父亲时比较能坚定地表达自己，也交了一个住在国外的女友。在分析中，他不再那么顺从，有一回他甚至要求额外的假期。

从人际关系模式来看，这个例子说明父母对孩子俄狄浦斯情感的处理和涵容是非常重要的。母亲一方面要能享受儿子对她的迷恋，同时又不能出现诱惑性的行为；父亲应该平静地接受孩子对母亲的迷恋，不必感觉被威胁，并随时准备好做儿子的榜样，同时接纳儿子对他的攻击渴求和贬低——"小男孩需要父亲保护他免于母亲所表征的危险，同时保护母亲免于他所表征的威胁"（Horrocks，1994）。上述例子也说明了父亲没有好好地将彼得带到成人的世界，也没有帮助他克服害怕被母亲和女友们"吞没"的恐惧（Bly，1988）。彼得的阉割焦虑及他受损的心理状态，都与这些害怕有关。

克莱茵学派对俄狄浦斯情结的观点

克莱茵认为，在婴儿非常早的发展阶段，就能发现俄狄浦斯情结的种子（Britton et al.，1989）。婴儿与母亲的分离象征着父亲的存在，婴儿因分离而激起的攻击幻想被投射到父亲身上。这个说法可以解释为何在俄狄浦斯情结中，对父亲的幻想通常是严厉的、抑制的。这个形象和当代实际的父亲形象是有一段距离的。对克莱茵而言，俄狄浦斯发展阶段的协调过程与孩子从偏执-分裂位置成熟到抑郁位置有关。在抑郁位置中，孩子必须将好与坏的经验分开，直到孩子意识到好与坏都来自同一个对象而感到罪恶感和沮丧。同样，若要度过俄狄浦斯情结，孩子需要接纳自己会暂时地被排除在父母的二元关系之外，并允许父母在一起，同时忍受好的性交或原初场景（primal scene）的幻想。如果孩子能完成这个过程，那么孩子虽"失去"母亲，却得到了思考的能力（capacity to think）——有创造力的思考表示能将不同的意见结合成新的看法——并拥有一个内化的父母，开始自己的新生活。他同时可以认识到父亲是个真实的客体，而不只是母亲的代替品。克莱茵将后者简化为一个公式，即"乳房＝阴茎"。这一公式可以解释为何有些女人试图在男人身上寻找难以捉摸的乳房，但却不断地失望；同时也可以解释为何有些男同性恋在潜意识里决定放弃追求那不可信赖的乳房，而去寻求那永远存在的阴茎。

拉康学派对俄狄浦斯情结的看法

一些女性主义者认为，弗洛伊德在俄狄浦斯情结概念中所表达的女性性论（female sexuality）呈现出父权主义及男性主义的核心思路。在此我们又再次遇见矛盾。一来，我们认为精神分析最大的优点之一是它强调身体经验（bodily experience），并指出人最基本的生理需求——吃、排泄、性、生病及死亡（其中"自我"首先且主要是指身体的我）（Freud，1923）。但另一方面，对于它的女性论点，我们则无法苟同。从字义看，弗洛伊德认为女人是被阉割的男人，只有通过重新制造一个"阴茎-婴儿"才能满足她的欲望，此种说法非常荒唐、谬误且侮辱人。拉康（Lacan，1977；Bowie，1991）最大的贡献，在于提醒我们最好将弗洛伊德的这种说法视为一种隐喻，而非科学事实。从语言学及人类学的角度来看，弗洛伊德的论点深刻地感知且描绘了父系社会心理结构知觉的要素。如此描述并不表示真的赞同。

拉康认为发展危机大概出现在孩子两岁，即孩子开始发展出自我意识和语言能力之后。父亲的名字 [no(m) du père] 出现时（有别于母系或受洗的名字），前俄狄浦斯期最原始的结合——母婴关系——就被破坏了。而且法文的（no）——一种禁令——就像一位嫉妒的父亲拿着天使长的巨剑等在天堂门口，禁止别人进入极乐之地。语言（或"母语"，但却受到父权的监管）让孩子意识到一个现实，即他必须调适自己对世界的原始经验，以顺应语言系统，将感官印象与被社会权力所命名并归类的外在物体融合起来。这一命名归类的社会权力最有力的象征即是"阳具"（phallus），也就是父亲的阴茎。事实并非如弗洛伊德所言——女人因为没有阴茎，所以没有权力——而是因为她们没有权力，所以必须顺服于"阳具的规则"（the rules of phallus），即男人所制定的规则。

就像孩子在俄狄浦斯期的经验受到语言的塑造与异化，他的自我-知觉（self-perception）也开始与"本来的我"（original self）有了距离；拉康称此阶段为镜映阶段（mirror-stage）（Lacan, 1966）。如果在一个孩子的前额点上红点，然后带他到镜前，两岁前的孩子会试图去碰触镜中的红点，而两岁后的孩子则会去碰触自己的前额。这个例子佐证在大约两岁时，孩子开始有了自我意识（self-awareness）。弗洛伊德和克莱茵皆认为自恋发源于前俄狄浦斯期，而拉康则认为孩子刚开始的自我经验来自镜中所呈现的完美影像。我们可以用"我看见了我自己"['I'（eye）seeing 'me']来理解镜映阶段。因此，自我的"客体化"（objectification）需借由第三者（父亲）来完成。它位于母-婴配对之外，除了提供给幼儿一个新的观点外，也创造了三角关系，此三角关系可能会带来嫉妒和被排斥的感觉，但同时也创造了行动自由和抽象思考的可能。

由以上内容可以得知，拉康所提出的镜映阶段不同于温尼科特所强调的镜映作用（mirroring）。拉康的镜映阶段指的是父亲介入了母婴之间充满幸福的前俄狄浦斯生活；因此，孤立感和自我隔离感也就此展开。但同时，婴儿也开始能以第三者的立场（客观的角度）来看待自己。而温尼科特的镜映指的是母亲的功能（抱持的环境），即母亲的敏感和同理能协助婴儿建立完整的自我感，并促使他走向健康的自恋。

女性主义及俄狄浦斯

早期有些女性分析师，像克莱茵、霍妮、布伦斯维奇（Brunswick），并未直接挑战弗洛伊德父权思路的偏见，而在其理念中将婴儿发展的焦点从父亲转移到母婴关系上（Chodorow，1978；Sayers，1992）。女性主义者不谈女人的阴茎钦羡（以及长不大的俄狄浦斯男孩），而谈婴儿眼中一个全能、给予的乳房。这一思路强调男孩以毁谤和拉开距离来面对乳房，女孩则处在害怕被乳房吸进去或被卡住而进退不得的境地。就夏丝洁-史米格（Chasseguel-Smirgel，1985）而言，俄狄浦斯阶段的本质在于发现并修通双重差异（double difference）——性别之间的差异和世代之间的差异。她认为变态（perversity）——不管是个人层面或社会层面——都根基于对这种差异的否认，俄狄浦斯期男孩变态和假性的权力所仰赖的是粪便阴茎（faecal penis），其中则包含了憎恨与恐惧。同样，阳具钦羡来自女性对权力及自己的生殖力的贬低，这一现象又与未能成功地认同母亲有关。

霍多罗夫（Chodorow，1978）、米歇尔（Mitchell，1989）与本杰明（Benjamin，1990）将女性观点带入当代精神分析思潮中。当代精神分析导向思路强调弗洛伊德所主张的论点——人天生是双性的（此论点来自弗利兹）。本杰明描述在性别认同完成之前的早期俄狄浦斯阶段的男孩和女孩，他们在游戏时所呈现的行为，不论是主动或被动、内向或外向、果断或顺从、向外探索或内敛的等等，都没有性别差异。她认为父亲的角色，不仅代表着禁制或权力，同时也提供给了孩子刺激与兴奋，并且是帮助母亲重获其个人空间的主要人物。她提出非俄狄浦斯的（或是无冲突的）认同的爱（non-oedipal identificatory love）（Benjamin，1995），在这种认同的爱中，男孩和女孩都能拥有与自己的性别不同的父亲或母亲的特质。从传统性别角度来看，这表示男孩能拥有母亲的安全感和亲密的特质，而女孩则能拥有父亲辨识和探索世界的特质。像腾伯利（Temperley，1993）一样，本杰明批判弗洛伊德-拉康学派太过强调权力与支配特质。她强调孩子内在心智空间里热衷玩耍的特质，即温尼科特所说的，不只是在妈妈身边独处的能力，更是能不带焦虑地容忍父母之间两人关系的能力。如同本杰明所说(Benjamin，1990: 163)：

在俄狄浦斯经验中，孩子失去与母亲之间持续不断的亲密关系，转而追求一个理想化的、极度令人渴望的外在客体（父亲），于是女性的影像变成了危险的海妖，与此影像对立的则是一个能全然抵挡并战胜女妖的理想主体……当我们将重点放在前俄狄浦斯世界，着重弹性地接纳差异时，我们会看见差异形成于它与相同之处产生紧张关系时，以及当我们能够在自身之中认出他者时。

当代家庭的现况：缺席的父亲和施暴的父亲

若用本杰明的观点对照当代西方社会普遍存在的单亲家庭中对父亲的曲解。那么阳刚之气被理想化并且被授予支配和不当的权力，或被投射成有阳具的母亲，这个母亲既让人热切地渴求却无法得到，也让人惧怕。营造了拉希（Lasch，1979）所谓的自恋的文化（culture of narcissism）——在这种没有客体的世界中，每个人只能靠爱自己作为生存的唯一工具。

许多其他学者（如Young，1994）指出，俄狄浦斯本身就是一个受虐的孩子。他的父亲莱奥斯王，害怕儿子会真如神谕所说的杀了他，于是将俄狄浦斯遗弃，想置他于死地。这一神话开启了人际观及世代观的看法，且符合当代家庭实况。一位施虐的父亲，或更常见的是继父，加上一位无力保护或与父亲共谋的母亲，对小女孩来说是一种现代版的俄狄浦斯梦魇。受虐者及施虐者都试图从这冷酷而疏离的俄狄浦斯世界逃到共生而无差异的前俄狄浦斯状态。因此当俄狄浦斯幻想和现实之间的栅栏被拆掉后，人才会体验到创伤和创伤所带来的心理伤害

（Garland，1991）——孩子在幻想中极度渴望的东西，在现实里变得令人无力招架。曾经被强暴或虐待的患者，在诊疗室里所呈现的退行移情，显示出患者一方面寻求安全有反应的母亲来保护他，同时也渴望一个允许亲密并尊重界线的父亲。

> **例：一位曾受虐待的患者在移情中的俄狄浦斯主题**
>
> 埃拉，一位50岁的离婚教师，女儿已经成年。她深受抑郁症及边缘人格障碍之苦。直到11岁父母分居前，她持续遭受父亲的羞辱，以及心理、身体上的虐待及性虐待。她的母亲也常被父亲威吓，极度疲惫，无心照顾埃拉。埃拉最早的记忆是3岁时，父亲刚从战场上回来，她记得当要求父亲和她一起玩时，父亲揪着她，把她拖到房间另一头。她在治疗过程中显得过度警醒，分析师稍一分心，她便立刻会有敏感的反应。她的表现与温尼科特（Winnicott，1971）所说的"在别人面前也能独处"的情况正好相反。即使在分析过程中，她也无法放松地探索自己的内在世界，因为她常常担心分析师会如何看待她，或希望她说什么。就像她的父亲滥用了父亲的角色，在母亲不在时侵犯她一样，分析师的反移情也在两个极端之间摆荡——有时觉得离患者很远、想打瞌睡，有时又觉得非常不舒服、被患者侵犯。
>
> 有一回在放假前，埃拉带了一副西洋棋到会谈室里，邀请分析师与她一起玩棋。分析师觉得很困惑，他不希望让患者觉得被拒绝，但同时又极力想阻抗这个邀请。他不希望在会谈时间出现诊疗室里的行动化（act in）。埃拉显然因为分析师拒绝与她下棋而感到被侮辱，分析师从患者害怕亲密关系的角度来诠释患者的反应。分析师认为，即将来临的假期强化了患者对亲密关系的惧怕，并且使她急迫地想控制所有场面。分析师认为想"玩棋"的渴望是正向的，但是棋盘游戏反映了她因无法自在地在沙发上玩而产生的绝望。她心中碰触不到的、好的俄狄浦斯父母，其实就在那儿

> （Balint，1993），既不存在也不缺席、既不会太亲密也不会太遥远：就像金发女孩（Goldilocks）的那三只熊，不热也不冷、不硬也不软，是真实存在于现实中的转化客体（transformational object），能够被整合到幻想中。

小结

俄狄浦斯发展阶段前是二元时期，即前俄狄浦斯期的下一个阶段。这一时期的主要课题是：①建立与滋养父母的情感联结及安全堡垒，从而有能力探索内在及外在世界；②学习用比较健康的抗议方式来容忍分离以及父母的缺席，而不将恨与忌妒分裂并投射到外面；③学习思考与感觉，通过滋养环境给予的敏锐关注，使先备概念能变成概念，情绪能被调节，然后得以管理；④建立稳定的自我感和客体感，并能容忍分离和愤怒的攻击。

在俄狄浦斯阶段，亲密与分离的主题或相似与差异的主题，都会被投射到三人关系中——即父母和孩子的关系。孩子学会如何通过亲近父母而感觉到自己的特殊性及可爱性，但又不至于太亲近，免得有被吞噬的感觉；他们也学着如何尊重人际关系的限度，而不会觉得被排斥；学习如何容忍嫉妒，而不会觉得被它所吞没，或用它来毁灭他人。

比起精神分析对早期生活的强调，对于晚期的生命周期，它实在谈得太少。虽然我们没有太多空间可以谈论晚期生命中的主要议题，但我们不否认成长是一个持续不断的过程。一个人的发展旅途从来就不会只固着在一个点上。我们相信晚期的好的经验，包括分析师的治疗，都可以补偿早期环境的不足或缺陷。这些晚期的环境影响可以使个体从精神疾病的恶性循环中走向心灵健康的良性循环。

青少年期

度过戏剧性的俄狄浦斯发展阶段后，在青春期继续此种戏剧性的发展前，孩子会经历一段安静的时期。潜伏期（Latency）像是个缓冲期，使一个人在性心理发展和情绪成熟的道路上能继续悄悄地前行。这一阶段的发展任务是认知及运动技巧的发展，少年在这一期间也在学习减少对家庭的依赖，并进入同侪关系的世界。

前俄狄浦斯阶段的孩子对于依恋关系以及丧失的处理方式和感觉，会影响到俄狄浦斯阶段的情绪发展。俄狄浦斯期的经验也会决定一个青少年是否准备好面对青春期的风暴。每一个发展阶段都是过去发展经验的延续，但同时也是未来的发展契机。青少年有两个主要任务，一方面准备与原生家庭分离，另一方面又要准备与新的家庭建立亲密关系——即将前20年的发展路径倒过来，从丧失走向联结。这个阶段的两个主要发展主题为身体（Laufer and Laufer，1984）与认同（Erikson，1968）。青少年不再依赖父母来调节身体体验到的情绪状况，而要自己承担起这些问题。厌食症患者不知道自己什么时候饿了，什么时候已经吃得够多了，此种现象正是患者没有学会承担责任的结果。除此之外，青少年也要学习在关系中处理自己的愤怒和性欲，而不会觉得自己将被毁灭或拒绝。他必须知道自己是谁，好为自己做决定，并开始创造自己的世界。取代父母位置的是理想、系统、榜样、风格和抱负，他们的自我轮廓因而越来越清晰和坚固。负向的认同来自经常要对抗"我不是这样或那样"；另一方面，顺从父母抱负的人也被划归此类，这类人内心常有空虚感、有缺乏联结的感觉。为青少年做精神分析很不容易，因为他们最怕别人认为他很怪异或不正常，但精神分析能提供一个机会，让他们将过去应发展而未发展的能力发展出来（Erikson，1968）。治疗过程里，一些具有适应功能的退行可以渐渐呈现。

例：俄狄浦斯抑制

戴维是位宜人的19岁男孩，惊恐障碍使他有时无法出门或专心准备考试。他的举止看起来有点别扭，好像那副成人的躯体并未完全受他控制；他的发质和声音像孩子般地轻柔。他是家中老二，哥哥事业很成功，妹妹很受喜爱。家人虽彼此支持，但关系紧张。父亲从事建筑业，患有严重的气喘，因此有很长一段时间没有工作。家中经济困难，戴维觉得他应该休学去赚钱养活自己。戴维与母亲很亲近，他很同情母亲对父亲健康的担心，但又对母亲逼迫、独裁的态度很生气。他也很嫉妒母亲和妹妹的关系。无法处理这些情绪使得他闷闷不乐、行为退缩。在分析过程中，戴维显得彬彬有礼，同时也小心翼翼。他的话语中充满了无助，并且被动地渴望分析师告诉他该怎样做才能不活在恐惧中。他在满足自己的兴趣时会有罪恶感，觉得好像应该在家里帮助父母，因为家里需要他。有时候，他会觉得生命空虚而无意义。他有位女朋友，但是父母并不完全赞同他们交往。他们已经同居了，却没有发生性关系。分析师试着诠释他目前的焦虑与其俄狄浦斯焦虑之间的可能关联。分析师认为患者之所以未与女友发生性关系，是害怕破坏与母亲的关系。患者也怕自己若在课业和性方面太成功，会伤害到他已经受伤的父亲。分析师还将此现象联结到患者对分析师毕恭毕敬的态度。一开始，戴维对分析师的诠释非常愤怒，他认为这一诠释"荒谬至极"。他强调他和父亲是最好的朋友，不过也承认他很生气父亲偏爱哥哥。与分析师的正面冲突让治疗有了进展。在有限期的治疗结束时，他感觉好多了，他参加了学校的两个舞会，享受与女友的性爱生活，成绩也有了显著的进步。

成人阶段

生理完全成熟之后，心理的发展并未结束。人要用一辈子的时间学习如何去"爱"与"工作"，在生命周期中不断经历心理的发展、生理的改变及不断重复出现的依恋及分离。艾瑞克森（Erikson，1968）以"建立联结"相对"自我中心"来说明青年期的发展任务；以"生产"相对"停滞"来说明中年期的任务；以"整合"相对"绝望"来说明老年期的任务。

有一些带有文化偏见的专制说法认为，成年人的发展任务应包括：熟练生活技巧，能够接受指导，必要时还要能挑战权威；无论配偶生病或健康，都不改变对对方的爱；能忍受爱情不再浪漫而渐趋稳定与持久；能够毫无惧怕地爱与恨（Skynner，1976）；与子女的关系能在过分投入和疏离之间取得平衡；有足够的稳定性和安全感，同时还能随时准备探索新的领域（Bowlby，1988）；能接受丧失并适当地哀悼；接纳自己的限度及将来要面临的死亡（Jaques，1965）；接纳孤单（Nemiroff and Colarusso，1990）；能与子女保持距离，在退休时不再眷念工作，并且接受生命的结束（Porter，1991）；能保有某种程度的乐观，而不过度绝望。

从精神分析角度看，早期的关系会影响当下所面对的课题。当了父母后，会重新唤起早期的俄狄浦斯期幻想，通过自己的孩子重新看见自己的童年，借此意识到自己能力的有限及生命的有限。步入中年，意识到死亡是必然的结局时，会使偏执-分裂／抑郁位置再次活跃起来。在重新面对这些早期经验时，有些人从中学习接纳自我的限度，有些人则会激烈地否认（Jaques，1965）。精神分析帮助我们检视三种基本对立的互动：①联结与分离；②毁坏与修复；③自爱与他爱。以上三种互相对立的关系，在成年时期会在更大的范围里呈现。例如，一个人面对不幸的命运所带来的种种痛苦的方式，与他童年时塑形的心智结构有关。下面我们将从精神分析导向心理学讨论三个核心主题：哀悼、婚姻与成熟。

哀悼

精神分析论认为压抑哀伤将导致心理问题，相反，若能面对丧失，并表达哀伤，则会有治疗效果。根据亚伯拉罕的建议，弗洛伊德（Freud, 1917）将抑郁和正常的哀悼进行平行比较。他认为处于抑郁状态中的人不仅与自己拉扯，且在潜意识中与一种关系拉扯并深受其苦："客体的阴影烙印在自我上"。哀悼过程有一种矛盾现象，当一个人承认自己失去的当下，才能重新拥有所失去的人和事物。克莱茵（Klein, 1940）的儿子死于山难，在哀悼失去的儿子时，她意识到丧失的危机所换回的是内在世界的整合。因此，她将丧失与内化联结起来，她说：

> 通过哀悼，他觉得那些已失去的、所爱的内在客体重新活了过来……每一回哀悼，都使哀悼者更深地与其内在客体联结，并且欢喜地重新获得那些已经失去的客体。
>
> （Klein, 1940: 356）

成人所面对的许多任务和过渡期都与丧失这一主题有关。克莱茵特别了解丧失的感觉，她知道当一个人体验到某种丧失时，感觉好像自己失去了"所有"一样。她也了解成人面对分离的反应是童年时面对丧失的反应的延伸。当人们可以哀悼其丧失（包括通过健康的抗议），失去的客体便能重新存活于哀悼者心里。这个过程使哀悼者的内在世界变得更丰富了，也可以借此平复丧失带来的哀伤。当一个人无法哀悼时，就会造成抑郁。精神分析的主要工作即在帮助患者重新拥有失去的客体。分析本身对患者来说也是一个客体，会谈和会谈之间的间隔，以及放假都是不断地失去和获得的过程；因此，成功的结案过程能让患者内化其治疗的功能，即使治疗关系结束，患者还能留住这个功能。

婚姻

针对婚姻，精神分析导向心理治疗法所做的研究出乎意料地少（Dick，1967；Clulow，1985；Ruszczynski，1993）。这可能是因为大部分来接受精神分析的人都深受"关系"问题之苦，或是因为缺乏关系，所以大部分的分析式论述都以关系为研究主题。恋爱，以及在婚姻中寻求身体上、情绪上、智力上和道德上的亲密关系，都表示个体需要重新面对并参与自己和伴侣的内在世界；换句话说，情侣们借由交换各自的"外在"生命故事，参与彼此的内在世界，并将之整合到即将建立的新家庭中。

因此，婚姻是治疗关系之外最丰富的移情关系。配偶变成转化的客体（transformational object；Bollas，1987），是彼此投射的对象，是接受自己不想要的自体的容器，也是使对方高兴与恐惧的源头。配偶通过彼此，碰触到自己最深的渴望与失望。婚姻关系有转化或破坏对方内在世界的潜能，这一现象显示，为了心理健康，移情是必须的。用斯拉芬与克瑞格曼（Slavin and Kreigman，1992）的话来说，移情是"一种关系世界的重写"，也是过往情感经验的"探测器"，当婚姻（或治疗）经营良好时，将使双方进入另一种境界的成熟。

成熟

精神分析的论点显示发展与成熟有关。就弗洛伊德而言，成熟意指变得比较有现实感；因此他认为神经症是脱离现实的现象，成熟也表示潜意识被意识驯服了，这是他在 Zuider Zee 的隐喻中所表达的概念。他那有名的格言"本我在哪里，自我就在哪里"，也表达了这一概念。弗洛伊德的理论中还隐含着一个观念：一个人若能认识自我并能接受内在的不同面向，其内在世界就是一致的。马勒等人（Mahler et al.，1975）则将弗洛伊德学派和荣格学派对成熟的看法综合在他们的分离-

个体化概念中。有些精神分析导向的心理学家认为治疗的目标，或是健康情绪的理想境界，是能够不被早期的创伤所淹没，或是能拥有完整的独立性。鲍尔比和费尔贝恩等人对此观点不敢苟同，他们认为对人来说是依赖必须的，而所谓的自主从根本上是消费主义社会为了制造常模（normosis）所设定的虚假目标（Bollas，1987）。费尔贝恩（Fairbairn，1952）认为所谓的成熟是从不成熟依赖迈向成熟依赖的过程，科胡特（Kohut，1977）则强调，人一生中都需要一个永恒的自体-客体，即与有意义的对象所产生的自恋的或特别的关系，其中包括配偶、孩子和父母，也可以是理想、地方、宠物和纪念物。他们认为发展是一种动态的系统，平衡着现在与过去、成熟与退行。克莱茵则认为人终其一生都在不断平衡偏执和抑郁位置。这个观点解释了为何当非常成熟的个体遭遇令人无力招架的创伤时，仍会出现原始的（primitive）反应（Garland，1991）；这一现象提示我们，精神分析就像生活一样，永远是一段未完成的旅程。

结语

精神分析的发展观提供了丰富的临床隐喻，帮助我们了解患者与分析师之间的情感互动。分析师持续地寻找成人患者身上的内在孩子，试图从移情和反移情的治疗情境里找出患者被困住的情境，再加以重建。但是寻求内在孩子并不只是一种比喻——它联结了精神分析中的诠释学概念——即重新发现生命故事（从婴儿期到当下）的意义及实证的发展科学。心智就像身体一样有它的发展史，一些实证研究也支持这个观点，例如成人依恋访谈法研究显示，成人讲述故事时的一致性或不一致性，与婴儿或幼儿时期的安全或不安全依恋关系模式相关（Bruner，1990；Fonagy，1991；Holmes，1993）。

第四章

防御机制

> 自我（the ego）运用各种方法来执行其任务，而所谓的任务，用一般的话来说，就是避开危险、焦虑和不愉快。我们称这些方法为防御机制。
>
> （Freud, 1937: 235）

我们在第二章谈到，心灵的模式可以分为三大类型：精神内在模式、关系模式或混合模式。同样的，防御这一概念（甚至个人防御机制）也可以以精神内在模式、关系模式或混合模式三种观点来诠释。有些防御直指内在世界（例如压抑），有些则属于人际互动现象（例如投射-认同、分裂），而另一些则包含以上两者（例如否认）。

防御的概念

古典精神分析以精神内在观点（intrapsychic perspective）来看待防御，强调冲突是内在世界的核心。第一，当个人愿望与外在现实无法配合时，冲突随之产生，造成了内在的紧张和焦虑。第二，心智的不同层面之间也会产生冲突，有了防御机制，才有适应的可能，它是在意识之外的一种心理构造，用来缩减冲突、降低紧张、维持精神内在的平衡、调节自尊，并且对处理焦虑有重要作用，不管这一焦虑源自内在还是外在。

压抑

压抑（repression）是指把不能被个人所接受的愿望推离意识层面，它是防御中最古典最原始的机制。压抑可以使那些与现实、超我的要求或其他冲动不兼容的欲望留在潜意识，或被伪装起来。被压抑的欲望和冲动会试图回到意识状态，因此我们常处于紧张和焦虑之中，只好进一步地使用其他防御方式来缓和这些冲突、降低紧张并稳定人格。这个过程的代价是扭曲内在现实世界。

> **例：快乐的抛弃？**
>
> 当分析师告诉具有边缘人格的患者必须暂停一次会谈时，患者对他说，她很高兴可以休息一下。她的整个情绪从焦虑和沮丧转为明显的快乐，还生硬地表达了一些看法。患者表面上的快乐显然是在防御被抛弃的感觉。但在没有会谈的那一天，她来了，期望能和分析师谈话，结果分析师没来，她变得很焦虑，觉得自己的存在完全没有意义。由于情况危急，医院的工作人员立刻安排她住院。她埋怨分析师为了见家人就抛弃了她，会谈暂停勾起了患者过去被母亲抛弃时的情绪——母亲生了小弟弟之后，就把她送到婶婶家去住了。
>
> 进一步的治疗工作是去让患者了解——她压抑了永远不想被抛弃的愿望，以及因为被抛弃而对母亲产生的愤怒，这个愤怒被置换到分析师身上，使她否认取消会谈对她有任何情绪冲击。

相对于古典学派，强调人际关系的模式认为，防御是保护内在真实自我（authentic self）的盾牌——在面对有缺陷的环境或关系时，防御可以促进真实自我（Winnicott, 1965）或核心自我（Kohut, 1984）的发展。在不偏离弗洛伊德的思路下，奥瓦兹（Alvarez, 1992）进一步阐释了这个观点——在个人发展上，使用某些防御是必须的。小男孩借由自夸来克服自卑，获得男性自尊；当不良的环境让我们处在恐怖和绝望中时，全能及偏执的防御机制能帮助我们克服这些感觉，而非回避内在的摧毁力量或分裂与冲突。鲍尔比以依恋理论为基础，从人我关系来解释防御（Hamilton，1985；Holmes，1993）。安全的依恋关系使人倾向于使用正向的原始防御机制，而次级和病态的防御方式则与拒绝的或不可信赖的依恋对象密切关联。在回避型依恋关系中，需求和攻击被分裂了，个体完全无法意识到自己渴望接近所依恋的对象，反倒显得冷淡、疏离；在冲突型依恋关系中，由于否认了个体的自主性和全能感，而使人既依恋又想控制所依恋的对象。

应对机制

实验心理学家和社会心理学家对防御持不同的看法，他们称防御为应对机制（coping mechanisms）（Lazar us et al.，1974），主要目的在于处理外在世界的问题。不同于防御机制的潜意识本质，他们认为应对机制是：①意识层面的；②用来处理外在威胁，而非内在威胁。这样的区分受到不少质疑（Murphy，1962；Haan，1963）。首先，在日常生活中，有一大堆应对活动像反射动作一样在自然地发生，而拒绝去听某些事，或否认某些感觉，可能是意识层面的。其次，外在世界的改变可能会引发一些不被接受的情感，这些都是通过启动防御机制来处理的。最后，当我们感知到外在威胁时，需要内在的评估，而内在评估本身则有赖于潜意识。因此，内在和外在冲突之间并没有清楚的区分，两者的互动是极其复杂的（Bond，1992）。

应对策略是可以教授的，并可以进一步被发展成认知行为策略，同时也可以为了研究的目的，对应对策略进行操作性定义。霍洛维兹等人（Horowitz et al.，1990）曾尝试以认知心理学的概念来了解防御机制；他们将防御视为认知控制历程的结果。认知控制历程是一种将想法排序并加入意义的过程。因此，防御和应对机制其实是相关的现象，两者同时具有适应功能和发展成病态的可能。

安娜·弗洛伊德

安娜·弗洛伊德对防御的适应功能进行了更清楚的说明（Freud, 1963）。她说明了幻想和心智活动如何被防御式地使用，以及防御可以用来对抗外在情境、超我的命令和文化的要求等等。她将动力式的防御（dynamic defences）和个性中的防御现象（permanent or character defence phenomena）进行对比，后者即威尔姆·赖希（Wilhelm Reich, 1928, 1933）所描述的"个性盔甲"［Charakterpanzerung（character-armour）］。同时，自我心理学的创始者哈特曼（Hartmann, 1939）则特别强调自我的无冲突领域（conflict-free spheres），此部分自我则与防御和冲突无关，这样的强调使得人格的正常面向受到更多的重视。

克莱茵

相反，克莱茵（Klein, 1946）强调并提出了另一套新的防御概念，包括客体的分裂（她采用了弗洛伊德的词汇，不过用法不同）、投射-认同、全能地操控客体、理想化与贬低。她的后继者对这些概念做了进一步的阐释，认为防御不是在必要时才出现的短暂心理历程，而是一种心理结构。这一结构融合形成了一个僵化、无弹性的系统。这些防御系统有许多种，如自恋组织（narcissistic organizations）（Rosenfeld, 1964）、防御组织（defense organizations）（O'Shaughnessy, 1981）和病态组织（pathological organizations）（Steiner, 1982）。它们与全能、控制的内在客体有关。梅尔彻（Meltzer, 1968）描述了一个被自我的狡猾面所控制的个案，这一部分一直说服个案相信，在人我关系里，自尊自大和毁坏力量是更吸引人的。罗森费尔德（Rosenfeld, 1971）提出一种内在的黑手党，这个部分会向好的人格勒索情绪上的保护费，后者则被迫结合对方，将摧毁理想化，并贬低爱与真理。索恩（Sohn, 1985）写道，借由认同外在客体，将个人需求和软弱的部分丢弃，形成自大的认同体（identificate）。它掌控整个人格，全能的自我随之产生。此类结构化的防御系统被应用在社会系统和团体等复杂的领域中（Bion，1961；Pines，1985）。这些系统和团体可能正被团体内摧毁式的互动所动摇，或是正被狡猾面和黑手党驱动。这样的理解说明了精神分析是如何协助我们理解组织结构的运作的（Jaques，1955；Trist and Bamforth，1951；Menzies-Lyth，1988；Hinshelwood，1987，1993，1994b）。

以上所述都隐含着一个事实：在某些情况下，防御可能会变得适应不良，并且导致一些身心障碍的出现。若是原始的防御方式经由退行或固着重新被唤起，那么上述的情况就更加有可能了。这样的看法源自弗洛伊德（Freud，1894，1896，1926），现今已有实证证据支持，心理上的适应和人格的成熟是有关的。威廉特（Vaillant，1971，1977）曾说，从正常、成熟的防御到病态的防御，是一个连续的过程。使用越多成熟的防御方式，就越能在工作、人际关系、疾病上有良好的适应。

防御可分为：①严重精神异常的、不成熟的或原始的防御；②神经症性的防御；③成熟的防御；从童年某个特定的心理功能到成年情绪的困扰，都与此分类有关。但是，使用原始防御机制本身并非病态。如前所述，当一个心理健康的人遭遇巨大压力时，也会出现这些防御机制（Garland，1991）；所谓的适应不良，指的是持续使用这些原始防御机制。

小结

防御的主要特征如下：

- 它们可能是正常且适应良好的，也可能是病态的。
- 它们是自我的一种功能。
- 它们通常存在于潜意识中。
- 它们是动态的，且变化无穷。不过也可能变得僵化、固着，成为病态的固定人格。
- 不同的心理状态会激起不同的防御方式，例如歇斯底里的患者会使用退行，强迫式神经症患者会使用隔离和抵消。
- 它们与发展阶段有关，有些防御被视为原始的，有些则是成熟的。

现在，我们将仔细地谈谈个体所使用的一些防御方式，从严重精神异常、不成熟的、原始的机制开始，然后进入神经症性的防御，最后再到成熟的防御。表4.1列举了一些防御方式。

表 4.1 防御机制

原始的／不成熟	神经症性	成熟
自闭幻想	凝缩	幽默
贬低	否认	升华
理想化	置换	
被动-攻击	解离	
投射	外化	
投射-认同	向攻击者认同	
分裂	理智化	
	隔离	
	合理化	
	反向作用	
	退行	
	压抑	
	反转	
	躯体化	
	抵消	

原始的机制（Primitive mechanisms）

分裂

当代精神分析师用克莱茵提出的分裂一词，来说明客体可以被分裂为好的客体与坏的客体。孩子会在心智中将妈妈分裂为两个不同的人——他所憎恶的、坏的、令人挫折的妈妈，以及他所爱的、理想化的妈妈。在心理上将好妈妈和坏妈妈区分开，使孩子免于体验到对母亲的冲突感，这一冲突来自在现实中所爱与所恨的妈妈其实是同一个人，这种好与坏的混淆令人心生矛盾。

> **例：手足竞争**
>
> 有位抑郁的患者有3个兄弟姐妹，她不停地抱怨母亲向来忽视她，偏爱其他兄弟姐妹。她一再述说着母亲的偏心，以及母亲对其他兄弟姐妹的关爱，她也早已不与这些兄弟姐妹来往。渐渐地，她开始觉得分析师对其他的患者比较温柔、提供比较多的帮助。她很忌妒他们，并且开始在等候室里等其他的患者，问分析师一周见他们几次，看看分析师见他们的次数是否比见自己多。会谈时这一感觉就会好转，她不明白，为何会在离开会谈室后，自己会指控分析师对她有恨意又很残忍，不愿意帮助她，却乐于帮助别人。这个患者矛盾的情感正表示了分析师在她心里的内在表征已经分裂了。在诊疗室外，她眼中的分析师是个残忍的、忽略她的人。在会谈室里，分析师又成了个理想的、关怀的、体贴的人。通过分裂的防御机制，"好"分析师才能躲过她那种来自忌妒的攻击。

克莱茵也认为，既然内在和外在客体本来就与自我（ego）有关，如果客体可以分裂为好的客体与坏的客体，那么自我内的分裂自然也是可能的。这点与弗洛伊德所使用的"分裂"一词是一致的。弗洛伊德谈到恋物症的自我分裂，他们类似精神病症，能同时持有相互抵触的看法（Freud，1927）。与此种分裂并存的，是现实和用来满足愿望的幻想之间的毫无区别（例如，胸罩在恋物者眼中就是乳房）。他们的分裂不是客体表征之间的分裂。"本能被满足的同时，也未失去对现实某种程度的尊重"（Freud，1940）。这种说法令人想起布雷勒对精神分裂症的说明，他说，精神分裂者的思考联想会松散（loosening of associations），这个说法和以上所说的分裂（splitting）是兼容的。当代精神分析——特别是克莱茵学派的分析师——认为分裂是婴儿时期心智活动的一种原始现象，与日后边缘性人格障碍或精神性疾患有关（Kernberg，1975）。在这两种患者身上，分裂的情况很严重，并可能导致知觉的扭曲、思考能力的减退，以及客体表征的残缺不全。

诚如第三章所述，分裂可能是轻微无碍的，也可能是病态的。内在世界的秩序有赖分裂来完成。因此，若发展顺利，它会是日后整合状态的先决条件，也是判断力的基石。当一个人在专注时、在暂时中止情绪压力以便做决定时、在做道德选择时，或在进行理性判断时，也会使用分裂的机制（Segal，1973）。在这个维度上，它就与弗洛伊德（Freud，1909）所说的否定（negation）很相似了。终其一生，我们都会有这种将世界分裂为好与坏、对与错、黑与白或天堂与地狱的倾向，这种倾向不仅深深地影响了我们对人的态度，也影响我们对社会机构、政治、信仰和其他组织的态度。

投射、认同与投射-认同

有位克莱茵的追随者，在其书中将克莱茵"发现"投射-认同对心理分析界造成的影响，模拟为地心引力或演化机制的发现（Young，1994）。无疑，投射-认同是个很重要但又很复杂的主题，之所以如此复杂的部分原因是它本来就很难懂，可能是它的名字造成了误导，也可能因为它身为克莱茵学派心理分析的基本概念，引发了一些与该名词原来所涵盖的临床意义不相关的政治性争议。

投射这个观念浅显易懂，早已成了大众心理学用语（Bruner，1990）。一个抑郁的年轻男子躺在沙发上，说"每个躺在沙滩上的人看起来都很悲惨"。很明显，这个男子把自己的情感状态投射到别人身上了。我们常会把自己难以接受的情感加诸别人——例如责怪我们身边的人，要他们为我们的缺失负责。外化（externalization）是投射的一个分支，它让我们可以摆脱责任，并产生一个错觉——以为我们已经克服了自己的冲动。如果极力想摆脱的冲动和感觉像回力棒一样被反射回来，我们将会觉得自己被攻击了。投射绕了一大圈回到我们身上，导致焦虑或更严重的偏执。

认同，同样也浅显易懂。它指在发展过程中自我表征的建立与修正历程，区别于有意识的模仿。小男孩穿着爸爸的大鞋歪歪倒倒地走着，这纯粹是模仿，不过当他内在的自我形象受到影响，且在日后转化为其人格特质时，就是认同了；尤其是若他日后果真"步上父亲的后尘"，承接起家族企业时，认同的现象则表现得更加明显。虽然皮亚杰（Piaget，1954）所提出来的同化与顺应指的是认知能力的发展，而非自我表征，不过其含意与认同是相似的。皮亚杰认为婴儿内在只有动作和知觉的基模，不过，当日后孩子开始通过语言和符号用 A 来表征 B，新的经验就被同化到既有的基模里了，且有可能被它们扭曲。就好像精神分析构架中，内化进来的外在世界被潜意识幻想修饰了一样。通过调适，基模也会被修改、扩充、结合，以符合新的情况。同样，自我表征也通过新的认同被修改、建造。

克莱茵（Klein，1946）一开始思考投射-认同这个概念时，就强调它以一种非常特定的方式结合了投射和认同。她说投射-认同像幻想一般，在这个幻想里，人格中原始且幼稚的坏被分裂出去，并投射到母亲或她的乳房里。结果，婴儿觉得母亲变成了他坏的那部分。首先特别要注意的是，投射是一种进入（into），而非附上（onto）某一客体——

一般来说，这个客体的原型指的是母亲或分析师；其次，被投射的通常不是情感或态度，而是自体（self），或是部分的自体。克莱茵的想法是，处于偏执-分裂位置的婴儿会把自己内在坏的、残酷的部分投射到母亲体内，为了可以从内部控制、伤害她。如果后来这些东西又被内摄回去——内摄-认同——那么这个人内在就有了一个坏的认同体（bad identificate），这样的认同可能导致低自尊或自我憎恨。相反，自我中好的部分也可能被投射出去，然后经由内摄过程，提高自尊并增进好的客体关系（条件是不过度内摄）。

投射-认同最初指的是防御的、内在的、唯我的，是一种个人的自我与对于他人的知觉之间的心智转换（mental transaction），而他人并无真正参与。到底投射-认同与投射有何不同？对这个问题，克莱茵有非常清楚的答案。她认为投射是心理机制（mental mechanism），强调的是过程；而投射-认同则是某一特定幻想的表达。斯皮利厄斯（Spillius，1988）认为投射-认同增加了弗洛伊德所提出的投射概念的深度，因为投射-认同强调投射的幻想必然包含部分的自我。她提到，在英国很少人认为区分投射与投射-认同很重要。相反，许多美国学者则花了相当多的篇幅来讨论这个主题（Malin and Grotstein，1966；Langs，1978；Ogden，1979）。他们在区分投射与投射-认同时，常用的方法是看看被投射者的情绪是否受到投射者幻想的影响。在投射发生时，被投射者可能完全没意识到自己是被投射的对象——就好像前述例子中那些海滩上的游客一样。偏执者将不好的想法投射到政客、明星、共济会会员等人身上，这些人都是他不曾接触过的，或是将之投射到没有生命的物体上。渐渐地，在发展中，有分析师为了强调投射-认同的沟通特质，而做了上述区分。

投射-认同作为沟通功能与其作为防御的本质不同，前者可以用来描述三个沟通历程。首先，如果我们将投射-认同视为一种互动现象，那么，投射者将会引出被投射者的某些情感和行为。这解释了海曼

（Heimann，1950）、葛林博格（Grinberg，1962）和雷克（Racker，1968）的主张，他们认为分析师在治疗过程中被唤起的反移情是患者内在世界的反映。奥格登（Ogden，1979）认为投射者与被投射者双方都产生了认同，而葛拉斯坦（Grotstein，1981）和科恩伯格（Kernberg，1987）两人则主张投射-认同的定义应局限在投射者的认同。精神分析圈内的人多半已接受了下述这个有点被稀释了的概念：如果分析师觉得无聊、愤怒或难过，这些感觉可能源自患者，也就是经由投射-认同而引发分析师同样的感觉。如此，认同者是投射-认同的对象，而非如克莱茵所认为的投射者（即一种"错误的知觉"）。

其次，投射-认同是投射者与接收者在潜意识层面所进行的双向互动历程。分析师若未能觉察投射-认同所引发出来的感觉，就有可能被当时的情绪所控制，而直接反映出患者所投射出来的情绪。例如，在会谈中分析师开始拒绝患者，或呈现出懒散的态度，而这样的感觉又会再经由投射-认同被患者认同回来。斯皮利厄斯（Spillius，1994）主张用唤起式的投射-认同（evocatory projective identification）一词来描述患者在潜意识里逼迫分析师顺从于其幻想的情况。桑德勒（Sandler，1976a，1976b；Sandler and Sandler，1978）称投射-认同为患者欲望的响应和实现，她认为分析师必须有足够的弹性，多少响应患者借由投射-认同为分析师所设定的角色，同时也要注意自己的感觉，以观察并诠释整个发生历程。

投射-认同所沟通的内涵太丰富，几乎涵盖了分析情境里所有发生的事。不过，我们若因此以为分析师所体验到的每一件事都是患者加诸其身的，就又犯了临床上的错误。不管实务操作有多么困难，重要的是分析师要能分辨患者引发的反移情和分析师引发的反移情（Money-Kyrle，1956）。前者来自投射-认同，后者当然不是。

第三部分来自比昂对投射-认同的进一步看法（Bion，1962，1963）。克莱茵笔下的投射-认同主要是负面的，即处在偏执-分裂位置下，个体对于自己内在不好的感觉的投射。比昂领会到正向的投射-认同，具有同理的功能，这一过程中母亲涵容了婴儿投射出来的痛苦和敌意，并加以解毒（detoxifies），然后以温和的方式在适当的时刻将这些感觉反馈给孩子。不过，比昂在临床上使用投射-认同的方式引起了不少争议。他提倡用具象的方式对精神患者进行诠释。所以，他可能会对患者说："你害怕自己会杀了我，而现在你想把这一害怕放进我内部。"这样的诠释偶尔会成功，不过一个经验不足的分析师如果这样说，运气好的话可能只是患者听不懂，运气不好则会造成危险。过去这些年，这一治疗技术已经惹来许多非议（Sandler, 1987），现在已经很少人使用它了。

包括比昂在内的许多作者都强调，投射-认同是患者用来控制客体和无法处理的情感的方法。从这个角度来看投射-认同，自我的各个部分分裂了（split off），然后被投射到另一个人、动物或无机物身上，被投射者认同了这些分裂的部分；接着，投射者便试图借由控制被投射者来控制这些分裂的部分自我（Sandler, 1987）。

例：想控制局面的教师

有个二十多岁的实习教师，教着一班正值青春期的男孩。没多久，他就讨厌起那些不服从的、粗鲁的、行为不良的孩子。他对这些男孩的憎恨是如此强烈，以致每次上课前都深深恐惧自己无法掌控整个班级。事实上，这个班级的行为确实也越来越差了。他开始憎恨这群学生，也害怕自己有一天会失控打学生。在分析中，分析师发现这位教师在青少年期一直是个乖宝宝，服从、用功，而且从来不给学校或家里惹麻烦。当时，他把自己内在迫害性的、叛逆的部分给分裂掉了，家里的教育让他觉得这些是邪恶、危险且不被接受的。现在，借着投射-认同，他将那些无法被自己接受的部分全都投射到他的学生身上，而学生认同了老师丢出来的叛逆自我。教师恨死了自己丢弃的这部分自我，他想要借由控制、处罚学生来控制这一邪恶的部分自我，但结果却失败了。在会谈里，他突然了解了这一部分，然后提到童年时他习惯搜集一些玩偶，像是老虎或鳄鱼，然后与它们一起玩耍，他会让老虎或鳄鱼攻击或吞噬其他的动物和人类。在那一刻，这些玩偶拥有了他自己投射出来的攻击特质。他把这些部分都投射到玩偶身上，结果使得自己内在失去了捍卫自己的能量，以致无法与其他男孩抗争，更无力与日后那些侮辱他或反对他的成人争辩。

自我当中好的部分也会被投射到他人身上。因此，投射-认同会让一个人失去人格中的主要部分。分析的主要任务便是帮患者找回这些失去的部分自我。

例：一无是处的女人和她尊贵的朋友

有个年轻女人，她老是觉得自己没有吸引力、不可爱。她很依赖且嫉妒一个比她稍稍年长的同性朋友，认为这个朋友非常有能力、长得又漂亮，而且和身边的男人都维持着相当好的关系。在分析中，她渐渐了解到，她将自己所有正向的特质都投射到这个朋友身上，因为她觉得自己无法将那些特质留在自己内部，而那个朋友则认同了患者丢出来的好特质。这个结果让患者更觉得自己没有吸引力、没有价值了，她的内在简直一无所有。她经常需要这个朋友在身边，只有她在的时候，或是有她支持的时候，患者才觉得自己有能力做一些有价值的事。当她的朋友结婚并搬走之后，她变得很沮丧，觉得朋友把好东西全拿走了，而这些好东西她自己一样也没有。

投射-认同非常重要，因为它是精神分析的血肉，是亲密关系里双方幻想的交集。它是一种防御，也是一种沟通，而分析师的反应则是决定其面貌的主要因素（Joseph，1987）。这个概念有点不太好懂，因为当年克莱茵（Klein，1952）给的定义比较随性，保留下来的名称并不能真正捕捉到克莱茵学派后来所做的延伸；更贴切的说法是沟通式投射（communicative projection）或投射式互动（projective interaction）。不过，斯皮利厄斯（Spillius，1988）还是建议留下投射-认同一词，把它当作概括性的概念，可以从中区分成不同的类型。投射-认同历程的背后有许多动机——控制客体、获得其属性、排除其坏的特质、保护好的特质、逃避分离以及沟通，我们可以利用其背后的动机来分辨正在发生的是哪一种投射-认同。

神经症性机制（Neurotic mechanisms）

压抑、否认与切割所属

前文提过，压抑是发展过程中的原始防御机制，它协助孩子平衡内在渴望和外在限制，使孩子不会承受过度的精神痛苦。但长大后若使用过度，它将会导致整个情绪生活被隔绝在意识之外。根据古典精神分析理论，这样的隔绝会导致症状的出现，像是与歇斯底里症有关系的"无感"（belle indifference）。

> **例：深埋的记忆**
>
> 这是一例关于压抑的例子。有位患者一直深受抑郁之苦，会谈中，当谈到母亲的死时，他突然号啕大哭。母亲去世时他还是个孩子，他渐渐觉察到他已经忘记母亲是因服用过量的安眠药而去世的。只有面对母亲自杀的事实，他才能走出长久以来的哀伤，从抑郁中复原。

压抑是将内在现实（internal reality）的某一个面向排除在意识之外。相对于压抑的另一个防御——否认（denial or disavowal）——则被用来面对外在现实，它促使个体拒绝或控制对外世界某些情境的情绪反应。否认与分裂（splitting）有关，个体在认知上接受了所发生的痛苦事件，但却拒绝接受该事件所带来的痛苦情绪。格里尔等人（Greer et al., 1979）谈到否认的保护功能时，发现被告知有乳癌的妇女，若表现出否认（或对抗）的态度，在切除乳房后比起那些表现得绝望或沮丧的妇女明显有更高的存活率。

反向形成、向攻击者认同

如果一个人采取的心理态度与他意识层面的希望和渴求完全相反，这种态度就是反向形成（reaction formation）。反向形成通常在潜伏期出现，并且扮演着过渡到成熟防御机制（如升华）的桥梁。反向形成可能是非常具体的，例如对所恨恶的人表现出过度的尊重，或是在很希望被照顾的时候，拼命照顾别人；反向形成也可能是全面性的，成为了人格特质的一部分，例如与强迫性人格、强迫性神经症有关的良知、羞耻和自我怀疑。就像其他病态防御一样，反向形成会长久地改变自我的结构，以致在危险不复存在时仍被个人继续使用。

虽然弗洛伊德（Freud, 1920）曾提到向攻击者认同（identification with the aggressor）一词，而且费伦奇（Ferenczi, 1932）曾使用这个词来描述孩子在面对成人的攻击时采取完全顺从的态度，并且内化进深沉的罪恶感；不过，真正对这个机制详加说明的人是安娜·弗洛伊德，她还将此机制与早年超我的形成进行联结。向攻击者认同与反向形成（其中牵涉到情感的反转）和认同有关。

> **例：一位不摆架子的律师**
>
> 有个沉默寡言又害羞的患者，小时候常被父亲威胁、羞辱、殴打。通常在他父亲想打他的时候，他会先跑进房间里，而越来越暴怒的父亲则紧追在后。在一阵你追我跑之后，小男孩会突然沉静下来，然后俯身，接着，

> 父亲就开始打他。在被打的时候，他则会变得完全静默，并进入一种意识隔离的状态。此刻，这个男孩正脱离（dis-identified）他的自我表征，并开始认同他的父亲（攻击者），这个攻击者正在殴打他顽皮的坏身体。成年后，他继续认同这个施虐的父亲，他嗑药，并常割伤自己。显然，他让施虐者和受虐者在他的心灵和身体之间继续互动。

在代代相传的儿童虐待事件上，这个过程扮演了特别重要的角色，即受虐者变成了下一代的施虐者。

隔离与抵消

这是精神分析观点中强迫性患者常会使用的两种机制。弗洛伊德最早提到隔离（isolation）时说，隔离是区分歇斯底里（hysterical conversion）和强迫式神经症（obsessional neurosis）的主要特征。他认为，如果一个人没有用压抑的方式将痛苦的情感转换为生理的症状，那么，这个情感会借由隔离的方式被缓和下来。此时，情感被留在潜意识，而被剥去感觉的想法则留在意识层。

隔离与压抑不同，压抑时被驱逐的是想法而非情感。隔离也与解离（dissociation）不同，在解离时，情感和想法都留在意识里，只是两者之间的关联变得毫无意义。隔离时，创伤记忆很容易在抽离了情感的情况下恢复——有些患者在刚自伤后，会以相当冷静的态度谈论引发自伤的情境。因此，有时这会让医生在评估时误判此事的重要性。费尼切（Fenichel，1946）指出，男人在性活动时常会隔离他的性感和温柔，使得男人在面对他们不爱的人时，反而更能享受感官上的感觉，不过这种情况也可视为一种分裂（splitting）。

抵消（undoing）常指一种"做，再将之抵消"或"神奇的抵消"的情形，任何处理过强迫性人格障碍的分析师都十分了解这种防御方式。强迫性人格障碍患者相信内在的敌意已经借由他的行为完成了，所以必须通过抵消的防御机制将充满敌意的愿望倒转过来。强迫性人格障碍患者在做事时，常会坚持以一种巨细无遗的次序来进行，若是漏掉了其中一个手续，他会坚持重新再来一遍。这种试图重做一次的行为具有神奇的魔法效果，它不仅仅是修复一些错误，而是想要将时间倒转，回到过去，攻击起初充满敌意的想法和愿望，让自己以为内在的敌意从不曾存在过。

内化与吞并

内化（Internalisation）是一种普遍存在的心理历程，它不一定是一种防御，不过，它是某些成人防御机制的一部分，就像投射-认同和向攻击者认同。内化是一个概括性的概念，它包含了内摄、吞并与认同，即所有将外在世界纳入内部并修正的过程，个体借此建构个人的内在表征世界。在发展早期，内摄（introjection）是内化的同义字，它被用来建构知觉的记忆。

当客体关系建构完成时，内摄的主要功能不再是吸取外在世界的特质并贮存在记忆中，而是修饰所吸取的东西，使之与自体吻合。有个学生在经历了与父母抗争的青春期之后去了大学，当第一次回家时，他惊讶地发现父母怎么有这么大的改变。但其实，可能是他已经认同了内摄进来的父母，或者更确切地说，他所内摄进来的那部分本来是他极力要与之区别开来的，现在当他开始认同这部分时，则觉得自己越来越像他的父母了。经常可以从初为父母者身上看到这个过程，他们在面对自己的子女时，开始认同内摄进来的父母的样子。因此，内摄在超我形成的过程中，扮演了非常重要的角色。

认同失去的客体（Klein，1955）是哀悼历程中常见的现象，若再经由内摄机制则可能推迟对丧失的接受。这一现象常出现在不正常的哀悼反应中。

> **例：内在的客体**
>
> 有位女士的孙女过世了，她难过了好一阵，渐渐地，哀伤似乎消退了。几个月后，她开始出现不明原因的腹痛，医生一直查不出生理上的病因。她的孙女死于肠癌，这位女士的症状则是认同死者的病症的结果。在治疗丧亲之痛的咨询中，咨询员帮她了解到这点，使她的症状不治而愈。

吞并是一种心理上的吞噬，指的是一种心理上的"囫囵吞枣"，即没有经过修饰或同化而将被认同者整个吞下去的过程，也可能是一种精神病式的内化。

> **例：精神病式的认同**
>
> 有位边缘型人格患者，45岁，有严重的贪食症，并一再地割伤自己，多次试图自杀。她疯狂地运动——每天骑16公里的自行车，晚上还游泳1公里。她幻想运动、自伤、催吐可以将内部邪恶的东西清除干净，如果吐出来的秽物带着鲜血，她则会感受到更大的释放。事实上，她相信，寻得平静、逃离内在所有邪恶的唯一途径是拿把刀插进身体里，使内部所有红色的不祥之物流出来。她母亲总说她是个自私、邪恶的女孩，而她则不断地祷告祈愿母亲所说的不是事实。祈祷让她觉得自己没有那么邪恶。她母亲对她的看法成了未经同化过程直接吞并的客体，祷告保护了她的自我表征，但却无法带来有效的改变。唯有在接受自己的这些面貌时，她自毁的行为才得以消减。

你也可以在歇斯底里症患者身上看到相似的心理历程，他们会认为有些"东西"卡在他们的喉咙里。

理智化与合理化

在政治界、企业界和医学界，理智化（Intellectualisation）与合理化（rationalization）是两种常见的防御方式。它们是横跨不成熟机制和成熟机制的桥梁，经常残留在成人生活中，但不会导致任何外显的问题。理智化囊括了一些次级的防御（sub-defense），像是用思考代替体验、过分注重抽象理论以逃避亲密关系。与它相关的防御机制包括隔离、神奇仪式与抵消，以及合理化。有些青少年对自己的性发展感到害怕，他们可能很理性地谈论婚前性行为，或积极地讨论年轻人的性行为。同样，合理化也能为潜意识的渴望所引发的非理性行为提供合乎逻辑且令人信服的解释。

成熟的机制（Mature Mechanisms）

弗洛伊德认为升华和幽默是成熟的防御机制，因为它们能用被社会接受的方式表达内在的渴望，同时也使社会受益。以升华来说，内在的欲求得到疏导，而非围堵或转向：如攻击的冲动，可能以运动和比赛的方式表达出来；在升华的机制下，感觉被接受及修饰，并使之导向有意义的目标。同样的，自恋的需求可能经由成为舞台演员而得到满足。

> **例：颜料缸与画刀**
>
> 一位50岁的工程师（也是位业余艺术家）被裁员后发展出严重抑郁症状，因而来接受分析。他觉得自己把一生最精华的时光献给了公司，最后却被公司裁掉。他从来不知道自己的父亲是谁，在他很小时父亲就死于战场。成长的过程里，他一直是个内敛自持的好孩子，把所有的精力投注在寡母身上。7岁时，母亲再嫁。对于继父严厉的管教方式，他不曾有过怨言，

> 只是默默承受，并极自豪于自己从未发过脾气。他娶了个十分卑顺的妻子。有一回发生了一件事，这件事发生在他快出现抑郁症状前。那天他在粉刷房子，而妻子递错了颜料。他发现自己盛怒之下竟将整罐颜料倒在地板上，然后摔门而出，留妻子一人收拾残局。在接受分析的过程里，他渐渐能碰触到自己内在对亲密的渴求，以及对没人了解他真实需要的愤怒。稍后，他也很惊讶于自己竟然又重拾画笔。这回他不再像以前一样小心翼翼地勾勒线条，而是开始用油画刀将厚重的颜料直接涂抹在画布上。从此，他将攻击和情感表达的需求升华为创作，而不再以极度的抑郁来呈现。

弗洛伊德将升华视为表达深沉渴望、个人抱负和野心的媒介，其形式包括绘画、戏剧、音乐、信仰和政治抱负。幽默则让我们得以以适当的方式发泄攻击的情绪、退行而不尴尬、玩耍而不拘束、欢笑而不用担心受罚，得以愉悦地放松；幽默让人有被接受的感觉，有时候，它甚至能让可怕的悲剧变得可以忍受。

威廉特与杜拉克等人（Vaillant and Drake，1985；Vaillant et al.，1986）的研究确认了成熟防御的适应性和价值。威廉特对大学毕业后的男性进行了40年的纵向研究，研究结果显示，使用成熟防御机制的人比较快乐，在工作和家庭方面也比较成功而稳定。派瑞与科伯（Perry and Cooper，1989）也同样发现，使用不成熟的防御机制与心理症状、个人困扰和不良的社会功能有关。这些发现，加上临床上用防御了解心理功能的效果，使萨托里欧斯等人（Sartorius et al.，1990）认为描述性精神医学（descriptive psychiatry）——即非分析式的观点——虽努力想找出临床症状、促发原因、致病模式和预后类型之间的关联，却终究徒劳无功。他认为过时的梅伊尔反应模式（Meyerian reaction patterns）和弗洛伊德式防御机制（Freudian defence mechanisms）毫无疑问将再度成主流。这个看法强调心理动力对精神医学诊断的贡献仍持续有其重要性。威廉特（Vaillant，1992）也中肯地指出，未来多轴向分类系统（multi-axial classificatory systems）应该加上第六轴（即防御机制）。现在已有可信的测量工具可以测量许多不同的防御机制（Bond et al.，1983；Vaillant et al.，1986）；研究这些防御机制在精神分析治疗过程中的改变，可以让我们更加了解用于治疗神经症的处方，并有助于达成心理健康的目标。

第五章

移情与反移情

毋庸置疑，控制移情现象是精神分析师所面临的最艰难的课题。

（Freud, 1912b: 108）

使用移情和反移情来了解患者的内在世界是精神分析的标志。但移情二字究竟所指为何？它与不同的潜意识理论又有何关联？我们再度碰上了先前几章讨论过的"有弹性的"精神分析概念。我们已经很清楚，精神分析领域对心智（mind）的不同诠释，以及对发展过程的不同意见皆会影响分析患者的方法。既然理论不同，在解释移情和反移情概念时，必然也会互相冲突，因为这二者是无法抽离于脉络架构而独立存在的。将移情放进脉络中来看，人际取向理论者（interpersonal approaches）偏好用两个人的互动来说明移情，他们认为分析师和患者都对移情的发生负责；自我心理学（ego psychology）则主张移情是本能愿望的表达；根据克莱茵学派的观点，移情则是潜意识幻想的表征。诚如第二章所提到的，在这种种看法当中，有些是本质的不同，有些则只是所使用的语言不同罢了。无论如何，没有一个理论是纯粹的，解释潜意识幻想不再是克莱茵学派分析师的特权，就像本能论不是自我心理学或当代弗洛伊德学派的特权一样。一般来说，大家都同意移情是分析关系中的一个现象，而真正争论之处在于其内容为何，即究竟是什么东西被转移了。另一个重要的差异在于，各个取向对于"以诠释移情为治疗核心"或"诠释移情是唯一真正有效的治疗方法"持不同的看法。有关这一主题在临床上的争议将留待第八章讨论，本章将着重于理论方面。虽然移情和反移情密不可分，不过在本章中，我们将展开讨论。

移情

最初，布鲁尔和弗洛伊德（Breuer and Freud，1895）将移情视为"有污染的影响"，会妨碍或阻抗治疗中的宣泄（cathartic method）。弗洛伊德担心移情是医师对患者有不当影响的结果，因此，精神分析如果专注于这样的现象，会被视为一种变相的催眠或暗示。不过，弗洛伊德很快就了解到移情并非单单由暗示挑起，患者与分析师的关系是了解个人内在世界的首要途径；移情是患者对分析师的病态俄狄浦斯依恋，即患者早期与父母（或主要照顾者）关系的再现（Freud，1895，1905c）。这一了解使弗洛伊德发现了一种神经症式移情（transference neurosis），它包含了正向和负向移情，与原始俄狄浦斯情境中的感觉和愿望相似，这些情绪后来在分析中再现。分析若要有效，分析师必须分析所有呈现在他面前的移情现象，否则它将会阻碍被压抑的幻想的浮现。为此，早期弗洛伊德认为移情有两个面向：一方面，它是一种阻碍回忆的阻抗；另一方面，它是婴儿期冲突的再现，这样的再现在治疗上多少是有用的。弗洛伊德（Freud，1912b）也区分了移情机制（transference mechanism）和移情动力的不同；前者反映了过去的经验，后者则是被分析情境挑起的。他将移情机制视作一种模板（template），或是贮存在系统潜意识里的婴儿影像（infantile images）；从这一系统潜意识里的婴儿式影像中，生出了患者与分析师在分析情境中的情绪关系动力。当代精神分析师仍对移情的这两种面向争论不休，争论的主题为究竟是过去的潜意识重要，还是现在的潜意识重要（Sandler and Sandler，1984）。有些作者认为移情是重建童年创伤的主要路径；有些则主张探索诊疗室中的移情才是治疗的重心。另外一个激烈的争论是，到底要从精神内在的角度（intrapsychic view）来看待移情，还是从人际互动角度（interpersonal aspects）来看移情，这两种论点的拥护者之间也有相当激烈的争论。不管从何种角度来看，移情都是弗洛伊德临床理论的枢纽，也是当代精神分析的核心主题。

诠释移情：古典观与现代观

首先，我们将从古典和现代（或称为当代）实务与理念来比较移情的不同面向。为了方便的缘故，我们暂时使用古典和现代这两个词语。事实上这两者不该被视为互相冲突的，而应是互相依存且概念重叠的。移情动力最古典的定义，是患者将其过去与重要他人（如母亲、父亲或兄弟姐妹）的经验和强烈的情感转移到分析师身上，这些强烈的感觉包括依赖、爱、性吸引力、嫉妒、挫折、恨。患者没有觉察到此种错误的联结，在他的感觉中，这些情绪并不属于过去，而是直接与他面前的分析师有关。以上观点主张，诠释移情可以使过去的情绪再现，并让患者在诊疗室中再次经历过去，或重建过去的经历。当患者对过去的事件有了新的看法时，就能克服过去的创伤；持此观点者认为婴儿式神经症（infantile neurosis）是分析的焦点；它将分析师比喻为空白的屏幕，让患者投射其婴儿期的渴求；它强调过去经验的重建，并主张移情可能是一种阻抗。

相反，采取当代观的学者认为，移情所呈现的并非一定是过去潜意识的心理能量，也可能是治疗中由于强烈的治疗关系所引发的潜在意识。这一假设要能够成立，必须靠检视过去的经验是如何影响着今日的渴求、人格的形成以及个人的期望的。这一观点不接受早年神经症是成人病态的唯一解释，也不认为移情神经症（transference neurosis）是治愈的单一途径。因此，它不强调重建过去的经验。在他们眼中，移情二字所包含的意义较广，它包括患者与分析师之间的互动、心理冲突的重现，以及内在客体表征之间互动的反映；它也是一种使个人内在世界通过分析师而呈现出来的媒介;它是受过去影响的新经验,而非过去经验的重现(Cooper,1987)。

布伦纳(Brenner,1982)认为神经症性移情一词根本是多余的,应该剔除。事实上,已经很少人讨论神经症性移情了,取而代之的是移情。瓦勒斯坦(Wallerstein,1994)认为虽然并非所有人都同意,但是毋庸置疑,有些接受精神分析的患者在治疗情境里被涵容了,并且随着治疗一天一天地进展,他们的神经症也渐渐从生活中消失。

移情的古典观和现代观存在着一种复杂的互动关系(见表5.1)。当我们讨论当代理论家们满脑子想着的三个关键问题时,就可看出其中的复杂之处:

(1) 移情是对现实的扭曲,或是此刻分析情境的有效潜意识表征,而此表征染上了过去经验的色彩;
(2) 移情是一种普遍或特殊的分析治疗现象;
(3) 移情是分析情境的全部,或只是分析情境的部分。

表5.1 移情的古典观与现代观

	古典	现代
定义	将过去经验置换到现在;受到过去经验的影响	根据过去模式建构现在的经验
现实	扭曲客观的现实	主观的现实
动机	与早年渴求、幻想、害怕有关的攻击/原欲驱力	适应性;组织知觉/情感/认知经验以建立整合的自我(cohesive self)
分析师	中立的/空白屏幕;客观的	经由互动而有所介入;主观的
介入	对扭曲的诠释	反映患者的自我建构,以及他如何建构其分析治疗关系
改变	减少婴儿式的欲求及曲解	僵化的心理基模变得较有弹性;分析经验使患者能以新的基模生活

扭曲或真实？

古典精神分析主张移情是对现实的扭曲：移情是个体通过目前的关系满足早期渴望的现象。因此，它是将过去的关系投射到目前关系的心理现象，个人所体验到的不是过去真实的关系，而是在目前的关系中经历过去的感觉。

> **例：不会欣赏患者的分析师**
>
> 有位年轻的女士抱怨说，她的分析师似乎不欣赏她所做的努力，也不关心她的工作状况。分析师诠释，患者觉得分析师不欣赏她在治疗过程里所做的努力，也不关心她的进步。患者接着说，母亲年轻时事业很成功，但是因为患者的出生而放弃了自己的职业生涯。多年来，患者的母亲一直无法重返职业生涯。患者觉得母亲在怨恨她的学业成就，一点也不关心她在学校的表现，只是一味地说着她多么希望自己能重回工作岗位。分析师诠释说，患者认为自己的成功只会导致别人的忌妒和怨恨。她认为分析师就像她的母亲一样怨恨她的成功，而且放弃了治疗她的工作。

这个例子让我们看到，在临床工作中，古典观和现代观交叠出现，很难清楚地区分。分析师的第一个诠释采用的是当代观点，在这个诠释里，分析师将移情和患者眼中的治疗情境联结起来了，即当患者埋怨分析师不关心她的工作状况时，隐含的是患者对治疗关系的感觉。第二个诠释则是古典的，即患者过去与母亲的关系直接地扭曲了她对分析师的知觉。古典观点主张患者在诊疗室的反应直接与过去的经验有关，因此认为诠释的重点在于借由重现于治疗情境中的情感，来了解过去的经验。然而，从当代的观点来看，患者对分析师的恼怒只是间接地与早年对母亲的挫败感有关，却直接地与患者当时的渴求、幻想或期望有关（这样的幻想或期望不被意识所接受，因此需要通过移情诠释将它摊在阳光下)。因此,与分析师互动所产生的幻想本身成了诠释的中心。由此角度看,动力来自治疗情境的此时此刻,如此,移情则是一种正向的治疗助力,而不只是过去的再现,或是经由分析师的诠释后患者得到领悟的工具而已;它像是一个探测器,会引出或勾出分析师的反应,这一反应则有助于了解患者更深层的需求。因此移情是一种互动的历程,在这个历程中,患者选择性地对治疗情境做出反应,而这些反应又受到过去经验的影响。

患者对分析师的知觉显然受到过往经验的强烈影响,某个患者觉得这位分析师关心他、了解他,而下一个患者可能觉得这位分析师对他怀有敌意和拒绝。雷文森(Levenson, 1983)强调这些移情的扭曲成分(我们看见我们期望看见的、体验我们期望体验的)也就是通过重复及僵化过去的关系,来阻抗对事实真相的了解。但是患者也许可以在潜意识中,根据分析师的行为,看见他的真实面——他布置房间的方式,安排工作和生活的样子。治疗里的"真实"是由患者与分析师双方共同决定的。在治疗过程中,患者体验到的是一位真实的分析师以及他眼中的分析师,而分析师对患者的反应,一部分是来自患者这个真实的人,另一部分则受到反移情的驱使。

某些当代观点隐含着一个说法,即有一个潜藏的、可被了解的真理或内在精神现实(psychic reality)可经由诠释防御以及解套扭曲被呈现出来。持以上这种柏拉图式观点(即相信有潜藏的真相)的分析师受到克莱茵和比昂的影响,认为内在较真实的状态被死本能有关的精神病式焦虑(psychotic anxieties)所围绕,而非弗洛伊德原先所认为的,与婴儿神经症(infantile neurosis)(见第三章)有关。事实上,弗洛伊德的这个概念一直没有被完全了解。他们认为理想化移情(idealizing transference)和情欲移情(erotic transference)是病态组织的一部分,因此视理想化移情为一种防御,用来抵抗对分析师的敌意和自身想毁灭对方的想法,这不是一种阻抗。相反,谢弗(Schafer, 1981)、吉尔（Gill，1982）和史宾斯（Spence，1982）对所谓的可被了解的真理提出质疑。他们认为移情关系有个人主观的真实面，而不是一种对潜意识幻想中精神现实某些面向的扭曲。对他们来说，没有所谓的重建（reconstruction），只有从此时此刻来建构（construction）过去。其他学者同意这一看法，并认为我们所重建的也许是有帮助的，也可能是从不曾发生的，而我们应该更强调后来的经验是如何修改了过去的经验。这两种对于真理到底是一致/融贯（correspondence）还是呼应（coherence）的争辩有其更深的哲学根源（Cavell，1994，cf. p.21）。

客体关系理论的发展也影响了大众对移情的看法。投射-认同的概念和内在客体的外化很明显与分析历程中的移情和日常生活中的人际关系有关。科恩伯格（Kernberg，1987）认为，移情分析其实是在分析呈现在诊疗室中的、早期内化进去的客体关系，同时也是在分析心理结构不同面向之间的冲突。他反对将现在的表征与真实的过去过于简单地联结，并认为内在客体关系的形成同时来自幻想和现实。

这些观点都受到古典理论的影响。古典观主张移情是一种扭曲，或是错误的知觉，需要通过分析来消除。这种观点可以回溯到另一个更早期的想法，即移情是一种阻抗，虽然它也是引发治疗效果的必要因素。如同先前所言，现代观认为移情是诊疗室里潜在意义的显现，是正向的。斯拉芬与克瑞格曼（Slavin and Kreigman，1992）主张，人类不可能一直处在连续的错误知觉和扭曲中，他建议从另一个角度来看待移情，强调将习得的经验带到新的情境里，好让先前的经验在新的经验中得到修饰。因此，移情不是现况的扭曲，而是一个"先前的版本"。斯托罗等人（Stolorow et al.，1987）从存在的观点出发，主张移情是个人通过潜意识寻找生活原则，并以此了解周遭生活的方法。博纳斯（Bollas，1987）在说明"未曾想过就知道的"（unthought known）概念时，提到移情不只是早期关系的重演，也是重要的新经验；在此经验里，先前未曾想过的精神生活面向在此被赋予时间和空间。同样，谢弗（Schafer，

1977）也主张移情是在治疗中忆起的过去的情绪体验，不一定是真实发生过的。

普遍或特殊？

争论的另一个主题，是只有治疗情境（Waelder，1956）和分析关系（Gill and Hoffmann，1982）才会引发移情？或者它是任何关系中的一种普遍现象？目前，对此争论有一致的共识，即移情存在于所有的关系里，也存在于我们对组织的态度中。例如，有些人一再对机构组织采取对抗和攻击的反应，这有可能是在重演他和父亲之间未解决的争执；同样，医院里的患者也许会对医院照顾他的方式感到失望。对现实生活不满所激起的埋怨，可能会因早年经验而更加高涨，如憎恨或气愤早年的主要照顾者未能按他所要的方式满足他的需要。无论如何，分析情境鼓励移情现象的发展与观察。

部分或全部？

接下来这个问题比较困难：分析历程所包含的内容全都是移情吗（所有论）？抑或仅有部分是移情（部分论）？有人试图从较狭隘的角度看待移情，但有人则宁愿选择更广义的角度。安娜·弗洛伊德（Anna Freud，1936）从三个面向界定移情：原欲冲动的移情、防御的移情，以及分析情境引发的移情。这三种移情定义的根据是古典的说法，主张早年婴儿期的渴望和先前的防御策略或行为会重现于分析情境。一般常用活现（enactment）来描述以上状况，它可能发生在诊疗室内，也可能发生在诊疗室外。分析情境引发的移情指的是受到分析治疗的刺激，使患者在治疗情境之外将早年的渴求行动化了。这个概念和行动化（acting out）很相似，行动化不是移情的结果，而是患者无法将问题用移情的方式来呈现所导致的。这种说法已鲜为人用。这个概念也需要与诊疗室里的行动化（acting in）区分开来，后者指的是患者在一次会谈中，以行动而非言语来表达情感。

斯特雷奇（Strachey, 1934）是第一个清楚地谈及移情关系维度的人。在他眼中，移情基本上是一种错误知觉（misperception），即患者以超我的扭曲眼光来看分析师——将分析师理想化、贬低或视为严厉的判官。在日常生活里，移情营造了神经症的恶性循环，因为对方的行为会受移情的影响，并且反过来肯定移情者的偏见（我们现在称之为投射-认同）。换句话说，对方会真的呈现严厉、不一致、拒绝的种种行为。分析师的任务则是温和地保持中立，并仔细辨识移情发生的过程，最后再以引发转变的诠释（mutative interpretation）来传递他的理解，借此中断此恶性循环，让患者内化进去一个修正过的、较不严苛的超我。

克莱茵（Klein, 1932）也认为移情是潜意识幻想的表征，它反映出内在世界的人我关系。将这样的概念放在内在世界的构架里来看，指的是过去和现在的潜意识幻想、防御，以及现实经验之间持续不断的相互作用，就好像所有的心智生活（mental life）都或多或少地受到移情的影响一样。约瑟夫（Joseph, 1986）认为整个分析情境（total analytic situation）都是移情，但有些人则认为她的说法有过度涵盖的危险。

不是每一件事都与移情有关（Sandler et al., 1969），我们不可忽略分析师是一个真实存在的人，他带着明确的任务，投身于与患者的关系里。此外，若如斯特雷奇所言，患者与分析师的互动会修正患者对早期挫折环境的反应，那它既然不是重复早期关系，就不是移情。

如同弗洛伊德和其他人，葛林纳克（Greenacre, 1954）也认为基本移情（basic transference）和分析式移情（analytic transference）是不一样的。前者所隐含的信任反映了早年母婴关系，有助于治疗联盟的建立；而分析式移情则映照出个人日后发展上的冲突。在冲突的移情关系里，基本移情是导向有效治疗的必要条件。但是对布伦纳（Brenner, 1979）而言，如此区分是没有意义的，他认为弗洛伊德所提的两种移情只是一个铜板的两面，因此根本就不承认有治疗联盟这回事；他指出，分析患者与分析师之间的联盟和分析阻抗一样重要。不同观点带来不同的治疗技术，持部分论的分析师会尽力发展与患者关系里不受移情扭曲的部分，而持所有论的分析师则不会。持部分论的分析师除了用诠释来修正移情造成的现实扭曲外，也会使用支持肯定的技术，或与患者讨论实际情况。

> **例：挥手打招呼的患者**
>
> 　　有位28岁的女性患者有个工作成瘾且总是拒绝她的需求的父亲。她和男性的关系一直是短暂的施虐-受虐式的。她说，她曾看见分析师骑着脚踏车路过，她向分析师招手，但分析师却没有任何回应，直接忽略了她。她开始在会谈中责骂他，并指控他是个残酷的人。分析师真的没有看到她，便向患者说明：虽然他了解她感到了被拒绝，但事实上他真的没有看见她，所以也就无法回应她的招呼。重要的是，过去的经验是如何使她如此敏感于这种无心的拒绝。
>
> 　　这种针对现实状况所做出的陈述，是为了在诠释潜意识的幻想之前，先减轻病态的扭曲。在后来的会谈里，分析师将此事与患者过去的经验联结起来，并诠释患者是怎样试图在分析情境中建构一个残酷以及报复性的互动的。更重要的是，分析师也检视了是否有任何属于自己的因素或反移情，使得他没看见患者，在他们的分析关系里，是否有他不想看见的东西？

另一项重要的争论是，用这种方式来确认患者的知觉在技术上是否正确（Hamilton, 1993）？或者，视所发生的每件事都是有意义的，并全然仰赖诠释为治疗的核心，这是否正确？许多分析师相信，这取决于患者所面对的问题在哪个发展层面。边缘性人格的现实感不好，所以需要依靠分析师的自我功能（ego function），而对神经症患者而言，分析师对其内在世界的直接面质——即分析师的诠释不含有对现实的确认——可能冲击较大。

总之，我们可以从以下几方面来了解移情。

- 它是个人将过去的经验、态度和感觉转移到分析师和其他人身上的历程，而这些感觉是他在早年与重要他人的关系里经常体验到的。
- 它是分析情境中和日常生活里内在客体关系的外显。
- 它是治疗关系里的所有潜意识维度，包括非语言的沟通。
- 它包括治疗及治疗联盟的概念。
- 治疗过程里，可能存在着阻碍移情发展的阻抗，移情本身也可能成为解决潜在冲突的阻抗。
- 它可能是关系的探测器（Slavin and Kriegman, 1992）。
- 它可能是潜在意义的外显。受过去经验的影响，在分析情境中借由与分析师的关系再度被激起。

某些特定的移情模式

分析严重精神病患者可以发现几种不同的移情形式。弗洛伊德相信精神病患者和神经症患者之间最大的不同，在于前者没有能力发展出移情关系。毫无疑问，他的看法是错的（这个例子正好说明了大师也有被理论蒙蔽的时候：弗洛伊德认为精神病是一种退行到自恋的状态，就字面而言，处在自恋状态下的人不可能建立任何关系，包括移情关系）。最近针对严重人格障碍患者所进行的研究清楚地描绘了在精神病患者、性欲异常、边缘人格和自恋人格障碍患者身上所观察到的移情现象。当然，不同形式的移情之间会有重叠的部分：情欲化移情常是精神病性的；而边缘性和自恋性移情本身又会有情欲化的特征，有时候也会是精神病性的。

自体-客体移情（self-object transference）

因研究自恋人格而建立的自体心理学特别注重自体的发展。它认为自体包含了三个维度：①自我抱负；②理想和价值；③才华和技能。

每一个维度都会引发自体-客体需求，导致自我-客体移情（self-object transference）。第一种是镜映移情（mirroring transference）——当自我抱负受到损害时，个体会出现夸大-炫耀的部分（grandiose-exhibitionistic elements）。就好像父母可以从一群孩子里找到自己的孩子一样，孩子会因此觉得自己是特殊的，是母亲的"眼珠子"。所以，患者会希望他在分析师眼中也是特殊的。童年没有得到足够赞赏的孩子会无法建立起整合的自我，也会有较低的自尊。在此情况下，孩子会不断追求完美，并且很爱表现，同时会继续渴望别人的认可和赞许。科胡特认为分析师要像个好父母一样，成为患者在尝试追求自尊时的一面镜子，而非用一些过早的诠释来阻碍它。

第二种是理想化移情（idealising transference）：它与镜映移情正好相反。若个体未能建立起自我价值感，则会不断夸大他人的完美，并形成一种恶性循环，强化其自贬。在分析治疗的关系里，某种程度的理想化和共生是正常的，特别是那些早年未能正常理想化其父母的患者，这些人成年后会发现他所景仰的神全都是陶土做的。如同镜映移情一般，科胡特认为分析师应该接纳患者对他的理想化，因为过早的诠释会导致灾难式的幻灭及低落的自我价值感。

第三种是孪生自体-客体移情（twinship self-object transference）（Kohut，1984）：当个体对自己的能力和技巧没有自信时，会转而投靠另一个虚幻的我（alter ego），它让当事人觉得自己的能力是扎实有力的，使个人在孤单、寂寞时能有所依靠。同样，传统的诠释会将这种需求视为一种防御机制，认为个体用它来抵抗对分析师的依赖，或将之解释为个体因面对自己的无能而产生的焦虑（阉割焦虑）。科胡特的缺陷论（deficit model）隐含这样的意思：分析师应该耐心地等候，接纳患者在治疗关系里所投注的必要的自恋，因为过早的诠释会增强患者的无力感及已经欠缺的自我价值感。

精神病式移情（psychotic transference）

精神病式移情一词被用来描述许多不同的分析情境，从分析师完全搞不清楚患者怎么了，到患者企图迫使分析师为他思考（Searles, 1963）。不像精神医学对精神病式（psychotic）一词的特有所指，精神分析著作以较松散的方式使用这个词汇。精神分析师常用这个词来描述有些病人无法将他人视为和自己一样有会思考的心智，或是无法想象那些关心他们的人会把他们放在心上——此即为精神病式移情，因为作为一个能思考的存在的分析师被抹杀了，不过精神医学不认为这是精神病式的。

此外，精神病式移情（transference psychosis）也用来描述在精神分析会谈过程中，在面对无法忍受的痛苦情境时，患者瞬间出现的精神症状（Wallerstein, 1967）。这类患者常在分析师没觉察到其深层精神困扰的情况下，被接受进入分析治疗。

> **例：有毒的分析师**
>
> 有位抑郁的女患者在接受分析的同时，也因为抑郁的缘故预约了精神科医生的门诊。抗抑郁的药对她的情绪没什么用，所以精神科医师决定换另一种药。患者很快地就和她的分析师形成了强烈的联结，她将分析师理想化了，觉得分析师是帮助她活下去的救星，因此询问分析师自己该不该吃新的抗抑郁药。分析师建议她遵循精神科医师的指示，她依指示吃了新的抗抑郁药，但两天后出现了严重的副作用。接下来的那次会谈，她指控分析师想毒死她，并拿出了一份有关信任和背叛的书面声明。她将这份文件读给分析师听，并要求她签名。她的这一信念让她写信控告分析师专业上的失误。第二天，她又收回前一天的控诉。

在会谈中若出现像这样暂时性的精神病症状，可能与早年经验有关；就这位个案而言，上述的症状被认为与患者和母亲的关系有关：患者觉得母亲遗弃了她，把她留在酗酒又对她施暴的父亲身边，就好像她现在觉得分析师遗弃了她，把她留在那个想毒害她的精神科医师手中一样。这样的人通常不会崩溃而成为典型的精神病，不过继续治疗下去，很有可能出现边缘性人格障碍的症状，如引发诱惑或被诱惑的情欲移情。

情欲移情（Erotic transference）

安娜·O意外地对布鲁尔产生了强烈的情欲移情，使布鲁尔断然结束了治疗关系，落荒而逃。他带着妻子到威尼斯二度蜜月（Jones，1953），然后开始远离精神分析。我们可以说精神分析真正开始于一段情欲移情。弗洛伊德（Freud，1915）后来注意到，在移情里情意和性欲的感觉是极普遍的，并认为这些感觉是很有价值的分析素材。移情就如同阻抗一样，会反映患者的主要病症，可以经由分析治疗得以解决。有时患者和分析师的关系会受到情欲的影响，而使治疗效果降低，借此逃避应该面对的痛苦经验。此种移情式的爱与婴儿期的经验有关。不论分析师和患者的性别配对为何，几乎在每一个治疗互动里都会出现这样的移情（Bolognini，1994）。当患者觉察到自己有这种情感时，会无法接纳自己，且因此感到羞愧、不好意思。移情式的爱到底是在防御什么样的痛苦经验，我们不甚清楚。约瑟夫（Joseph，1987）和斯坦纳（Steiner，1982）认为患者和分析师之间出现的兴奋和满足是病态组织所引起的，而且可能并入情欲移情成为一种防御，以对抗抑郁位置的罪恶感和痛苦，或是对抗偏执-分裂位置的支离破碎。依恋理论主张，当一个人觉得他所在意的客体不会对他付出关怀时，他可能会使用这种方法来迫使客体有所反应。不论何种观点，患者对分析师的性、爱、情感上的投注，若能得到分析师敏感的对待且维持足够严谨的治疗情境，即是让分析有所进展的动力。另一种移情的形式，称为母性的情欲移情

(maternal erotic transference),指有创意地试图将患者-分析师之间的关系从前俄狄浦斯转化到俄狄浦斯的主题,从母婴相互依赖转化到将母亲当作爱的对象。此种移情包含了母婴之间早期的感官交流(Wrye and Welles,1989)。

相反,性兴奋移情(erotised transference)(Rappaport,1956;Blum,1973)则可能威胁到分析的本质(Etchegoyen,1991)。性兴奋移情和情欲移情、移情式的爱(transference-love)不同,前者对性满足的要求是非常极端的,而且患者并不觉得那是不切实际的幻想。患者锲而不舍地对分析师提出性要求,可能导致治疗的瓦解或分析师的行动化(acting out)。布鲁姆(Blum)在其研究中提出,常使用性兴奋移情的个案通常会有类似的早期经验,如童年时的性诱惑、父母对不当性活动的失教及家族里对乱伦/同性恋行为的容忍。如此看来,性兴奋移情其实是早期创伤的再现,也可能是试图控制早年性创伤的表现。性兴奋移情会引发分析师强烈的反移情,并进而导致分析师技巧上的仓皇失措。我们会在第九章针对这一点进行进一步讨论。在此要再度强调,如果分析要有疗效,分析师必须要有足够的技巧和知识来面对患者的性兴奋移情——就像皮尔森(Person,1985)所言及布鲁尔所发现的,性兴奋移情"可以是金矿,也可以是地雷"。现在,我们将谈谈与反移情有关的一些问题;同样,反移情可能是宝贵的治疗机会,也可能是致命伤。

反移情

> 精神分析师自己的情结和内在阻抗得到多大解决,他／她就能发挥多大功效。
>
> (Freud,1910:145)

从弗洛伊德（Freud，1910）第一次介绍反移情以来，这个词的含义已历经数次重大变革。一开始，就像移情一样，弗洛伊德认为反移情对分析历程有害（Freud，1912a），当分析师出现反移情时，表明分析师本身需要进一步地被分析；而今日，反移情已成为分析理论与技术的核心。广义地说，现在反移情一词所指的是分析师在治疗过程中所体验到的想法和感觉，这些想法和感觉与患者的内在世界有关系，分析师可以利用这些想法和感觉来了解患者所要表达的真情实意，因此有利于心理治疗。换句话说，是"患者引发的反移情"而不是早期所谓的"分析师引发的反移情"（Langs，1976）。

早期弗洛伊德及其亲近的门徒将自己视为通译员，专门翻译患者的沟通和症状中所隐含的潜意识内涵。身为专家，他将自己从会谈的喧嚣中抽离出来，以权威者和仲裁者的身份判定何为正常、病态，何为真实、不真实。反移情使分析师无法正确地聆听潜意识历程，并使分析师无法维持镜子般的分析立场。他们认为反移情无助于了解潜意识的沟通。

费伦奇（Ferenczi，1921）是第一个挑战这种观点的人，在所谓的主动技巧（active techniques）中，他提倡分析师和患者之间要彼此多多投入。不过，他仍然认为反移情是来自分析师自己的问题，例如分析师会因自己的自恋而鼓励患者阿谀的言行。此种观点一直持续到弗洛伊德离世。然后，英国客体关系学派和美国人际关系学派（Sillivan，1953）的兴起开始推动一种较宽广的定义。巴林特（Balints，1939）认为反移情这个概念应有更宽广的含义，而真正以实例来诠释这个概念的新含义的人则是温尼科特（Winnicott，1949）、海曼（Heimann，1950）和利特尔（Little，1951）。对反移情的新看法促使精神分析运动至此兵分两路，有人比较喜欢新的看法；有人则宁愿坚守原始的定义，认为反移情是一种潜意识的妨碍，会削弱分析师的能力，使他无法正确地了解患者，并做出适当的诠释（Fliess，1953；Reich，1951）。对人际关系学派学者如沙利文而言，这样的转变正好肯定了他们的立场——关系是分析治疗中最重要的因素；它也说明了早期分析师的独裁模式和僵化立场已经穷途末路。分析师的独裁主义外衣已被丢弃，取而代之的是更多的平等、更多的民主和人性化（Abend，1989）。对英国的分析师来说，这正是创意和多产年代的开端。

保拉·海曼在1950年所发表的论文奠定了当代反移情观点的基石。新观点的核心是：分析师被患者的语言和行为所引发的感觉、态度和联想，都有助于了解患者内在的潜意识历程，分析师一开始可能没完全意识到这一现象，经过小心地自我审察后，才能发觉它们的存在。海曼更进一步地主张分析师对患者的所有感觉都是反移情，而反移情不单单是关系中移情-反移情动力的一部分，它是患者的创造，是患者人格的一部分。这样的看法不可避免地加剧了原有的争论，持此看法者又与克莱茵学派结盟，一起挑战弗洛伊德的传统学说，质疑将俄狄浦斯情结视为理论核心的看法。克莱茵对修正主义者所持的反移情观点持谨慎的态度，也非常小心地讨论反移情和投射-认同之间的关联，不过她的同事们却认为反移情和投射-认同是相关甚至是完全一样的概念。

反移情、同理，与投射-认同

所谓投射-认同，是患者将无法接纳的部分自我投射到分析师身上，而分析师不自觉地认同了这些部分，然后开始出现与这些部分相一致的感觉和行为。很明显，这个历程的第一步近似移情，而第二步则与反移情有关。雷克（Racker，1953，1957，1968）进一步地联结这两个概念，并提出互补反移情（complementary countertransferences）和一致反移情（concordant countertransferences）这两个不同的概念。

互补反移情是患者将分析师当成了他早年关系里的一个客体而引发的情绪，这个概念非常接近投射-认同。一致反移情则是一种同理的反应，它来自分析师和他的患者之间的共鸣，而不是投射-认同的结果。与一致反移情有关的是情感同调（affective attunement）、同理（empathy）、镜映（mirroring），以及一般人际关系中会出现的情感认同（此种情感认同不只是投射）。莫尼-凯尔（Money-Kyrle，1956）也同样认为正常反移情（normal countertransference）是同理的同义词；虽然莫尼-凯尔把这个概念与瞬间投射和内摄历程联想在一起，不过，他并未清楚说明同理反应或分享情感状态是怎么一回事。斯腾（Stern，1985）则由母婴之间或患者与分析师之间的情感同调出发，谈及分析师与患者互动的历程，即母亲（分析师）读出孩子（患者）的行为和反应，并以互补的方式做出反应；然后孩子（患者）以同样的方式响应。双方在互动时，彼此都能感受到无言的沟通，且都有了被了解的感受（见第三章）。情感同调和同理虽然都有情绪共鸣（emotional resonance）的特质，但二者却非完全相等（Hoffman，1978）。

　　情感同调发生于意识之外，而同理则是一种认知历程。所谓同理心是分析师根据先前对患者的了解和经验，使用其意识层面的知识，对患者进行同理的推断，之后才对患者有了共鸣的情感，同理心所指的就是这种情绪共鸣。此种共鸣会使分析师对患者产生瞬间的角色认同，而有了整合的同理反应。而情感同调则是一种立即的情绪反应，就像当别人用铁槌敲打你的指尖时，你立刻大叫"哇！"，并把手指头放进嘴里吸吮。

　　我们是否可以说，上述种种不就单纯是投射-认同的正向面吗？诚如第三章所述，虽然投射-认同是一种普遍的现象，但是将它限定在病态情景里会比较好，即将它视为一种内在客体关系的外显（externalisation）和实现（actualisation），而分析师被迫在其中扮演某个特定的角色。同理心则没有这种被逼迫的情况；分析师用瞬间的认同历程去感受患者表达或未表达的情感。这样的历程仰赖分析师内在的退行能力，或是"退化以利自我的运作"（Kris 1952，1956），即分析师在退行的同时，还能保持思考和反应的能力。

第五章 移情与反移情

卡斯曼（Casement，1985）与弗利兹（Fliess，1942）用试探认同（trial identification）描述患者与分析师之间的关系。他建议分析师必须维持一种内在的良性分裂（benign split），好让思考和感情、他与患者、他的经验与患者所说的事件之间能持续地互动。桑德勒（Sandler，1933）则用原初认同（primary identification）来描述同样的历程，并认为它和自动化镜映（automatic mirroring）很相似。因此，如果分析师对患者的行动或行为有直接的情绪反应，而这个反应却不是在潜意识里被患者驱动的，那么就不该视之为投射-认同，而是原初认同的再现。他认为原初认同就像是分析师内在的一面镜子，患者所有口语、非口语的表达皆会映照在这面镜子上，若再将潜意识沟通包括进来，那么患者所表达的每件事都会在瞬间被分析师体验到。

唯有当这样的认同激起分析师内在未处理的潜意识渴望时，才会产生冲突。而当冲突产生时，防御随即出现，并可能形成治疗关系的盲点。原初认同这个概念和葛林博格（Grinberg，1962）所提出的投射-反认同（projective counteridentification）非常接近，投射-反认同是指分析师暂时被患者的潜意识所占据而认同了患者。不过，葛林博格对这个历程进行了更进一步的阐释，认为分析师在认同时，常会出现尝试拉开治疗关系距离的防御。例如，当患者使分析师觉得自己不够好时，会让分析师或感到恼火，或是过分热心地想帮助患者。

比昂（Bion，1962）以涵容者（the container）和被涵容（the contained）这两个概念清楚地说明了投射-认同与发展历程的关系，并认为它是一种正常的反移情。在此过程中，患者和分析师之间的移情-反移情的动力是有建设性的。比昂的理论中提到，患者会把感觉传递给分析师，经过分析师的消化后，再以一种修饰过的、可以被接受的形式回馈给患者。当分析师无法了解患者想要沟通的内容，或分析师无法将所了解的内容回馈给患者时，麻烦就来了，病态的投射-认同也会随之出现。患者希望分析师能了解他的感觉，便通过强化投射，想让分析师置身于他的处境，体会过去重要他人带给他的感觉。通常只有在分析师做了一些不恰当的反应后，才赫然发现自己已被拉进这个处境。桑德勒(Sandler，1976b)称这种情况为分析师的角色反应（role responsiveness）。在此过程中，患者借着迫使分析师扮演某一角色，试图将潜意识的幻想带到现实中，然后两个角色便持续互动着。分析师需要既能卷入又能保持距离，倾听患者的同时又能看见自己，以便跳出患者要他扮演的角色。把分析师当成冰冷的反射镜已经是个不适用的隐喻了，也不再是个令人满意的技巧。临床上的重点必须放在患者投射到分析师身上的内容，以及分析师能够代谢（metabolise）或消化（digest）这些感觉的能力，而不随着患者所设定的角色起舞。

例：对打招呼的患者的进一步想法（续之前案例）

分析师确定自己真的没看见患者向他打招呼之后，便开始思考其中是否有属于他的盲点——他是否没看见患者带来的某部分分析素材，是否疏忽于指出患者的某个面向。经过对自己的探察并思考早先的会谈内容，分析师发现在最近几次会谈中，他做了许多次同理的回应。这个情形不太寻常。举例来说，当患者一直谈论其父亲对她的拒绝时，分析师同理患者一定受了很深的伤害，是多么希望得到父亲的爱。在做出这个回应时，分析师觉得自己越来越困，无法思考。也许是他的患者促使他越来越困，好让他看不见她内心的真实面；若事实果真如此，患者让分析师有这样的感觉，是否表示患者内心渴望分析师不要唤醒其内在的某些东西？分析师运用自己想睡觉的反移情来诠释患者既渴望被了解，而内在某个部分却又睡着了，无法被唤醒。这意味着，患者将她的柔情与爱藏在施虐-受虐的攻击面具下。分析师更进一步了解到，他对患者的柔情也被隐藏在同理回应中，而他一直没能看到这个情况。发生这种情况，部分与患者有关，部分则与分析师面对这位女性患者时感到的焦虑有关。稍后，在他自己的分析中，他

> 清楚地看见自己对患者的柔情正是患者渴望父亲能给她的——正是互补反移情的一部分。

比昂提出分析师的涵容功能（containing function），而布雷曼-毕克（Brenman-Pick，1985）则将此概念加以扩充，并强调分析师要能被患者的潜意识沟通影响，以便灵敏地接收信息，这些潜意识沟通常被视为投射。她认为分析师的人格内有一种原始功能，可能会经由认同而与患者的投射共谋，除非进行去认同（disidentification），否则患者的投射就无法被分析，甚至无法被辨识。这种说法与古典反移情的概念极相似。赖希（Reich，1951）也用了一个相似的词——防御式反移情（defensive countertransference）——描述分析师无法辨识、无法容忍的分析情境。分析师的任务是解开自己内在的病态认同，以减少"不想知道"的情形，并增加对患者的好奇。用比昂的说法就是从负 K 变成 K［指知道（knowing）］。唯有如此，患者才有能力面对无法被自己接受的部分，并像分析师一样不再用投射防御机制。这个观点蕴含着一个想法——分析师的人格和患者的人格有相称或一致的部分，这个想法十分强调分析师和患者之间的平等关系。

20世纪50年代到20世纪60年代开始有人尝试治疗边缘性人格患者和精神病患者，这些工作所收集的经验进一步影响了反移情概念的建立。温尼科特（Winnicott，1949）用一个自创的词"客观的恨"（objective hate）来描述面对患者可恶的行径时分析师会有的自然反应。温尼科特相信，这种恨意并不是分析师内在未解决的冲突所引发的。这是一种对挑衅和不可容忍的行为的正常反应。这是很重要的论点，因为它使分析师不再鄙视反移情，也不再因它而愧疚不堪。科恩伯格（Kernberg，1984）从治疗边缘性人格患者和其他严重人格障碍患者的临床经验里，看见反移情其实是一种多面向的历程，在这一历程中，分析师内在被引发的难以处理的情绪来自以下几方面：

（1）对患者不成熟而混乱的移情的反应；

（2）面对难以承受的严重心理压力和焦虑的反应；

（3）与患者的投射系统有关的困境。

投射的内容是为了刺激分析师人格中的原始情绪，这与布雷曼-毕克的主张相同；被刺激出来的原始情绪使分析师对患者了解得更多、诠释得更有效、同理得更适切。

表5.2列出了与反移情概念有关的各种定义。在此再次强调，反移情说明了桑德勒（Sandler，1983）所谓的概念上的弹性（elasticity）。反移情的定义全靠其所设定的界线是宽是窄。

表5.2　反移情的定义

- 情感上的共鸣与同理（斯腾、温尼科特）
- 投射-认同的结果（克莱茵、比昂、斯坦纳等人）
- 两人之间或两个主体之间的互动（苏利文、朗斯）
- 分析师对患者的移情的意识或潜意识反应（海曼、桑德勒）
- 分析师对患者的移情，例如，患者成了分析师早年的重要他人（弗洛伊德）
- 分析师的盲点或阻抗（弗洛伊德、桑德勒）
- 分析师对患者的所有反应（乔瑟夫）

当代精神分析将反移情视为一种患者与分析师沟通心理状态的工具。这样的沟通以数种不同的方式进行，而严格地说，并非所有的方式都是反移情。然而在反移情的沟通中，首先分析师会有情感共鸣、同理、试探认同、原初认同的能力。其次，分析师可能对患者的某些沟通内容有立即的反应——例如被威胁时会感到害怕——但这一反应不一定是患者潜意识操作的结果。再者，分析师所体验到的感觉可能是投射-认同历程所挑起的，在潜意识中要分析师和患者活现。最后，分析师从训练中得到的智慧、认知能力和了解患者的能力，使他能追踪患者沟通内容的意义。

克莱茵学派分析师比较注意反移情中与投射-认同有关的部分。而自我心理学家（ego psychologist）和其他发展取向的分析师则对情感共鸣、同理反应、初步认同和试探认同更感兴趣。知道何时及如何运用反移情是分析师最独特的技巧，它指的是将分析师的感觉转化成对患者的帮助，将理性认知转化为与情感有关的诠释，将他的认同和同情转为对患者同理性的了解。

结论：双人互动领域（the bipersonal field）

总之，有关反移情定义的争论已渐渐消散，目前的共识是指分析师被患者内在世界的某个部分所挑起的情绪反应。朗斯（Langs，1978）认为反移情是一种互动现象，绝非单独存在于患者或分析师一方。所谓双人互动领域（the bipersonal field）指的是一种瞬间-生理领域（temporal-physical field），这个领域取决于患者和分析师在分析结构中的互动，被双方的心理世界所影响。如果我们将患者与分析师视为互相影响的心理系统，那么移情和反移情则是这个系统在强烈情感环境中的细微互动，即患者的意识、潜意识和分析师的意识、潜意识系统所组成的四个象限。患者的潜意识幻想和意识认知，影响着分析师的潜意识幻想和意识认知，反之亦然。这是一条双行道，任何影响历程的组合都可能发生（Arlow，1993）。

莫尼-凯尔（Money-Kyrle，1956）主张分析师的任务乃是将他自己的潜意识幻想和患者的区分开来。如果分析师没有达成这个任务，将会导致正向反移情，即分析师会开始抚慰患者并一再给予肯定，或是出现负向反移情而攻击患者。更新更接近的看法是巴兰哲（Baranger，1993）提出来的，他认为患者与分析师共享双方的潜意识幻想，即朗斯所谓的互动领域，这个看法很贴近比昂所提出的主张——团体治疗中会形成团体意识（group mind）（Bion，1952）。这一假设肯定了分析师和患者双方主动的心理互动，而扬弃了分析师是一面中立的镜子的看法，分析师的立场从客观转移到主观。移情和反移情的互补历程使每一个分析关系各具特色，各有其历史和文化，而这一历史和文化是患者和分析师双方共同营造的。

第六章

梦、象征与想象

> 精神现实是一种特殊的存在形式，不该与实体现实混为一谈。
>
> （Freud, 1900: 620）

就心理分析的观点而言，心理健康指的是在适应与创新、依恋与分离、整合与退行，以及内在与外在之间取得平衡的能力。本章将探索梦境和想象游戏里的内在世界。当我们不再要求自己适应时，清晰的内在世界图像就会出现，这就像了解潜意识的一扇窗或是一条康庄大道（Freud, 1900）。

弗洛伊德认为《梦的解析》是他最得意的一本著作，也是最具个人色彩的作品，这本书是整个精神分析思想的基石。他说："能有这样的洞察是可遇不可求的，一生也只有一次。"弗洛伊德用这句话来说明写这本书是"一种自我分析的过程"，而促使他走上这条路的，则是"我对父亲过世的反应，对一个男人而言，这是最重要的事件，也是最沉痛的丧失"（Freud, 1900）。这段话表明了作者的历史观、伦理观和性别。在弗洛伊德开始尝试了解自己的梦之后的一百年里，神经科学和精神分析已经经历了许多变革。本章将追踪这些变化；不过在这之前，我们要先探究弗洛伊德对梦的形成和诠释的看法。

弗洛伊德的理论

弗洛伊德从两个基本问题开始讨论梦——梦的功能是什么（我们为什么会做梦）？以及我们如何解释梦的不寻常及其怪异的本质？根据后见之明，我们知道他对这两个问题所提出的解答有某些部分是错误的。这时的他一心想将梦与异常心理功能进行联结，他说："我希望以梦的解析起步，好进一步解决更困难的神经症的心理症结。"

1895年7月24日，弗洛伊德做了一个后来广为人知的梦——"怪家伙"或"娥玛（Irma）"梦；他在自我分析之后，觉得自己找到了第一个问题的答案——梦是用来实现愿望的。

> **例：弗洛伊德的"怪家伙之梦"**
>
> 娥玛是弗洛伊德非常担心的一个病患——Emma Eckstein（Schur, 1966; Roazen, 1979）。在做这个梦的前一天，弗洛伊德遇到了一个同僚Otto（Dr Oscar Rie），这位同僚最近见过娥玛，弗洛伊德问他娥玛的近况如何。Otto说："好多了，不过尚未痊愈。"在梦里，弗洛伊德在一个派对上遇见她，他觉得她看起来很不好，他很担心她有器质性疾病。接着，弗洛伊德和其他三位医生便开始对她进行检查。她张开嘴巴，他们发现里面有一大块白色斑点，看起来像是鼻梁骨。弗洛伊德的诊断结果是她生病了，这个病一定是因为Otto在为她注射三甲基铵（trimethylamin）时使用了被污染的针筒。他亲眼看见三甲基铵的药方就在他眼前，是用粗体字写成的。在分析这个梦时，弗洛伊德将它与弗利兹的性理论联结起来，即鼻子和性器官有关。于是弗洛伊德在梦里给娥玛动了鼻子手术。

夜晚，当一个人避开了现实的压迫，接受享乐主义的支配，并挂念着白天所担心的事时，他最深的情感和渴望便开始活跃起来。弗洛伊德对娥玛情况的恶化有罪恶感,借着怪罪其朋友和同事,以宣告自己无罪。但是,这些渴望(通常是婴儿期性欲的表现)干扰着意识心灵。虽然在睡眠里意识心灵处于放松的状态,但对现实的抑制和禁止并未完全停止。在分析这个梦时,弗洛伊德虽然对梦中四个男人检查一个女人的口腔和被污染的注射器很好奇,但是他终究未触及这个部分(Erikson,1954)。这些潜在的渴望威胁着平静的睡眠意识,后者想要的只是一夜安眠。因此这些渴望在梦的妥协中很巧妙地加以伪装:它们以修改过的形式出现,释放其中的能量,解除对依恋对象的精神贯注,同时又能不吵醒睡眠中的人。因此,"梦是睡眠的守护者"。就像在战争时所使用的密码,它能穿越敌人的防线(检察官)传递机密,而不会引起敌人的怀疑。梦之所以会稀奇古怪,是因为它混杂着梦的原始或潜藏内容。

梦的诠释是首要的分析工具,指揭开伪装的过程,以便呈现其中所蕴含的原始渴望,就好像歇斯底里患者将包装在其病症之下的冲动揭露出来一样,好让她能继续拥有其渴望,不再受到束缚。为了诠释梦,分析师必须了解做梦的机制,梦者将先前用理性建构的想法(Freud,1900)转化为梦中令人迷惑的影像。因此,弗洛伊德认为,梦的分析是理性战胜非理性的过程。

弗洛伊德思考了好几种梦的形成方式,他认为在从潜意识转化为显性之梦的旅途中,梦的原始数据就已经被修饰了,如通过凝缩(condensation)的过程,不同的元素结合成或融合为单一的影像。所以要解释这个影像,必然比梦本身复杂得多,篇幅也长多了。我们举个不寻常但很有趣的例子,里克罗夫特(Rycroft,1979b)提到一个案例,有位叫恩斯特(Ernest)的男子做了一个梦,梦里出现一个词"Frank",这个Frank曾经被引诱犯下钱财诈欺的行径,他需要常常提醒自己诚实的重要性。*

---

* Frank是人名,也是诚实的意思。——译者注

> **例：双关语**
>
> 另一个"凝缩"的例子发生在某位野心勃勃且自恋的男子身上，他的母亲很有诱惑性却让他无法亲近。男子梦到他在火车上遇到一位久未谋面的朋友。当他问候这位朋友近况时，这位朋友说，他最近上了一个叫作叩门者（knockers）的节目。这名男子是患者两个事业成功的同事的缩影，比起他那摇摇欲坠的职位，这两位同事显然成功多了，他们得到了所有女孩的注意和工作上的荣耀，而他却什么也没有。Knock 这个字意味着他带着嫉妒地敲开成功大门，knock 也是男人轻蔑地指代乳房的词，表示他十分嫉妒他的同事享受着乳房（女人）。

另一个梦的形成方式是置换（displacement），它就像魔术师的魔法：梦采用声东击西的方式引开检察官的注意，重要的部分在梦中以不重要的内容呈现，反之亦然。例如，有位年轻男子对于与女朋友做爱一事十分焦虑，他做了一个梦，梦中他在深水里蛙泳。一开始他对这个梦感到不解，后来，他突然领悟到这个梦暗指他对于从爱抚进入性交的害怕。

弗洛伊德的解梦工作有一个很重要的概念是联想（associ-ations）。自由联想（free associations）是解梦的基本技术。借着自由联想，梦者探索他对梦中所有元素的联想，不管他的记忆和想法是多么地琐碎、令人不好意思或无关紧要，都需加以探索，这是释梦的基本准则。通过自由联想的协助，梦者可以了解梦境的含义，这些含义因为"受到做梦过程的压制……碎成片段，而且堵塞在一起，就好像是破碎的浮冰全挤在一起了一样"（Freud, 1900）。在堵塞或压缩的过程中，意念和意念之间的连接词不见了（例如，因为、所以、如果等），这些意念以视觉影像呈现，而非语言形式。弗洛伊德称这些历程为表征（representation）或戏剧化（dramatisation）。弗洛伊德受到他的门徒史德克尔（Stekel，弗洛伊德后来与他断绝了关系）的影响，在《梦的解析》第二版及后来的版本中讨论了梦境的象征（symbolisation）。弗洛伊德式的象征已被视为陈腔滥调，但是，弗洛伊德仍然相信一些基本的生物性议题会以普遍象征的方式出现在梦中，如出生、死亡、亲子关系、兄弟姐妹关系和性，这些普遍的象征反映的常是人类古老的心智遗产。后来，荣格以原型（archetype）一词阐明弗洛伊德的这个想法，但原型的概念与弗洛伊德对于以解梦书来进行梦的诠释的批判相冲突。虽然弗洛伊德提出了普遍象征的观点，但他也坚信有些梦的内容具有特殊的个人意义，因此患者必须通过自由联想才能揭开这些隐藏的含义。举例来说，有位刚刚经历流产之苦的妇人做了一个梦，她梦见一株被连根拔起的植物，植物枯死了且上面有小小的刀伤。这个梦境的置换有特殊的象征意义，它无法用普遍的象征意义来解释。另一个例子则警告我们不要轻易地将普遍象征意义套进梦境里。

例：弗洛伊德式象征中的鱼

有位女子梦见她握着一尾大活鱼，鱼在她的手掌中激烈地扭动着。她说："一条鱼，那是弗洛伊德式象征——它所代表的一定是阴茎。"但是，当她进行自由联想时，她想起她妈妈是双鱼座，非常相信星座学，这个梦让她了解到她很害怕母亲反对她来接受分析。

梦的最后一个阶段，弗洛伊德称之为次级描述（secondary elaboration）或次级修订（secondary revision）。这个词的意思是指在回忆并述说梦境时，梦者会自动地进行编辑和清理，让它变得更有连贯性、更合乎理性。弗洛伊德不相信梦的表面内容，认为表面内容会模糊梦的真实意义。他指出，如果梦者被要求陈述其梦境，那么在第一个版本里被遗漏的细节通常是更重要的。举例来说，有位女患者的妈妈在经历一次生产失败（死胎）后一直处于产后抑郁状态，那时患者3岁。她在第二次回忆她的梦时说道："我在一个很大的房子里，房子空空的，暗暗的……哦，我想起来了，我妈妈在那里，她在哭，背向我哭？"

虽然弗洛伊德一直忠于他对梦的原始概念——于20世纪30年代时埋怨过新一代的分析师不够重视他的梦理论（Freud，1932）——不过他承认他的愿望实现假设（wish-fulfillment hypothesis）存在一个例外，即创伤后梦境（post-traumatic dreams）。在这样的梦境里，梦者会不断地重复未经改装的痛苦和恐怖事件。他认为这样的梦是为了克服并掌握那几乎要毁掉心智的精神刺激（Freud，1920），即比昂所谓试图涵容那无法涵容的部分（to contain the uncontainable）（Garland，1991）。做这样的梦是为了"绑进"精神能量，是正常压抑历程的前奏，也是通过梦来获得释放的先决条件。安齐厄（Anzieu，1989，收录于Flanders，1993）则认为，与其说重复创伤经验的梦是愿望实现法则的例外，不如说所有的梦皆根源于日常生活的微小创伤（micro-traumata），充满着白日残留下来的、需要消化处理的体验。

后弗洛伊德学派对梦的看法

不同精神分析学派各自发展了他们对梦的看法。虽然荣格（Jung，1974）是第一位不同意弗洛伊德论点的人，但他并未完全背离弗洛伊德，只是转移了重点。他比弗洛伊德更注意梦的表面内容，认为梦是"一种未经乔装的象征，旨在显现"，因此强调梦境公开地、而非暗中地表达了内在世界。他提出了被压抑的双性"阴影"自我（the repressed bisexual 'shadow' self），荣格认为梦遵循补偿原则（compensation principle）；换句话说，梦通过还原表达潜意识状态的影像和情绪，想重新建立心灵的平衡。他将注意力从驱力转向自我，主张梦是梦者忽略或压抑了自我的某些部分，而这被压抑的部分在梦中被人物化。这样的看法以另一种方式出现在自体心理学的论述中。荣格认为梦虽是潜意识的呈现，但并不是非理性的，而是另类理性。套用罗蒂（Rorty，1989）

的话:"梦给我们的是我们能找到的最好的台词。"

《梦的解析》是弗洛伊德第一次完整地从地形学角度谈论心智概念的一本书。在更臻成熟的结构理论里（Freud，1923），弗洛伊德从未全盘修改他对梦的看法。弗洛伊德晚年承认梦中的自我（ego）在面对本我和超我的要求时，确实扮演着解决冲突的角色（Freud，1940；引自Flanders，1993）。这样的看法就更接近荣格学派的理论了。自我心理学家在这个主题上有更进一步的发展，他们强调梦的显性内容，并认为梦是自我所建构的，目的在试图恢复那被压抑的情感（Brenner，1969；引自Flanders，1993）。艾瑞克森（Erikson，1954）在一篇很经典的论文中重新分析娥玛梦，并告诉读者，这个梦的外显内容呈现了自我的挣扎，其中包括困扰着弗洛伊德的所有疑惑和冲突，尤其是他既想和医界有权有势者有所区别，但又渴望众人认可他为领袖的愿望。艾瑞克森认为娥玛梦显然是由上往下的梦（Freud，1925b），即起因于最近的冲突，而非由下往上的，即源自婴儿期的冲突。近期的历史研究也认为娥玛梦与最近的事件有关。梦中弗洛伊德满脑子充满了弗利兹要给娥玛进行可疑的鼻腔手术的焦虑，而事实上当时弗洛伊德正打算不再把弗利兹视为他的人生导师（Loewenstein et al.，1966）。勒温（Lewin，1955）所提出的梦境屏幕（dream screen）的说法，使精神分析解梦观有了重要突破。20世纪初电影问世，于是梦被模拟为电影，但勒温继续问："梦所投射于其上的屏幕为何？"他认为除非在空白的梦中，梦所投射的荧幕是平坦而无形的母亲的乳房。就像彭特利斯（Pontalis，1974；引自Flanders，1993）所说的："对弗洛伊德来说，梦是母亲身体的置换……梦者乱了伦，与这个梦的身体性交。"

勒温对于梦的领悟使得客体关系分析师认为，梦本身就是一个客体，而患者与其梦的关系及描述梦的方式，与梦的内容同样重要。因此，患者如果用长而琐碎的方式描述他的梦而让分析师无力招架，那么，也许患者正在传递一个困惑不解的感受和陷入网罗的感觉；或者，他为了摆脱自己内在的敌意和惊吓,而把他的梦倾倒(evacuate)给被动的分析师。会谈中,若患者强迫性地回忆梦中的每一个细节,则可能反映患者害怕漏掉内在的好东西,他认为除非保住并尊重每一个创造物,否则他的内在世界恐怕会无法存活;这也可能对比出患者梦境的多彩多姿和清醒时的情绪贫乏与抑郁。"我们清楚地知道,患者分享夜晚的精彩创作,是为了吸引我们的兴趣,他们本来应该挣扎着、学着直截了当地告诉我们这些情绪。"(Erikson,1954)

梦境屏幕的想法营造了梦的脉络:梦者与分析师的关系就像梦一样重要。有个患者告诉分析师,在她的梦里"你就躺在我身边,你的手环绕着我,一切是如此平静和谐,没有任何性的意味"。但是,会谈中患者一直处于焦虑、紧张,她也对分析师有许多意识中的性幻想。这个幸福之梦呈现了患者渴望与母亲共度快乐时光——很遗憾的,这是她童年一直未曾拥有的;但这个梦同时也在责备分析师,因为他无法提供她所渴望的东西。

我们一旦用关系的脉络来了解梦,就能将梦视为弗洛伊德所谓的睡眠中的思考(sleeping thoughts):"基本上,梦就是某种特定形式的思考"(Freud,1900)。就像布伦纳(Brenner,1969,引自Flanders,1993)所说的:"我们从来不曾全然醒着或全然睡着。"博纳斯(Bollas,1993)认为,我们会无意识地集合我们清醒时的客体、兴趣和工作,使它与我们核心潜意识所朝思暮想的内容相符,就像梦经由内在世界的内容而丰富。他认为诠释是无止境的幻想活动的凝缩,通过对患者的梦的故事性诠释,分析师得以梦见他的患者(Bollas,1993)。

自体心理学持续荣格对梦的看法,主张梦是一种对存在的宣告。荣格视梦为内在自我的外显,基于维持并组织经验的需求,它具有保持平衡的功能(Stolorow et al.,1987)。科胡特(Kohut,1983)谈及呈现自我状态的梦境(self-state dreams)时,文中提到梦境的外显内容是患者目前存有状态的表现。有位年轻男子梦见他抱住母亲,告诉她他死了。这样的梦所表达的是梦者缺乏内在活力，他的焦虑型依恋模式广泛地影响着他的关系，并指控母亲夺走了他的活力。分析师可以假设梦中所出现的所有角色都代表了患者自我的某一部分，而攻击、性、顺从、焦虑、迫害、报复等，都可能从清醒的自我分裂出来而出现在梦中，因此通过梦的分析可使分裂的自我重新复原。

梦与现代神经科学

精神分析界对梦的看法渐渐远离了弗洛伊德初始的两个想法——梦是愿望的实现及潜在内容的显现——而越来越看重梦的意义（meaning）、梦的外显内容和潜在内容，以及以梦作为治疗关系的一部分。这样的转变和现代神经生理学对梦的看法是一致的。自从阿瑟林斯基与克莱特曼（Aserinsky and Kleitman, 1953）发现了梦中的快速眼动期（Rapid Eye Movements, REM）之后，促发了一股研究睡眠的风潮。其中有个重要的发现，主张 REM 是心智健康的必要条件——被剥夺 REM 的受试者（在他睡着时不断地叫醒他）比那些不是在 REM 期被唤醒者要更快地呈现神志不清的状态。这个发现促使里克罗夫特宣称弗洛伊德对梦的原始发现要改观了。他认为人其实是为了梦而睡（sleep in order to dream），而非为了睡而梦（dream in order to sleep）（Rycroft, 1979b）。不过，并非所有的 REM 都与梦有关，也不是所有的梦都与 REM 有关。梦是对睡眠中的刺激所做的反应，其中 REM 是最常见的刺激，但并不是唯一的（像闹钟或是夜间癫痫发作这样的刺激也会令人做梦）。因此，弗洛伊德认为做梦是为了在遇到刺激时继续维持睡眠，这个观点仍然有其可信之处（Solms, 1995）。

神经生理学界里研究梦的主流典范是霍布森（Hobson, 1988）的催化-整合说（activation-synthesis hypothesis）。弗洛伊德假设，心智活动的最终目的是释放所积累的身心能量，好回到原来的寂静状态，它是一种暗中进行的释放过程。而现在越来越多人却认为，做梦的主要目的似乎更在于处理信息而非释放能量；梦将积累的信息加以归类及贮存，使人在清醒时可以随时用它来适应外在的现实世界。霍布森（Hobson，1988）则认为，外在刺激停止时，脑干便自动地活化大脑皮质的神经活动。被最先刺激的路径（白天的残留物）最受影响。大量全然不同的记忆和经验被刺激后，大脑（作为一个强迫的意义创作者）则试着将这些刺激组装成有意义的模板，形成具有连贯性的故事。这些大脑的随机活动在缺乏外在脉络和神经活动的调节下，仍创造了多彩多姿的梦境。

弗洛伊德的理论主张，为了规避脑袋里的检查人员，梦的意义被潜藏在梦境中；活化-整合说则主张，梦是一连串不连贯的影像，其意义是附加上去的，即梦中的大脑并非努力地在伪装那些连贯但又不被接受的思想，而是努力地找出混乱影像的可能意义。无论如何，霍布森的反精神分析观点并未建构完全。因为有些感官-运动神经皮质（sensory-motor cortex）不健全的人仍然可以做正常的梦，半身不遂的患者可以在梦中自由行走，哑巴在梦中可以正常说话，盲人和聋人可以看见、听见，这些现象正好与霍布森的说法相冲突。梦其实是更复杂的表征过程（Solms，1995），需要从更高层次的大脑活动来看，而不只是从运动神经或感官皮质来看。

弗洛伊德所言不假，梦确实反映了做梦者的渴望和所关心的事，因为这些梦将收录进来的信息意义化了。这样的观点与维根斯坦（Wittgenstein；引自 Gustavson，1964）的看法相同。维根斯坦早年曾批判过精神分析对梦的看法，他说，你给任何人一堆毫不相干的东西，把这些东西放在桌上，然后让这个人用一个故事把这些东西串联起来，他所创作出来的故事当然会泄露潜藏的生命主题与渴望。丹尼特（Dennett，1993）的"哲学精神分析的派对游戏"也表达了相似的看法：在派对游戏里，有个人要问一些问题，而别人会给他一堆不相干的答案，他要利用这些答案做一个"梦"。这一游戏指出心智非常需要意义，所以即使外来的信息全然没有意义，心智仍会依据其潜意识里所关注的事从这堆无意义的信息里创造出意义。

催化-整合说与当代精神分析的相关在于，它主张梦的诠释所反映的不仅是做梦者，也是分析师的渴望和内心所关心的事。梦本身变成一种罗夏克墨迹测验——或空白屏幕——每个精神分析学派都在上面投射自己的精神分析故事。弗洛伊德坚信梦境的每个细节都非常重要，必须细看每一个部分，并靠着患者的自由联想来引导："诠释梦……若没有参考做梦者的联想，将……只是支离破碎的非科学技巧，其价值令人怀疑。"（Freud，1925b）注意梦的细节，主要目的不是为解读梦的潜在意义，而是要避免分析者将自创的意义强加于梦者。换句话说，了解梦的细节可避免分析师太快地将梦的内容与患者的生活及目前的困境联结，而综合出梦者的潜在想法——即避免分析师试图经由自己的假设、偏见和幻想将梦的经验综合成一个连贯的、有意义的事件。如果我们将分析治疗关系看成双人互动场域（bipersonal field）（Langs，1976），则可预期患者和分析师的潜意识幻想也会彼此影响，因此其中一个人的梦将会影响另一个人的梦。

梦与潜意识的语言

对于梦的了解从机制（mechanism）转到意义时，表示有一种所谓梦的语言，而分析师则必须学习了解这一语言。埃拉·沙佩（Ella Sharpe，1937）在其古典作品《梦的分析》（*Dream Analysis*）一书中，有系统地比较梦的语言和诗的语法，就如同被她分析的里克罗夫特（Rycroft，1985）提出达尔文引用里克特（Richter）的一句话："梦是一种豪放式的诗。"沙佩认为梦中的凝缩和隐喻是相关的，因此我们可在看似毫不相关的象征中发现同样意义（例如第二次世界大战前的好莱坞电影会用火车过山洞和烟火来代表性，因为当时的检查人员坚持在拍摄和爱有关的镜头时，剧中男主角的脚必须从头到尾都站在地板上，即不能拍床戏，所以只好以象征性的镜头代替）。梦中的置换（displacement）会同时使用转喻（metonymy）和提喻（或举喻，synecdoche）。转喻指的是语言的相近意义被拿来比较［如蛙泳（breast-stroke）令人想到性和游泳］。而提喻指的是部分代替了整体［如鱼代表黄道带（zodiac），而黄道带代表母亲］。在梦的语法中，双关语（punning）和声喻法（onomatopoeia）则是不可或缺的。如敲门者（knockers）；西格尔（Segal, 1991）的患者梦见军人八个八个的并肩行进（marching eight abreast），意指吃了乳房（ate a breast）。

梦就像诗一样，可以有多层意义（包含了各种可能的意义且彼此之间是互通的），但却偏爱特殊的意义。就像诗人歌颂他的爱是独特的，像那"六月新绽放的、玫瑰一般的、鲜红的唯一"。同样，沙佩（Sharpe, 1937）也说："思想的桥梁错综复杂，各有其名，其中又有繁多的变化"——它使记忆底下的神经系统产生多重联结和路径，而记忆贮存的方式也散布于整个大脑，而非仅仅置放于一处。

拉康（Lacan, 1966；Bowie, 1991）有句格言："潜意识的建构方式就像语言一样。"这样的看法乃根基于语言学对所指（signified）和能指（signifier）的区分，前者是被象征的物体，如"刚刚走进房间的、被人驯养的有毛的猫科四足动物"；后者是表征者，在这个例子中指的是猫。以拉康的观点来看，梦的表征会以弗洛伊德的谜绘（rebus）形式出现，即图像的真实面或所指（原始的、未经构筑的经验）以能指（signifier）的象征形式被表达出来了。梦的语言提醒我们，我们所谓的真实早已经过心智的运作与转换，就像语言经由字句的变化和文法的规则，转换并创造意义。拉康的观点和比昂所说的阿尔法元素（alpha elements）很相似；阿尔法元素从贝塔元素（beta elements）与会转换的心智（transforming mind）的互动而来，这一互动可能发生在对于母亲乳房的出神幻想中，或是梦者与梦之间的互动中。对拉康而言，我们所说的潜意识并不是神秘的,也不是黑匣子,而是可被辨读的手抄本(即凝缩和置换之类的语言规则),这些手抄本需要借着重建次序成为可被理解的(Bowie,1991)。因此美梦是做梦者的情感以很满足的样子被象征出来的。

象征与创意想象

如前所述,弗洛伊德一方面试图借着解开梦的谜底来阐释神经症,一方面又想借此找到一个可用来处理潜意识的普遍心理学原则。其实睡眠中的快速眼动期和做梦是人类的普遍现象,甚至其他哺乳类也有类似的现象,弗洛伊德却将梦视为一类神经症,有时候甚至用清醒的做梦者来形容精神病患者。这是不是意味着我们都是疯子?或至少有一部分疯了?

琼斯(Ernest Jones,1916)对这个问题进行了深入探讨,他认为"真象征"确实存在。借着象征,被压抑的想法、感觉和渴望可浮现到意识心灵,就像弗洛伊德(Freud,1916/17)所说的:"梦中出现的象征物并不多。人的身体、父母、子女、兄弟姐妹、生命、死亡、赤裸——还有一项。"这一项当然就是性。琼斯似乎相信(也许弗洛伊德也是)原始的压抑使生命的某些面向只能通过象征间接地呈现,因此视压抑及发展出神经症的潜在可能为做梦、创造力及一般文化生活的核心,因为这些心智活动皆以象征为主轴。

这样的看法受到了激烈的挑战,特别是里克罗夫特(Rycroft, 1968,1979b,1985),他挑战弗洛伊德对初级和次要历程(primary and secondary process)的区分。里克罗夫特认为做梦是最纯粹的初级思考历程,他反对弗洛伊德将初级历程视为病态,而将次要历程视为心理健康的指标。里克罗夫特认为这是一种误导,因为正常的心理生活需要两者之间的平衡。

> 影像的、象征的、不散漫的心智活动是我们在睡眠中的思考方式……即使梦者偶尔会使用它，我们不能假设梦者一定要用象征来欺骗及困惑自己。

里克罗夫特与拉康持同样看法，认为心理分析本质上是一门以生物学为基础的语言学，它关心的是影响所有人类的一些基本生物问题。象征是我们用来表达少数有强烈情感投注的对象的核心，这不是因为压抑的缘故，而是因为象征本身就是情感经验的表征。这一点在临床上有两个含义：一是分析应着重象征的表达，不管它是在梦中、在移情里（隐喻和移情在语源学上是完全相同的）、在玩笑里、口误时或艺术中，分析师借此碰触到患者最生动的感情。二是梦里的象征经常包含着对身体的暗喻。有位患者梦见一个木造的村落里到处都是军人，这个梦被认为象征着他与女人之间充满敌意的性关系——木造的村落代表阴道，军人代表精液——这个梦所描述的现象有更丰富的隐喻（精液充满敌意和攻击，而非充满爱与温柔），就像诗中所蕴含的丰富意象一样（Holmes，1992b）。沙佩（Sharpe，1937）认为患者的说辞中若呈现枯燥的隐喻，则可能同时隐含着患者的某种身体经验——例如说话不着边际的患者可能有喂食困难；老是在披荆斩棘的男人可能对性交有极深的恐惧等。

马特-布兰科（Matte-Blanco，1975，1988）以比较系统化的方式发展了极相似的分析观点。他将二价逻辑（bivalent logic）与对称原则（the principle of symmetry）加以对照，指出前者就像弗洛伊德所谓的次级思考历程（secondary process thinking），它遵循数学的逻辑。举例来说，如果 a 等于 b，b 不等于 c，那么 a 就不会等于 c；后者则不在意这样的区别，因此较像弗洛伊德所谓的初级思考历程（primary processes）。对称原则下，同一类单元的所有元素都被视为是同样的，于是会出现所谓母性的（motherliness）或乳房的（breastness）感觉等情感类别。梦的怪异内容则是以上二者以及外在现实与内在世界混杂的显现。然而他假定并不只有两类想法，在二价论和对称论之间还有双重逻辑（bi-logical），双重逻辑同时拥有前两者的特质。情绪常受对称思考的影响，因此坠入爱河时，我们会进入无法分割的状态（indivisible mode），于是会有"情人眼中出西施"的现象。在心理疾病中，对称原则和二价逻辑之间的平衡呈现瓦解状态。例如：如果部分代表整体，那么愤怒的阴茎就可能代表愤怒的父亲，这一象征又可能以性无能的症状呈现，即男人感受到自己的阴茎已经被伤害了。我们可以将这个观点与认知治疗的程序（Beck et al., 1979）联结；认知治疗会用二价逻辑来挑战神经症患者在没有证据下的过度类化（例如，如果我无法成功地完成这次任务，我就是个失败者）、灾难式想法及无分辨能力等。

西格尔（Segal, 1958）从克莱茵学派观点出发，用象征等同（symbolic equation）的概念，复苏了弗洛伊德和琼斯区分健康和病态的使用象征的方式的努力。这里指的是精神病性的思考模式，患者会将象征等同于所象征的事物（能指等于所指）。西格尔用两位患者来做比较，这两位都是小提琴家，其中一位精神病患拒绝在公开场合演奏，他很生气地说："你要我在大庭广众下自慰吗？"第二位患者则认为他在梦中拉小提琴是自慰的暗示，因此在现实生活里，他可以快乐地拉小提琴。对西格尔来说，象征等同和偏执-分裂位置有关，也和投射-认同有关；她说，为了使用象征，我们必须具备区分自我与客体的能力："只有当东西或事物被适当地哀悼之后，才能被适当地象征化。"（Segal, 1986）或许有人会问，什么叫作适当，不过在临床实务上，这种区分很重要。

> 每位男人都娶了他的母亲……妻子都可能象征他的母亲，而且有他母亲的某些特质，或是妻子就是他的母亲。后者的婚姻带有他和母亲之间所有的压制和冲突。
>
> （Segal, 1991: 57）

西格尔和里克罗夫特虽然有相当不同的精神分析背景，却出人意料地提出了十分相似的结论，这个结论是：象征（symbolisation）是精神（psyche）最核心的原始活动，而不像弗洛伊德和琼斯所说的，只是一种逃避检查人员的模式。象征使转化（transformation）得以完成，用比昂的话来说，象征是一种未饱和（unsaturated）状态（这是化学用语，指的是化学元素处在一种自由的状态，可以与其他的元素结合），所以还有实现（realisations）的空间。如果一个人没有象征的能力，那么他可能会以西格尔所谓的象征等同来看事情，即他的现实世界和幻想是如此饱和，以致两者之间毫无区别；另一种现象是，患者的幻想能力是如此受损，以致无法用言语来表达或区分情感，即述情障碍（alexithymia）（Nemiah，1977）。这两种情况在分析时都会有技术上的困难：象征和现实不分的人无法和分析师维持一种"仿佛"的关系，而变得过度依赖或失常的愤怒；幻想能力受损的人则会发现用语言来谈论他的感觉根本就是不可能的事。

在分析历程中，创造力的恢复常是一种关键时刻（critical moment），它增加了患者的自我价值感和生产力，借着发现内在具有与个人无关的创意，患者能渐渐离开自恋，不再使用投射-认同，而渐渐发展出更成熟的客体关系。

例：打破自恋的自我满足

一位年近30岁的男人来接受分析，他抱怨失败的婚姻带给他抑郁。他觉得自己很愚蠢且无用，总是嫉妒女人，想和女人竞争，事业毫无进展。在他8岁的时候，父亲过世了，而他的姐妹们一直和母亲非常亲近。因为失去了父亲，母亲对他既重视又控制。分析的第一年，他的梦都只有一个颜色，多年来一直是这样。后来，他做了一个梦，梦里有条蛇，这条蛇蜷曲着，口中有根女人生理期用的棉棒。棉棒被拿走后，蛇开始流血。然后他注意到

> 他的梦是有颜色的了，他开始觉得内在涌出一股活力，然后便开始疯狂地画画。这个梦代表他从阴柔的成长环境中里逃脱出来，也是哀悼死去父亲的机会。

游戏

谈到精神分析对游戏的看法，不禁令人联想起温尼科特（Winnicott，1965，1971）在这方面的成就。温尼科特接受利维埃（Joan Riviere）的分析，利维埃则深受克莱茵的影响。克莱茵将游戏治疗引进儿童分析，儿童的游戏即是其潜意识沟通的表达，就像梦一样；成人的梦可以被分析，孩子的游戏也可以被诠释。克莱茵学派的分析师在对成人做分析的时候，会把患者在会谈中所呈现的所有内容看成潜意识的素材，他们诠释这些素材，就如同他们看待梦一样。

> **例：道出悲伤**
>
> 有位5岁的女孩因为语言发展迟缓的现象被送来接受治疗。她摆弄着一些清理烟斗的玩具和洋娃娃的房子，安静地演着一个故事：她的父母分房睡，她的父亲如何上了她的床，强暴了她。女孩每演一幕，治疗师就在一旁说出正在上演的故事——现在，爸爸走下楼梯……现在他爬上了床……女孩断断续续地重复着治疗师的字句。这个游戏反映了她的内在世界，但唯有敏感而具有同理心的治疗师才能让这些故事化作语言。

正如同自我心理学家困扰于以下这个观点：梦是在呈现伪装的渴望，并不是在呈现整合的我和自我实现的我（Erikson，1955）；温尼科特也怀疑游戏是否能被视为潜意识思想的外显。他想要强调游戏本身的整合和创造面，并把它放到人际及客体关系的脉络中来思考，同时保留着游戏来自心灵深处的想法。他提出过渡空间（transitional space）这个概念来解决渴望和现实的适应之间可能会有的冲突。他说："孩子玩游戏时，会使用存在于外在现实的客体或现象来呈现他的内在或个人现实世界"（Winnicott, 1971）。同样，荣格学派和自体心理学家的看法是：做梦者将白天的记忆和内在的深沉渴望整合为有连贯性的整体。

温尼科特在母亲和婴儿的早期关系中看见了游戏的起源——借由原初母性贯注及全神贯注在婴儿身上，母亲创造了"让婴儿产生了"全能的错觉（an illusion of omnipotence）。在自己的渴望被满足时，婴儿会觉得他创造出了喂养的乳房、甜美的笑容及抚慰的手臂。当婴儿健康的抗议（healthy protest）被母亲容忍之后，婴儿的觉醒（disillusionment）过程就将开始，同时幻想和现实之间的中介地带也已展开，这个中介地带包括游戏、过渡现象，如抱玩具熊和毛毯，后来则以艺术、科学和运动等文化现象呈现。过渡地带里的柔软空间（soft space）并不恒定，它很容易受到内在本能的威胁（饥饿必须先被满足，游戏才会出现），或是外在的侵犯（impingements）（另一个温尼科特学派所喜爱的词），像是父母的勾引诱惑导致假我（false self）的出现及创造力的丧失。

温尼科特（Winnicott, 1971）说，心理治疗是学习玩耍的过程（learning to play），这个说法和比昂（Bion, 1970）的看法相似，只不过比昂的说法比较抽象——比昂认为治疗是借着分析师的会思考的乳房（thinking breast），将贝塔元素转换为阿尔法元素的过程。当治疗渐渐有了起色，分析会谈就越来越像是游戏空间（play space）。在治疗过程中，借由分析师的同理，分析关系会发展出更多的给予或游戏，借此帮助患者找回已失去的创造力和自我感（self-hood）。米雅斯（Meares and Coombs, 1994）尤其认为，边缘人格的自我出现问题和童年缺乏游戏有关，常起因于父母的忽视或虐待，因此当患者能渐渐专注于游戏中的内在对话时，就表示分析治疗有了成功的进展。

卡斯曼（Casement, 1985）也采用了温尼科特式的想法，发展出治疗创伤的分析治疗模式。原始的创伤情境（例如两岁时手被严重烧伤而必须整形的女患者）必须在分析情境中以移情的方式重现，才能进入所谓的全能领域（area of omnipotence）（Winnicott, 1965）。唯有如此，患者才能超越它——即当受苦者感觉到他多少可以控制场面并存活下来时，他才能超越过去的创伤。卡斯曼反对给患者再保证（reassurance）——以他的案例来说，指患者要求握住分析师的手——如果给患者再保证，就会阻碍患者在一个自我掌控的情境中重新体验创伤的过程。能在自我掌控的情境中重新体验创伤，就像是自我能控制并慢慢引爆一个致命炸弹一样。

如果游戏和梦有其平行和雷同的部分，那么分析历程也可以说是学习做梦的过程。汗（Khan）是另一个深受温尼科特影响的人（Khan, 1962；收录于 Flanders, 1993）；他说，在好的梦里，冲突被新陈代谢（metabolised）及时处理了，而没有意识到心灵的干涉。沙佩（Sharpe, 1937）在讨论成功的被分析者的梦时，声称在患者的梦里可以看到羞耻感的减轻，还有过去和现在及身体和心灵的整合。

结语：梦的重要性

虽然梦的分析已不再拥有分析理论创始者眼中的地位，但是梦仍是分析工作的核心。梦是了解患者的精神状态不可或缺的参照物。梦打断了理智的活动，不管多么紊乱，它仍带给人耳目一新的感觉及毋庸置疑的效力。在探究情感或情绪时，它可以补充语言的不足。通过白天残留下来的东西，梦把患者白天所面对的重要主题带到分析会谈中。梦的觉察让患者能触摸到其具有创意的心灵，减少其自恋，并增加其自尊和自治能力。梦常常能帮助移情对焦。重复出现的梦可将患者生活中的主要剧情鲜活地呈现出来，梦境主题的改变，也意味着治疗的进步。

> **例：重复出现在梦里的幽闭恐惧——广场恐惧症**
>
> 有位中年教师，成长在苏格兰的一个劳动工人区，他因为在同性恋和异性恋性取向之间游移而十分不快乐。他重复做着一个梦：他在妈妈家的门口想要离开，却总是离不开，因为他的睾丸在别人手里。他的父亲严重酗酒，母亲便转向他寻求慰藉和保护。在治疗早期，他觉得这个梦代表他母亲（抓住了他的睾丸），后来，他开始体验到这个梦里，母亲握住他是一种保护和抚育。

自弗洛伊德最初的建议以来，梦的诠释技巧并没有太大的改变：把梦打碎，进入它的每一个细节里；特别注意患者的自由联想；要患者重复地述说梦，以捕捉到更多梦里的想法；不要让分析师的假设和理论强加于梦所创造的内容；不要奢望完全地了解梦的含义，梦仍会保有它那不可言说与了解的部分。后弗洛伊德学派会把梦放在会谈的脉络与治疗关系中来分析，不仅注意梦的内容及形式，也注意患者是如何陈述的；他们认为做梦主要是为了修通创伤经验，而梦的表层内容和潜在内涵一样重要。

梦既是个奥秘之物，也是一座充满意义的宝库。"当你在睡觉时，都想些什么呢？"我们这样问患者，或用荣格（Jung, 1974）的话来说："现在，让我们回到你的梦里，看看你的梦说了些什么？"

第二部分

实　务

第七章

初次会谈评估

> 有眼可见、有耳可听的都确信,天底下无人会守密。即使一个人的嘴唇不张开,他的指尖也会说话……
>
> (Freud, 1905b: 77)

精神分析的初次访谈评估很重要,不仅因为它是患者和分析师决定是否继续会谈的重要时刻,也因为在初次会谈的气氛中,初次会面所呈现的主题会在未来的治疗关系中再次出现。

评估(assessment)这个字来自拉丁文 assidere,表示坐在旁边,意味着法律裁决及税收评估,即个人资产及利润的评估。初次会谈评估包括两个要素,一是了解患者所面临的主要困境,二是尝试了解患者的长处和弱点。治疗师必须借着初次访谈了解患者的可被分析度如何,并决定患者是否能从治疗中受益。

可被分析度(analysable)这个词指的是可被了解的程度(understandable)或可被治疗的程度(treatable),这是两种不同的理解(Tyson and Sandler, 1971)。对许多患者来说,即使初次访谈评估的结果表示精神分析不适合他们,但是评估的过程可以帮助患者澄清并提示他们的问题所在。初次访谈评估的目的,在于帮助治疗师获得一些与患者有关的信息,让患者体验到分析是怎么一回事,借此帮助患者和治疗师评估是否继续进行治疗。患者也可以通过评估的过程,对心理分析有所了解。不管治疗师最后是否决定为这个患者提供治疗，他都必须有足够的情感介入，使评估过程中所建立的关系有意义；同时，治疗师也必须保有充分的中立和客观，以便让其他治疗师或分析师可以通过访谈记录对患者有概括性的了解。

许多有关精神分析评估的文献都在探讨患者对分析师，或分析师对患者主观及客观的看法。有些作者比较喜欢使用精神医学的语言，例如列出可或不可被分析的症状（Malan，1979）、可被分析的情况（Coltart，1986）、诊断结果及预后情况（Kernberg，1982）以及患者的人格发展阶段等。另一些作者则比较看重分析师和患者第一次会面时的关系（Etchegoyen，1991）、访谈中彼此互相适应的过程、尝试性诠释（trial interpretations）的情况以及患者对诠释的反应（Hinshelwood，1991）。后者，即尝试性诠释以及患者的反应，会写在对患者的概念化（formulation）中，将目前及过去生活情况里的核心议题放在一起，说明这些议题如何在评估面谈中的移情关系里显明出来。

许多与诊断有关的文献指出，目前许多分析师更强调患者的适合性，而非症状的可治愈性（Tyson and Sandler，1971）。如果需要，分析师甚至可以修饰分析技巧，使一些看似不可治疗的症状成为是可分析的（Kernberg，1984），比如若患者被诊断为歇斯底里症，那么就意味着这个患者很适合接受精神分析，但是瑞奇尔（Zetzel，1986）指出，许多歇斯底里患者实际上不一定能被分析。相反，精神疾病患者可能被认为是无法被分析的，但是如果有适当的精神分析师，这些精神病患也许是可以被分析的（Rosenfeld，1952，见第十章）。换句话说，以前认为精神分析不适用于某种精神疾病，但现在较倾向于认为问题不在于病症适不适合，而在于患者本身适不适合，即患者和治疗师之间的关系才是决定可被分析性的关键，而非病症本身。在这一章里，我们将同时从诊断的角度和关系的角度来看初次评估——如何执行访谈、访谈的形式、可被治疗性和预后判断。

进行评估访谈

根据前文所述，在初次访谈中，精神分析师想要达到两个不相容的目标：一方面想借由初次访谈收集真实的资料，但同时又要营造一个让患者潜意识浮现的氛围。如果在访谈中避开比较直接的问题，则可能漏掉一些比较重要的数据，但如果将重点放在比较直接的问题上，则所收集到的可能只是一些不着边际的答案。为了弥补这个缺陷，在患者接受初次访谈之前，有些精神分析治疗机构会让患者填写一些基本数据，这一方法帮助治疗师在访谈时掌握一些可以讨论的基本数据。问题在于，它也可能因为需要在问卷上坦露一些很私密的细节而造成患者的退缩；另一个缺点是治疗师无法了解患者是如何描述他们的故事的——患者在说故事时将重点放在哪里？他们在描述某一个事件时声调如何？是否出现故意遗漏？在陈述哪些故事时呈现逃避的态度？哪些故事又呈现出未分化的态度（Holmes，1995）——这些都是与心理动力有关的重要信息。弗洛伊德常常把分析治疗比作下棋，它有着许多可能性，棋类游戏一般有开始策略、中段玩法和结束玩法。这个比喻也可以被用来探讨精神分析评估访谈。在开始阶段，分析师需要用比较标准的方式进行访谈；到了中间阶段，治疗师可以开始尝试观察及诠释患者的情绪反应；在最后阶段，则可以开始整理患者病症的脉络，并拟出治疗计划。

预备期

由潜意识角度来看，其实在分析师和患者见面时或见面之前，访谈就开始了（Thoma and Kachele，1987）。

> **例：冒牌货**
>
> 当分析师到等候室去接患者时，他注意到患者的脸上充满了惊讶，而且有一点犹豫。访谈中，这位年轻人呈现出非常极端的偏执妄想，他好像从严格的继父那儿承受了许多痛苦。他说，他不断在想象中将他那久未谋面的父亲理想化。当治疗师提到他在等候室见到患者及他脸上所呈现的表情时，患者说，他一直预期自己会见到一位矮胖、留着胡须、秃头、带有外国腔的人，所以当他见到治疗师时，他认为这个治疗师是个冒牌货。这时，治疗师诠释了患者的移情，说患者一直认为那位不接纳他的继父是位假的父亲，而且患者渴望着一位真正爱他且温暖的父亲。

每一位访谈分析师都有自己独特的访谈风格，但是不管哪一种风格，分析师都应该能够调整自己的方式，以帮助患者很快进入分析的访谈氛围里。当分析师接见一位新患者时，一般专业的礼貌是很重要的，例如，要很清楚地告诉患者自己的姓名，有时还要响应患者的一些琐碎的问题（这些琐碎问题常是有意义的）。患者可能因为焦虑的缘故，从等候室走到诊疗室之间就问了访谈员一些琐碎的问题，访谈员在礼貌地回答患者的问题后，应将所观察到的现象存留在心中。若情况许可，则应该在访谈时提出来讨论（Coltart, 1993）。不过另一些分析师会认为，访谈员应该尽量保持中立或静默，借此将患者的焦虑提升到最高点，这样才能帮助访谈员评估患者最可能的困扰主题；他们认为在太正常或太友善的气氛里，会漏掉这些重要信息。

> **例：停车的困难**
>
> 例如，若有位患者一坐下来就开始埋怨找个停车位有多么困难。此时，访谈员可以有四种做法：①相信患者真的有停车的困难；②诠释患者来接

> 受访谈的焦虑，患者可能在怀疑治疗师是否有足够的空间让他"停泊"他的困难；③思索患者是否有兄弟姐妹竞争的问题，或是否是个好竞争的人；④访谈员也可以什么都不说，以避免患者诱发访谈员和他一起埋怨道路的拥挤现象，而忽略了评估患者的内在世界。

开始阶段

梅宁格（Menninger，1958）认为，因为每一位患者都是来接受帮助的，而且都有可能处在某种程度的焦虑中，因此分析师应该主导第一次的访谈过程，直到分析开始进行时，才将主动权交给患者。他认为，一般而言，分析师在评估访谈时应采取比较主动和鼓励的态度，在治疗阶段则不需要。尽管如此，在评估访谈时，仍然应该保持平衡，即访谈员要能足够的温暖，以减少患者的焦虑，但又不应过分亲切，否则会失去移情的机会。

访谈开始时，可以询问患者，在前来访谈的路上及在等候室时他在想些什么。这样的问题会让患者感受到分析师对他的内在世界感兴趣，并许可患者在一个被接纳的氛围中表达其焦虑。除此之外，不需要太强势的导引；分析师接下来需要的是比较有弹性的访谈技巧（Balint and Balint，1971），并全面性地收集各方面的资料，避免对某些主题的偏好。

患者所呈现的问题及导致患者寻求帮助的原因

开始阶段有个很重要的任务，是了解患者为什么在这个时候觉得需要找人帮忙，而他又是如何找到眼前这个协助的（Malan，1979）。虽然患者可能在第一次访谈时避重就轻地忽略以上问题，而开始谈他的早期创伤经验，但分析师一定要确定不能遗漏这个问题。由下文得知，探究患者目前所遭遇的问题只是了解心理动力三个面向的其中之一。

访谈时，我们可以通过这个问话拉开序幕："我从你的医师那儿听到一些关于你的消息，但是我更想从你这儿了解你为什么在这个时候想来寻求帮助？"如果患者开始谈好几年前的问题，治疗师可以继续问："那么，为什么你现在才想要来寻求帮忙？"例如，有位具有暴力倾向的丈夫与分析师说，因为他的太太威胁他，如果他不来接受治疗，她就要离开他。这个原因必须在一开始就浮现，以便分析师正确地评估患者接受帮助的动机。

访谈规划

分析师在访谈的最后，应该已经搜集到以下主要资料：患者现在的生活状况、家庭背景、包括性心理的详细发展史、早期的记忆、主要的丧失及创伤（包括性暴力等等）、梦、主要的兴趣及性向、压力来源及支持来源。有关精神方面的诊断，包括住院史、曾经服用的精神药物、自杀倾向、物质滥用的情形，以及精神状态如抑郁、强迫症或其他精神疾病等。若分析师本身不是精神科医师，那么就得从患者的精神科医师或从转介医疗机构取得以上资料。我们知道，试图在第一次会谈中碰触以上这么多主题是不太可能的；温尼科特（Winnicott, 1965）认为，对于精神分析来说，了解患者的历史背景是一个持续的过程，一些详细的历史内容会在治疗开始后渐渐呈现出来。如果访谈分析师不确定患者的精神状态是否适合分析治疗，就应该再由第二个访谈分析师来评估，因为一个完整的评估是值得的，它可以预测未来治疗中可能会发生的困难。

以初次访谈作为心理动力的诊断工具

初次访谈评估的主要目的在于刺激患者的潜意识。治疗情境、分析师本人及其风格自然地会引发患者的焦虑；处理患者焦虑时，治疗师若能在提供支持和保持距离之间取得平衡，便可以引发患者的潜意识反应。访谈分析师也许会想了解患者的幻想世界，因此可能会直接探问患者的早期记忆、问他在入睡前都想些什么、会做什么样的白日梦、有哪些不为人知的抱负（"你真正希望能发生什么事"），当然也要包括梦的内容（"你在睡眠中都在想什么"）。问这些问题的主要目的在于营造一个探索内在深处焦虑和幻想的氛围，同时评估患者对于分析师所营造的联想的自由会有什么样的反应（Spence et al.，1994）。

进行治疗：初步诠释

聆听虽然是治疗关系的关键因素，但一般分析师不会太静默或太被动。分析式的治疗法开始时会使用许多探问，特别是开放式的询问（"多告诉我一些你家里的状况"），再从询问渐渐导向澄清（"你刚刚说，你的父母在你 11 岁的时候分开了，可否请你告诉我，当时你的情绪反应如何"）。

在分析过程中，分析师可能会通过挑战、面质和诠释（心理动力学派以这三项为主要技巧）来探测患者被分析的潜能，借此帮助患者从不同的角度来看自己。分析师的做法和介入的时机很重要，只有在治疗联盟建立后，才可以使用以上治疗技巧。太早使用以上技巧，对患者可能没有太大的帮助；若使用不当，可能会引起患者的防御，减弱治疗联盟；若太强调理性的内涵，则会失去引发患者情绪反应的机会。好的治疗介入应该是简短而易懂的："你今天迟到，会不会因为你还在挣扎，不知道该不该来？"（面质）"你父母分开的时候，你当时的年龄和你女儿现在年龄是一样的，不知道这个情况和你现在的抑郁是否有关？""我在猜，你如此抑郁，但却不生气，这个情况和你当年知道妈妈怀了一个小宝宝，而你不再是妈妈唯一宠爱的孩子时的情绪反应是一样的？"（诠释）"也许你认为我就像你的继父一样，既冷漠，又疏远，一点都不关心你，只顾着挑你的毛病。"（诠释移情）在进行以上介入时，分析师要留心自己的语句不要太果断（如多用一些"或许""可能""我猜""会不会"等），好让患者有空间反对、修正及澄清你的说法，或是用你的话作为描述其感受的跳板——即马兰（Malan，1979）所谓的跳蛙式游戏（leapfrogging）。

选择、抉择与契约

在访谈中期，分析师必须根据患者对治疗的反应，评估与疗效有关的三个面向（Orlinsky and Howard，1986）：

(1) 与治疗师建立好的关系或治疗联盟的能力；

(2) 接受诠释或对诠释的反应能力；

(3) 在访谈过程中的情绪反应能力——患者是否允许自己呈现害怕、伤心或生气等情绪。

在访谈结束时，分析师应该就访谈内容做个小结，并借由患者的帮助，重新反省整个访谈的过程，最后做出一些结论："时间快到了，我想我们可以用几分钟的时间来看看，现在我们要怎么办。""你觉得我们这样的合作关系对你有帮助吗？""这是不是你所期待的？"以前精神分析是心理治疗的唯一方法，因此，结论会比较单纯——治疗或不治疗。可是今天，精神分析只是许多心理治疗法之一。科尔塔特（Coltart，1988）说，接受他访谈的患者当中，只有5%会接受他一周5次的分析。许多分析师都认为，好的治疗师应该提供患者多样的选择，与患者一同讨论不同治疗法的优缺点。然后，分析师才表达看法——他认为对患者来说，最好的选择是什么（根据患者的时间、情绪能量和经济能力）。分析师应该根据患者的条件和财力状况来评估，并做出最实际的安排。当访谈分析师决定接受这个患者时，他必须在这个时候和患者一起讨论一些比较实际的问题，如费用、治疗频率、为期多长、假期的安排等等。

一般而言，在访谈评估后，可以留一些时间让患者反省一下访谈内容及做出决定；双方也可能决定先不做决定，因为患者可能需要一点时间好好想一想；或者他可能需要先和家人讨论后才能下决定；或是访谈员和患者可能都觉得需要再做一次访谈评估或"试探治疗"。如果访谈员不是患者未来的治疗师，则必须帮患者安排适当的治疗师。

心理动力式的概念化

在访谈过程中，或是当分析师已经对患者有了某些了解时——不管是在访谈前知道的，或是在访谈中理解到的——分析师都应该对患者的问题本质进行一些初步假设。自从斯特雷奇（Strachey，1934）发表了一篇有关诠释的文章后，精神分析对患者问题的了解都从三个维度出发：一是目前的困难，二是治疗关系中的移情，三是早期的经验或婴儿期及童年的冲突及缺陷。这一观点就是马兰（Malan，1979）所提的人际三角（triangle of person）程序——目前生活中的重要他人、分析师和父母（见图7.1）。访谈评估的主要目的在于帮助分析师搜集患者目前的问题、过去的事件及现在的移情，以便将来进行诠释，并借此协助分析师判断患者是否适合接受分析，使治疗的初始阶段得以有所依据（Hinshelwood，1991）。

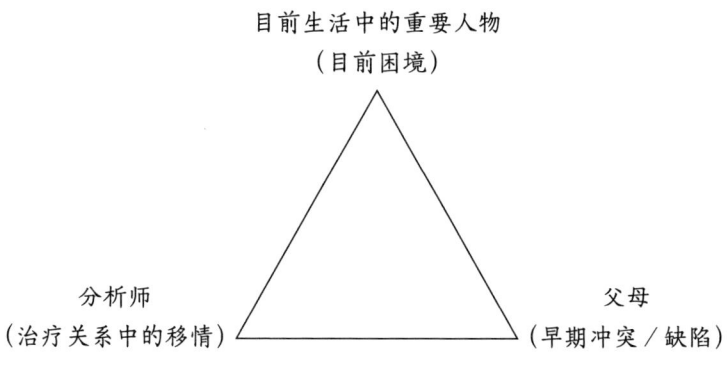

图7.1　人际三角

例：万能的男人

约翰是位非常有活力的中年人，四十多岁，因为有生以来第一次感受到完全无法处理他的工作而寻求协助，这让他非常意外。他在二十多岁时，已经有一个持续稳定发展的事业。在其生活圈里，他是个很受尊敬的人，有美满的婚姻、成功的子女，他本身也有广泛的运动爱好。但突然之间，他觉得自己变得容易疲倦、爱发脾气，对一些琐事感到忧虑；有时又漠不关心，没法儿好好睡个觉。他巴不得可以不用管身边的事情，有时候也会有自杀的念头，而医生开的抗抑郁药对他没有太大帮助。让约翰来寻求治疗的近因是最近发生的一次小车祸。那天，他儿子载他出门，在等绿灯时被人从后面撞上，车子震动了一下。他受了惊吓，身体倒是毫发无伤。

当治疗师问起他父母时，他漠然地说，他的母亲早在几年前就过世了。母亲的过世对他而言没有太大的意义，因为他本来就不喜欢母亲。他说母亲住在美国，是个被同化的美国公民。他是独生子，父母在他还是个婴儿时就离婚了，他的伯父伯母（或叔叔婶婶）没有孩子，于是就把他接过去抚养长大。在学校或家里，他都是每个人眼中的甜心，他说："'地平线唯一一朵乌云'是当他的父母来访时，他们就是有办法把事情弄得一团糟。"

在会谈过程中，分析师开始感觉到自己身体感受的变化，好像准备要与这位强壮的男人搏斗似的，这一现象突然让分析师觉得自己的态度必须坚定不移。例如，约翰一直很难接受他是一位正在接受分析的患者，这个角色和他所认识的自己南辕北辙。他一直认为自己是个很成功、强壮且适应良好的人，从没想过自己居然会"与心理分析这摊子事"（他的原话）搞在一起。

分析师通过感受患者的痛苦极点（point of maximum pain）（Hinshelwood, 1991），看见约翰小时候面对父母离异时是那么的无助。他必须采取防御，避免掉进悲伤无助的深渊，因此他必须借着全能感和夸大自己的重要性来否认这些不快乐的事实。那次小车祸及母亲的死亡再次让他置身于那些危险的感觉里。他奋力地与这些感觉搏斗，但这次，他是在与自己搏斗。分析师借着分析自己的移情发现：约翰对于自己来求助一事深感羞耻，同时对于认同养父一事有所挣扎，就像一个小男孩对养父说："你不是我的亲生父亲。"（他觉得养父是个好人，但是太软弱了）他那夸大的自我就会突然从他的指缝间流掉。分析师对患者说："在生活中，你一直相信，做一个强而有力的男人很重要，你必须保护自己。当你还是个小男孩的时候，没有父亲当靠山，你也无法表达失去母亲的悲伤，这次的小车祸好像揭开了你隐藏了许久的软弱和易受伤的特质。对你来说，寻求像我这样的人（本来让你瞧不起的人）的帮助是非常羞耻的事，就像寻求软弱的伯父帮助一样，令你感到羞耻。"刚听完分析师的诠释，患者便放松了许多，并开始掉泪（这是他第一次在会谈室里流泪），他开始谈自己的无能，以及对自己的羞耻感，对于他那失控的愤怒也感到羞耻。这个诠释使患者同意尝试接受分析。

以上是根据马兰的人际三角模型所做的诠释，它整合了患者目前的困境、过去的关系及会谈中的移情。与诠释三角相类似的是防御三角（Malan，1979），即焦虑、防御和潜藏的冲动。约翰的焦虑来自害怕失去他的力量和活力；他的防御方式是工作、与人搏斗求生、用暴力来完成他的意愿，这些方法和策略还带着自恋和全能感的气息；而他潜藏的冲动是，渴望有个他所信赖的人来保护他、养育他（见图7.2）。

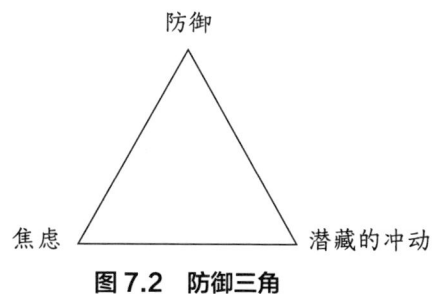

图7.2　防御三角

所谓动力式的精神分析,不只是套用一些像马兰这样的治疗程序,就期望可以做出适当的诠释。访谈分析师在访谈中不只是要面对患者的阻抗,也要面对自己的阻抗。下面这个例子描写了分析师在访谈时的内在经验(inner experience)(Holmes, 1995: 26):

> ……每当我在会谈中看着患者平静舒服地在意识状态中收集过去的历史事件,想到我需要将他带到比较潜意识的历程时,我的生理反应直觉地告诉我一千个不愿意。为什么我要去打扰医生和患者之间的平衡?为什么我要冒这个险,去打扰患者目前的生活状态,甚至与患者敌对?这一切值得吗?大多时候,关键即在分析师的反移情、特别是情感上的反应,例如:当我感觉眼睛刺痛时,通常也表示患者正处在哀伤的状态中;当我被激怒时,我也可以闻到患者愤怒的火药味;当我觉得很无聊、与患者距离很远时,表示患者小时候可能被忽略了。身为分析师,我必须通过被患者和他的故事所引发的感官感觉和幻想来决定治疗方法或诠释,借此帮助他离开饱和的防御状态,进入流动的情感状态。

精神分析的诊断蓝图

当代精神分析的多元性使我们很难建立一个单一的诊断蓝图——就像在国际金融界使用单一货币一样不可能。诊断蓝图应该是异质性的,即它应该能反应不同分析师的不同治疗形态、观点和创意,以及不同病症的病患。就上述案例,不同诊断师会有不同的诊断模式(参照 Perry et al., 1987)。克莱茵学派的分析师可能会把重点放在约翰的攻击驱力及由于未能处理以前被母亲抛弃的愤怒,车祸事件可能表征被约翰分裂掉的摧毁欲望，而抑郁则是超我对其欲望的处罚与反击。自体心理学家则会将重点放在移情的镜映作用（mirroring aspect of the transference）：当治疗师感受到自己的全能感被激发出来，那正是约翰在缺乏一个养育他的自我-客体（self-object）时所仰赖的感觉。同时，虽然不同精神分析传统使用的语言不同，我们还是可以看到非常相似的观点。但是有一些实证研究小组已发展出标准化的治疗公式（Perry et al.，1989；见第十一章）。

虽然要将不同治疗模式加以归类很困难，但是大多数精神分析学家都多少使用了发展的蓝图（参照第三章），以此作为诊断患者的基础，如患者问题的严重性、治疗方法及预后。尽管如此，目前还是没有一个通用或普遍被接受的诊断架构，大部分的诊断指标着重患者问题的严重性，而非问题的本质为何。许多作者使用俄狄浦斯期及前俄狄浦斯期作为诊断的分界线——来自俄狄浦斯情结的问题是三人问题，较常见的是神经症；而前俄狄浦斯情结所造成的问题是二人问题，较常发生于边缘人格和自恋人格中。例如，卡拉瑟（Karasu，1990）提出一个诊断坐标：横坐标是两人或是三人的客体关系，纵坐标则是成长过程中的冲突和缺陷。根据这个坐标来了解患者的问题是属于两人还是三人的范畴，其病态是来自环境的缺陷还是来自内在冲突。即使有如此清楚的分辨指标，在实务工作中，要区分问题是属于两人或三人、是环境的缺陷或是内在的冲突，仍是不容易的。就像约翰在生活适应方面的表现显然可以判断为神经症（也就是三人的问题，或是俄狄浦斯情结以后的问题）而不是边缘人格，因为他有稳定的婚姻、良好的工作情况。整体来看，他的成熟度也足够好。但是，他的病症却也引发出前俄狄浦斯期的主题——早期被隐藏起来的自恋问题。由于被父母遗弃，他一直处于环境有缺失的痛苦中，但是他的情感转移内容却是冲突的——因为环境的缺失导致他的愤怒。

自我心理学（ego psychology）以患者所使用的防御机制的成熟度

判断患者的发展阶段。威能特（Vaillant，1977）列出了4种不同的防御机制：原始的（如分裂）、不成熟的（如行动化）、神经症性的（如强迫行为或人格）和成熟的防御（如幽默）等（见第四章）。瑞奇尔（Zetzel，1968）从下面几个方向来判断患者的可被分析性：患者对治疗师的信任度、患者面对或处理丧失的能力、患者区分内在世界和外在现实的能力。她区分了两种歇斯底里症状：在发展量尺的一端是"情况好的歇斯底里症"（good hysteric），他们有比较好的现实感，但却处在禁欲的痛苦中，另一端则是"情况算好的歇斯底里症"（so-called good hysteric），他们的人际关系是肤浅的，在渴望由异性得到满足的背后，隐藏着不断寻求抚育乳房的动机。

科恩伯格（Kernberg，1984）用克莱茵学派的客体关系诊断描述两种基本发展任务——第一是攻击驱力的驯服，第二是客体恒存概念的建立。他认为那些严重的自恋异常者既无法驯服自己的攻击驱力和性驱力，也无法使自己免于分裂，因此他们不适合接受精神分析。中度自恋异常者则被充满性意涵的"部分客体关系"所主导，他们将人看成乳房、阴茎或性器官。对边缘人格者来说，客体虽是完整的，却是不稳定的；由于未经整合，所以客体忽而被理想化，忽而被贬低。神经症者虽然有稳定的、整合的人际关系，但却严禁性欲的表达。成熟（或被成功地分析了）的个体则能将性的冲动或欲望整合到爱的关系里，他们可以适当地管理内在的攻击，并视对方为完整的客体。

盖多和戈德伯格（Gedo and Goldberg，1973）尝试从发展的角度来探讨精神分析理论。他们认为可以从地形学模式来理解最成熟的个体，这些人所需要的是诠释被压抑的情感。次成熟的个体则可以从结构模型来理解，这些人最需要的是整合不同的心灵结构，如修正一个严苛的超我、强化软弱的自我、疏导那不受管理的本我。第三个层次是比较不成熟的个体，他们的主要课题在于挣脱驱力与冲动，并努力建立一个有安全感的自体，因此他们所需要的是一个可以安抚、镇定及整合（科胡特学派）的治疗方法。

如何选择被分析的患者

虽然诊断蓝图有助于我们看到分析开始后可能的陷阱，以及较有帮助的技巧、取向；但却没有一个公式可供我们决定什么样的人适合被分析。一般来说，抉择常常是有脉络的，取决于患者和分析师的关系及他们双方的环境条件。举例来说，有些患者可能比较适合在大医院的门诊接受精神分析，而不适合在私人诊所接受分析。弗洛伊德提醒分析师不要去分析那些超过40岁的人，因为他认为这些人缺乏可以改变的弹性（荣格不同意此看法）。但悖论是，他自己在过了40岁之后才催生了精神分析。目前的共识是年纪大的人也能成功地被分析（King，1980；Porter，1991），事实上越来越多被分析者都来自40岁以上的群体，因为这些人更承担得起昂贵的分析费用及密集的治疗过程。因此，可被分析性已不再客观，而是取决于患者与分析师互动的结果，甚至社会现象。

汤玛与卡切尔（Thoma and Kachele，1987）在书中提到，弗洛伊德对于这个主题提出了两种完全对立的意见（Freud，1905b: 263，264）：

> 为了安全起见，分析师最好选择一些心智较正常的患者，因为精神分析的基础是为了控制神经症的现象。

但是，另一段却说：

> 精神分析的诞生，是为了治疗那些没有能力真实存在的患者。

他们将这两种相反的论点整合为："接受精神分析的患者必须严重

到需要接受精神分析，但又必须健康到足以承受整个分析的过程。"关于什么样的患者该接受或不该接受精神分析，见仁见智，不一而足，目前大多数访谈分析师会依病情的需要，及患者接受精神分析后可被治愈的程度，来判断其适不适合被分析。换句话说，患者必须病重到需要精神分析，同时又健康到可以从精神分析中获益。神经症性移情（transference neurosis）也是决定患者可否被分析的指标之一；换句话说，精神分析要有好的结果，患者的病症要能呈现在治疗关系中，而且能被治疗联盟（关系）所涵容。我们也可以用马兰（Malan, 1979）所提出的困扰强化法则（law of increased disturbance）来理解：在治疗过程中，患者应该会呈现出其最病态的心智运作。卡斯曼（Casement, 1985）认为，患者若能呈现出全能感里的原始创伤经验，神经症性移情是必要的。

患者可否接受分析，可以从三个角度来判断：第一，患者的历史；第二，患者所陈述的内容；第三，患者描述故事的方法及形态（Tyson and Sansdler, 1971; Malan, 1979）。在患者所描述的历史中，若至少有一个好的关系[也就是这份关系里有艾瑞克森（Erikson, 1965）所提出的基本信任（basic trust）]，或是有一些正向的成就经验，对分析都是有帮助的。相反，成瘾行为和严重的伤人或自伤行为，都表示患者的挫折容忍度不好。若患者的历史显示在面对压力时，他曾有长期的精神崩溃和身心障碍状[为了得到次级获益（secondary gain）]等，这些情况对分析而言是没有帮助的。之前一般认为严重的强迫式神经症可用精神分析来治疗（Freud, 1909），但目前大多分析师则认为这个病症最好结合药物和认知-行为治疗法；不过，治疗强迫性人格障碍则最好采用精神分析。虽然许多针对症状的治疗显示出良好的疗效（如认知-行为治疗法或药物治疗），但接受精神分析治疗的患者中有许多是有人格障碍问题的。

诚如前面所提，在访谈评估过程中，患者是否具备与分析师建立治疗联盟或工作联盟的能力，以及他们面对分析师诠释其过去事件、现在困境和情感转移时的情感反应，是最重要的指标之一。另外，患者描述他们的故事的方式，可以看出他们所拥有的心理资源（psychological mind），即他们可以由外往内看自己的能力（Sandler et al.，1992）、反观自己内在世界的能力（Coltart，1986）、忍受心理痛苦的能力、在自我关照下退行的能力（Kris，1956）、描述自己的能力（Holmes，1992），以及弹性思考的能力等（Limentani，1972）。

最后，动机也是很重要的指标之一。若患者很渴望、也准备好来接受治疗，同时对分析师和分析的过程有正面的感觉，通常更能够获益，因为他们较能克服治疗过程中的负面感觉，比较能牺牲并处理退行。也许这正是弗洛伊德（Freud，1912）所指，患者必须要有良好的伦理发展（ethical development）；也是斯明顿（Symington，1993）所说的，"内在本质的好"可以用来对抗自恋里的"内在破坏特质"（internal saboteur）——在心理病症这片荒凉的土地上，此种好的本质可为成功的治疗关系点燃希望的火花。

第八章

治疗关系

> 阻抗亦步亦趋地紧随着治疗。治疗中患者的每一个联想、每一个动作都夹带着阻抗。它表征患者在努力走向痊愈和其反向动力间的妥协。
>
> (Freud, 1912b: 103)

治疗关系在治疗开始之前就已经存在于患者的脑海中。当个体意识到生活中有什么地方不对劲,就会开始想要改善它。他会很自然地寻求别人的帮助,找专业人员或朋友聊聊,有些人可能在接受心理治疗时有了不好的经验,或经由别人的推荐而寻求精神分析。在他的脑海中,有一个他认为会对他有帮助的关系模式,这份关系将会在治疗中的移情被实现(不管性别为何)。每位患者都需要一位与他适配的分析师,即使分析师皆遵循基本的分析技巧,但每一位分析师都有其独特的个人风格。某类个人风格对某些病患有相得益彰的效果,但对其他患者则没有。分析师与患者的适配性是治疗是否有结果的重要因素。

精神分析的治疗关系

治疗合约

精神分析的治疗关系始于患者与分析师见面、定下合约并开始治疗的那一刻。不管将要接受分析的患者知不知道合约这回事,分析师都应该清楚地在治疗之前与患者制定合约，并说明一些特殊状况。他至少必须粗略地解释精神分析包括哪些内涵、会持续多久、患者可能得到的益处及所承受的风险、费用，以及治疗中的特殊规则，还有制定这些规则的原因。患者和分析师都必须清楚他们的目标、彼此对治疗的期待，并且意识到可能会遭遇到的困难，以减少未来可能会产生的误会。如果6个月后来访者的公司要派他到国外，那么就没有必要开始分析。如果在进行分析之前没有先讨论这个情况，患者会认为他可以在6个月内完成整个分析的过程；而分析师因为不了解状况，可能会将患者以为6个月可以完成分析这件事诠释为阻抗。因此，在评估访谈的过程中，分析师一定要清楚地与患者讨论这些治疗的规矩，而不能认为这些规矩是理所当然的。

治疗合约的精神比字面的约定更重要。如果患者为了一个无法避免责任，如参加一个重要的考试，因此要改变会谈的时间，分析师也许可以考虑给患者另一个时段；但是，如果他只是想用会谈的时间和女友约会，则患者已经侵犯了合约的精神。患者和分析师都该努力遵守开始所定下的合约，如果要有所变动，也需经过双方讨论后才改动。即双方都有义务遵守治疗的结构。

治疗风格

如同其他的专业人员一样，分析师也各有不同。因此，他们可能使用同样的治疗技巧，但治疗的风格仍会有显著的差异。留着腮胡、白发、抽着雪茄的男性，坐在躺椅之后，周遭尽是古董，手里拿着笔和写字板，这个样子的分析师已成传奇，这个画面与事实相去甚远。弗洛伊德（Freud，1912a，1913）提供了一种他认为有效的治疗模式供临床工作者参考，但是，他也提醒大家，他的建议并不一定适合每一位分析师或每一位患者。尽管如此，他的许多建议已成为精神分析界不可或缺的技巧，如在温暖的房间里，让患者躺在舒服的躺椅上。有些患者可能知道有躺椅这回事，但是却不习惯自己躺在躺椅上，他们觉得那是一种过时的方法。通常，拒绝躺下是在阻抗退行或害怕自己对分析师产生性幻想。若分析师碰上这种状况，应该告知患者躺下来的目的是为了让患者和分析师可以自由地想象，使双方都能不受视觉的干扰，松开对潜意识历程的控制。

许多精神分析师对于用躺椅做治疗一事采取质疑的态度；把躺椅移出诊疗室象征着不同分析学派之间的分裂，而不只是治疗技巧的修饰。阿德勒认为躺椅混杂了患者的自卑感，而费尔贝恩（Fairbairn, 1958）则认为它是一种非人性的治疗方式，他认为那是弗洛伊德使用催眠技巧的残留，因而提倡面对面的会谈方式；不过，因为分析师中立保留的态度，面对面会谈可能也一样令人胆怯。虽然使用躺椅是精神分析技巧的主流，但是精神分析师坐的位置也因人而异。有些分析师喜欢坐在患者的后面，有些则喜欢坐在患者的旁边。分析师如何布置诊疗室、如何接待他的患者、如何结束会谈、如何给患者账单并告知假期等，都与分析师个人的喜好和风格有关，当然他们的喜好和风格深受其个人分析师影响。许多无谓的争议混淆了分析师的技巧与其个人风格，除非分析师的方式与精神分析界所制定的规则有很大的出入，否则就不该被批判。

治疗设置

治疗设置包含了一些相对的主题：依恋与分离、开始与结束、支持／涵容与挫折。被普遍接受的精神分析元素包括：使用躺椅（鼓励退行和自由联想）、每周4～5次，每次50分钟（鼓励依恋和持续性的关系）、周末放假（激起分离焦虑）、使用自由联想（激发潜意识的内涵）、不预订结案日，以及遵守约定好的安排，特别是分析师的安排（支持，holding），并且避免被干扰（涵容，containing）、中立与禁欲原则（rule of abstinence）。有些分析师因所安排的治疗设置偏离了上述的基本原则而受到了严厉的批判。例如拉康并不受一次会谈50分钟的限制，结束被视为是一种干预，代表着被分析者的空语（empty word）或"关闭对话结构"。这样的做法破坏了分析师用反移情来做治疗的功能，也使分析师成了控制会谈时间的人，不禁令人怀疑分析师是否因身处困境或感到不舒服才缩短会谈时间。

相对，温尼科特（Winnicott，1977）有时会做"有要求才分析"的个案，包括一次会谈延长为2个小时或3个小时，借此鼓励病态的依赖或退行。虽然规矩可以打破，但是那些非正统的治疗方法最好保留给异议分子与大师们。普遍被接受的会谈段落仍以一次50分钟为限。即使在会谈快结束时，患者仍充满了情绪，还是应该在50分钟内结束。如果分析师多给患者一些时间，则患者可能会认为分析师会不断地退让；如果分析师稍微提前结束，则可能传递分析师会越来越早结束的信息。分析师的中立是治疗关系的关键，只有借控制治疗设置才能保有分析师的中立。

虽然分析师和患者都应遵守治疗原则，但治疗初期不该给患者太多规矩，如不该强迫患者使用躺椅。如果患者一开始就要求坐着谈，应该听从患者的意思，然后患者对躺下来治疗的焦虑会渐渐浮现并被了解。

例：笔挺的年轻男子

一位23岁的男人告诉他的男分析师说，他不想使用躺椅，因为他认为那是很愚蠢的事情。经过几个月面对面的访谈后，患者做了一个梦，在梦中，他看到一个很结实的男人从他背后出现，拿了一根很粗的棍子，插入他的身体里。梦的自由联想让患者了解到，他一直很害怕如果他躺下来，分析师可能会攻击他。在晚期的治疗中，这个梦就与他的同性恋焦虑联结起来了。

自由联想是知易行难。以下可能是对它最好的描述："我建议你把出现在脑海中的任何念头自由地说出来，包括对于接受治疗或会谈本身的想法和感觉，这些念头也许是不合理或不适当的，但我希望你都说一说。"

这样的说法注意到，患者在自由联想时会删减脑中的一些想法和感觉，特别是那些针对分析师的想法和感觉，它也隐含将它们用语言表达出来的重要性。自由联想的目的在于避免将内在冲突外显于行为上，话虽如此，这样的邀请还是会令人却步。值得记住的是，当分析师要某位患者进行自由联想时，他说："如果我知道怎么自由联想，我就不需要来这里了。"（Rycroft，1979a）

弗洛伊德（Freud，1915）所提出的禁欲原则对分析师和患者造成了一些困难。这个原则包含两点：①分析师绝对不可以满足患者的欲望；②患者不能在会谈室之外的地方寻求立即的满足。分析师要严格遵守第一个规则，特别是与性欲有关的需求，这是伦理契约的一部分，也适用于患者对分析师私人生活的好奇。了解患者问这类问题的背后动机和幻想，比直接回答问题要重要得多。若分析师直接满足患者的好奇，可能会阻碍自由联想的过程、影响患者发展出自我反省及象征的能力。有时，让患者认识现实状况并非失策，如让患者知道分析师患了严重的病或是怀孕，这是必须的。正如温尼科特曾说的，要谨记，我们是一个真实的人，而后才是一个分析师。同样，我们也当提醒自己，我们的患者先是一个人，而后才是一个被分析者。

禁欲原则的第二点带来了比较多的困扰，因为它的规范显得有些极权。禁欲原则的第二点，是当患者觉得分析师无法满足他的需求时，不能在其他的场合寻求满足。但是，有时候患者的生活会有一些重大的改变，如结婚或换工作，这都可能于治疗进行期间发生。更好的做法是，当重大事件发生时，待分析师剔除客观事实后，若仍有潜在意义，才规定患者不可用其他方式满足自己的欲望。当弗洛伊德进行3～6个月的治疗时，这些禁令尚容易实践。但是现在的治疗有时会持续好几年，因此要避免患者生活中的重大改变是不太实际的。

分析师也应该遵守这些规则，也就是说，他也不能从患者身上寻求满足。他应意识到自己对治疗的狂热、治愈患者的渴望、要患者接受他的价值观或偷偷地享受反移情的喜悦，再加以克服。分析中的中立性有可能成为一种吹嘘的、不具临床敏锐度的理想说词。所有的精神分析都具有支持的面向，如肯定和感同身受及一些隐含的支持，如安全的治疗环境、分析师的全心聆听和同理。为了使治疗能有所进展，在伦理规范所允许的范围内适度地满足患者，也无可厚非，如让淋成落汤鸡的患者有时间把自己擦干。重点是并非任何时候都不能满足患者的需求，而是去探讨隐藏在其中的移情和反移情内容。

治疗过程

在治疗过程中，设立规则是为了建立治疗架构的次序，以利于治疗过程的进行。任意改变治疗设置会打扰治疗过程的进行，因此应尽量避免。但是，有时候一些突发状况是无法避免的，如分析师突然生病了、会谈时被打扰、患者或分析师迟到、更换会谈室以及治疗费用的更动等，凡此种种都可能激起新的会谈素材。治疗设置的设定可以帮助分析师有效地探索以上种种突发事件，并经由已定下的契约，探索这些事件的背后意义。

当与治疗关系有关的变量都确立之后，除非有太多的忐忑不安，否则治疗师与患者通常会很乐观地展开治疗。治疗一开始，患者通常会小心翼翼地、冗长地解释自己的状况，当他从分析师那儿得到澄清、同情和协助时，他的自信心就会渐渐提升。治疗进行到中期时，患者会开始怀疑治疗的过程，并且开始觉得分析师没按照他所渴望的方式做治疗，这时，他开始会对治疗感到不满意。他的焦虑和害怕开始增强，怀疑自己是不是做错了决定，不该来寻求帮助。他一开始的乐观和一心想要快点解决问题的渴望落空了，取而代之的是幻灭的感觉。他巴不得自己从来没有开始这个治疗过程，他觉得自己太天真了，甚至有被愚弄的感觉。

当精神分析师拒绝患者越来越多的要求时（即守住禁欲规则），则会刺激患者幻灭的感觉。当患者的需求未被满足而带来的挫折感日渐强烈，则会很容易回到早期的关系模式里，患者因而在诊疗室中开始有了退行的行为。患者过去及现在的一些愿望、幻想、希求、渴望、失望、挫折和期待等感觉再次出现在治疗关系中。经由治疗设置的强化，使分析师有机会探索这些感觉的根源。当挫折感增强到某个程度时，患者童年的感觉和行为模式会再次出现在他对分析师的移情中，但这些感觉不会大到让患者觉得不能承受，因此患者不会放弃治疗或退行到以病态的方式面对此设置。

分析师的角色

分析师展开工作，放下一切记忆和渴望（Bion，1967），运用自由流动（free-floating）（Sandler，1992）或平均悬浮（evenly suspended）的注意力（Freud，1912a），有效地聆听患者的陈述，同时监看着自己的反移情，然后以一种对患者有帮助的方式点出核心议题。他允许自己的心游荡，思考为什么某个特定的想法会出现，容忍而不是逃避感觉。他在自我监控中，试着让自己的思考模式活跃起来，并避免僵化的理性思考。他一方面要感同身受地认同患者，同时又要保持其客观性，也许就像是同时扮演着母亲和父亲的角色。他试着平衡诠释与静默，并调节诠释的量与时机。

对于诠释与静默，不同的作者有不同的看法。巴林特（Balint，1968）认为分析师应该越少干预越好，当有怀疑、不确定时，最好保持静默。但是，对克莱茵学派的分析师而言，诠释是治疗的生命之泉（Etchegoyen，1991）。介于这两者之间的则有温尼科特（Winnicott，

1965），他强调分析师应采取不打扰的态度，以及格林（Green，1975）认为太多的诠释或太多的静默具有同样的杀伤力——太多的诠释容易造成干扰，而过分的静默则造成不必要的分离焦虑。分析师的不在与静默，与分析师的在场与诠释同等重要。其实这两者之间的平衡不只与分析师的技巧有关，也与被分析者所呈现的资料及分析师的反移情有关。同时，分析师与患者之间发展出来的治疗联盟也有助于分析过程的进行（即患者对治疗本身的态度是正向的），它使患者比较能忍受分析师的错误及不精准，甚至觉得分析师的这些缺失是有益的。不精准的诠释（Glover，1931）有时可以刺激出对治疗有益的反应，而分析师可以通过检视患者的反应对其有更进一步的了解。但是，这并不表示分析师可以草率地使用治疗技巧。分析师的首要任务，是尽可能地确保会谈以最好的方式进行（Casement，1985）。那么，分析师于分析历程里的主要任务为何？是减低冲突并鼓励患者使用比较成熟的防御机制？或是在联结过去与现在的事件，提供了解、给予洞察？提供患者矫正性情绪经验？借由患者退行促进一个新的开始？分析师和患者如何通过合作达到以上的目标？一个稳定的治疗设置与治疗关系使分析历程可以展开，就可以促使患者改变吗？或是特殊而正确的诠释也是必需的？如果正确的诠释是必要的，那么它应该是什么样貌呢？该把重心放在诠释此时此刻患者与分析师之间的动力，还是放在重新建构过去事件？应该把重点放在想起过去发生过的事件，还是放在治疗关系里此时此刻的经验？到底诠释移情与反移情动力应该占多少分量，而移情诠释之外的诠释是否也有帮助呢？显而易见，上述全都需要，甚至以上没提到的也都需要。分析师的工作在于分辨哪一种诠释在何时对患者最合适。僵化的干预及公式是没有用的，因为没有两个患者是一样的，每个人带到诊疗室的都是独一无二的人生，也会形成其独特的治疗样貌。为了回答以上问题，接下来的重点将放在一些分析历程的核心主题：退行、阻抗、治疗干预的样貌、诠释、顿悟、修通与结案。

退行

退行指的是患者回到早期发展中的某个阶段，它是分析过程中不可避免的。弗洛伊德（Freud，1900）区分三种不同的退化：层级的退行（topographical regression）、形式的退行（formal regression）和时序的退行（temporal regression）。层级的退行指的是一个人从次级思考过程退行到初级思考过程，从运动神经系统退行到知觉神经系统，就如做梦时意识休息了，潜意识便自由了。在分析设置中，退行指的是患者的潜意识幻想、思考及感觉不断修正他的意识沟通模式。第二种是形式的退行，在分析过程中常见的是患者会退回到旧的心智结构，使用比较原始的方式表达。例如，在压力下患者可能会使用原始的防御机制，出现婴儿化的行为，或是会从抑郁位置退行到偏执-分裂位置的运作。第三种是时序的退行，指的是退行到童年某个特定的发展点。孩子的发展经历不同的阶段，当面临挫折、失望及困扰的情绪时，人有可能会退行到早期的发展阶段。这些退回去的点，弗洛伊德称之为固着点（Freud，1916）。

桑德勒夫妇（Sandler and Sandler，1994a）认为将退行区分为上述三类是多余的，弗洛伊德也说这三者追根究底其实是同一种。他们主张退行是自我的反退行功能（anti-regressive function）消散了的结果。反退行功能是当一个人受到威胁或被激怒时，仍保持好的修养、维持不被迁怒的自主行为、控制不恰当的冲动和需求，并容许合宜的情绪表达。从心理健康角度来说，适当的产生健康的退行与反退行作用一样重要。否则将会导致严重的后果。

> **例：需求太多的惊恐的小男孩**
>
> 有位在孤儿院长大的患者被转介来接受分析。他举止退缩，有精神病性的特质。在访谈评估时，患者告诉分析师他多么辛苦地工作着，没有什

> 么社交生活，也从未拥有过亲密的关系。他觉得自己无法信赖任何人，因为有一次他邀请一位女孩吃晚饭，这位女孩当面答应了他，后来却爽约了。当天晚上，这位患者就试图自杀。分析师诠释他对依赖和投身一份关系的害怕。分析师说："你宁愿死，也不愿接触到那份羞耻的孤独感、被抛弃感及被羞辱感。"患者听了分析师的诠释后说，他绝对不会让任何人知道他需要对方。遗憾但不意外的是，他最后也拒绝了分析治疗。

自我僵化地维持反退行作用，是治疗中产生阻抗的主要来源。幸好，这种坚持与治疗保持距离、并努力控制情绪的行为在分析过程中是少见的。当患者在述说时，若分析师不过度地打断、批判、安慰或评价，患者不在意识中的渴望、不太记得的经验、早年的期待则会自然地流露出来，就好像它们早已等着被看见一样。在分析过程中，温和的退行会反复地呈现，患者可能会退行一段时间，然后又回到成人的功能状态。此种良性的退行会在分析里涌现、退去、再涌现；某个刹那出现，下一秒钟消失，取而代之的是成人的功能。它让患者可以探索其童年某些隐藏未现的部分。克利思（Kris，1956）称此种良性的退行为"为了服务自我而有的退行"（regression in the service of the ego），这种不断在当前与过去之间摆动，能协助此时此刻的自我得以通过得知过去的经验，而发展出较好的适应能力。

巴林特（Balint，1968）提出了人际层面的退行。他认为，分析师因个人的偏好会选择鼓励或不鼓励患者退行，而患者的退行状态则取决于早期的情绪出现时，其焦虑的程度或被接纳的感觉。积极促发退行的治疗技巧不必要也没有帮助。躺在躺椅上和分析师的静默已经足够引发退行。正常的退行不会让患者失去好奇心、表达感觉的能力和观察力；分析师在必要时的介入与帮助，会让他很快地取得平衡。在这一过程中，还必须维持治疗联盟。就如患者在退行状态下，可能会渴求分析师的爱、情感及肯定，但不至于到分析师不给予他就无法运作的地步。移情关系让患者在治疗过程的当下，体验到自己的早期渴望、幻想与感觉，分析师的中立会鼓励患者放下过多的理性、社会化的礼貌、举止合宜的顾虑而尽情地表达自我。

但是，当挫折太多或是患者的要求变得太过分时，退行则可能会有反治疗效果，甚至导致精神崩溃或是需要住院治疗。在这种状况下，分析关系将夹杂着自大幻想及无法被满足的依赖需求，患者会在理想化或贬低分析师之间摆荡，这些现象显示恶性的退行已经多于治疗性的退行。这时，患者可能会出现危险的行动化，也有可能丧失现实感，而分析师也可能被拉进逐渐升高的病态移情-反移情旋涡里。这时，分析师可能臣服或是逃离，患者则感到自己婴儿式的欲望有被满足的可能。

巴林特（1949）认为退行可以成为新的开始，因为在退化中，通过在移情关系里适当地加以处理，过去的创伤得以被修正。他认为所有严重的心理病症和身心障碍症状都与基本谬误（basic fault）有关。此基本谬误发生于早期母婴关系，要对此种情况有所帮助，治疗师必须处理退行状态里语言发展前所无法言说的面向（经由经验而非诠释），重新修正这种缺陷（deficit）。他认为每一个患者都需要：

> 退行到一种造成早期缺陷的情境，即一种特殊的客体关系，甚至回到比这更早的状态。
>
> （Balint, 1968: 166）

分析师让患者在一个比较好的关系里有一种此时此刻的经验，以疗愈过去的创伤——至少在隐喻上是如此。温尼科特（Winnicott, 1971）亦强调分析的际遇可成为涵容的环境（holding environment）或是过渡空间（transitional space）。在此空间让患者经由退行，再次处理其早期的经验，使患者得以更有创意，更具自觉地生活。这个说法与亚历山大与法兰奇（Alexander and French，1946）所提出的矫正性情绪体验（corrective emotional experience）很类似。但是，由于被一些不道德的实务工作者滥用，使得精神分析界认为这个概念是一种有损名誉的治疗概念。有关退行在治疗中的角色之争持续带动着精神分析界其他主题的争议，例如到底是要强调情绪体验还是诠释；到底是要偏重治疗关系还是治疗技巧；到底是要分析患者的情感反应还是认知内容。

重新经验早期的困境本来就是一件极痛苦的事，即使对那些被精神分析的退行的可能性所吸引的患者而言，仍是一件很痛苦的事。尽管患者知道退行可以帮助他们走向更具建设性的结果，但是，大部分患者还是会阻抗退行。对于过去的困境所有接受分析的患者都已找到一套适应方法，这些适应方法也许是经由妥协而来，也许是多年来不断试误的结果；无论如何，这些方法不容易被放弃，因为改变常会引发害怕和不确定感，所以大部分人都会阻抗排斥它。为了避免体验到更多的痛苦，患者可能会使用合理化和理性化的防御机制来逃避。虽然他渴望进步，也渴望活得更快乐，但是他也害怕内在的某些想法、事件、渴望和需求会为他带来羞耻与困窘。为了隐藏自己的羞耻感与困窘感，他可能会选择留在病症里，因此会借由强化反退行功能来抗拒接受治疗（Sandler and Sandler，1994a）。患者因而让自己困在既想表达又想阻抗改变的冲突中。

阻抗

阻抗是一种临床上的概念，指患者用来阻碍治疗进展的种种方法。患者可能会尤其阻抗乃至想中止治疗，分析师试图挽回的所有努力都徒劳无功。不过，对分析历程的阻抗通常没有这么严重。分析师通常可以感觉到患者在努力回忆、了解过去事件，但同时又有一股反对的力量呈现在其中。临床上，阻抗会以不同的形式呈现，从意识层面的欺骗到被潜意识驱动的行动化（acting out）、从理性化和认知理解到情绪化、从取消会谈到过分准时、从只谈治疗关系到逃避谈论它、从情欲化的治疗关系到全无感觉的治疗关系、从发展出新的症状和问题到快速的康复，以上皆是阻抗的表现。弗洛伊德（Freud，1926）在《抑制、症状与焦虑》（*Inhibitions, symptoms and anxiety*）一文中将阻抗分为五大类：压抑阻抗（repression resistance）、次级获益阻抗（secondary gain resistance）、移情阻抗（transference resistance）、重复强迫式阻抗（repetition-compulsion resistance），以及超我阻抗（superego resistance）。这之后，后起者也提出了其他形式的阻抗，如人格阻抗（character resistance）（Reich，1933），自尊保护（边缘人格与自恋人格者最常使用这类阻抗）（Rosenfeld，1971；Kohut，1984；Kernberg，1988），维护脆弱的认同（Erikson，1968），维持内在安全感（Sandler，1968），逃避经验的整合（Thoma and Kachele，1987）等阻抗。

由于过往的记忆、感觉及幻想若是浮现，会威胁到患者内在的平衡，使患者不想知道事实真相而产生压抑阻抗。分析师越接近患者早期被压抑的潜意识，患者就越觉得危险，阻抗也就越强。分析师必须调整介入的时机，好让患者在其可以忍受的程度内将他压抑的感觉呈现出来。有时候这些被深埋的感觉变成一种阻抗，当患者无意中发现症状本身有了次级获益时，则会选择活在症状中。

例：一种残忍的病

有位抑郁的患者在分析开始没多久便变得食欲不振，总觉得胃胀胀的。她埋怨分析师害她得了厌食症，嘲笑分析师无法解决她的身体问题，并认为精神分析对她的身体是有害的。她去看了医师，但医师开给她的药一点用都没有。治疗进行了一段时间后，分析师觉得治疗卡住了，并且觉得患者似乎以攻击他及他的治疗为乐。分析师于是诠释：患者渴望得到分析师生理上的照顾，但这种渴望落了空，她很失望，而且觉得分析师用诠释来

> 强迫喂食。虽然这个诠释有某种程度的正确性，但是忽略了患者症状的施虐特质——她不只用她的病症来处罚自己，也处罚那些想帮助她的人。这与她的童年有关，她母亲长年生病，要求女儿随侍在侧，响应她大大小小的需要。

移情阻抗指的是发生于治疗关系中的阻抗，它可能借由对治疗关系的敌意或不在乎呈现出来。即使患者对它有些觉察，仍否认这与过去的冲突有任何关联，或看不见治疗情境所发生的事与他和外在世界的关系有任何相似之处。其实患者内在的阻抗不只是患者本身的病态所造成，也包括患者与分析师的互动。分析师如何诠释患者的阻抗、他的态度及他所营造的氛围，会影响治疗的过程，有时分析师对患者的敌意所持的态度也会引发分析师的反阻抗（counter-resistance）（Stone，1973）。每一个分析过程都需要患者与分析师的配合，但即使配合度不错，患者心中还是可能有一股冲着分析师而来且无法控制的攻击或爱欲，这些驱力可能会导致治疗的失败（见第九章）。弗洛伊德（Freud，1920）很遗憾地表示，有些分析的失败要归因于恶意的阻抗，亦即强迫性重复（repetition-compulsion）。这是一种身心障碍，指患者不惜一切代价留在病症中。

超我阻抗指的是患者自虐地以一种长期受苦的方式接受现状且没有任何想改变的意愿。弗洛伊德（Freud，1918）在处理狼人（the Wolf Man）个案时指出，每当患者有所进展时，他的旧症状就会再次复发。起初，他以为这是患者对治疗的反抗。渐渐地他才认出，这是患者对于他的正确诠释的矛盾反应。弗洛伊德称这种现象为负向治疗反应（negative therapeutic reaction）（Freud，1923）。这种负向治疗反应与潜意识的自虐倾向有关，两者皆受攻击毁灭性驱力主导。当代的观点认为，这是患者试图脱离其所依恋的分析师而独立的现象（患者好像在说:"我会在我认为适当的时机找到病因,而不是由你告诉我何时领悟");也可能是患者想继续留在分析师身边的反应("如果我好了,我就必须离开你了,所以我不能好起来");也可能是一种嫉妒("我无法接受你比我更了解我自己")(Rosenfeld,1975;Kernberg,1975)。虽然以上归类帮助我们澄清了阻抗的一些不同方面,但是必须注意的是,阻抗可以任何形式出现在治疗关系中。无论如何,治疗时分析阻抗应是诠释的焦点。有时候,患者似乎陷入泥沼动弹不得,这也是他最需要改变的时候,而阻抗的出现往往意味着改变的时机已到。

> **例:挑剔时间的人**
>
> 有位30岁的女患者,小时曾经有过一次气喘发作,几乎要了她的命。她青春期时还被人强暴过。会谈过程中,她总是不时地查看手表,而且坚持在会谈结束前1分钟离开。分析师挑战患者想控制的需求,并将这一需求与两件事进行联结,其一是小时候被强暴时的恐惧,其二是她无法在她那过度焦虑的母亲面前放松。这个诠释增强了患者对分析师的信任。
>
> 之后,她会刻意在会谈时拿下她的表。当患者更能面对自己的情绪需求时,她便更能让分析师来控制时间并结束会谈。虽然后来她还是决定终止治疗,但是她在某些方面已有显著的进步,如更能与分析师讨论她内在的害怕,也感觉到她已得到属于她的那份东西。

当治疗卡住时,分析师必须辨识到阻抗的存在,了解其反对改变的属性,并指出其攻击及自我打击的本质,特别是当阻抗以恶劣的方式出现时,像是诊疗室外的行动化。

治疗性干预的范畴

从一开始在认定何谓主要的疗愈因素时,精神分析即在两个观点间摆荡。一个观点强调顿悟与诠释,另一个观点则强调与分析师之间的情绪关系。此种两极化有时带来创意的激荡,但是也造成了精神分析师彼此间的决裂,创造出许多不同的学派和宗派。1950年,亚历山大所提出的矫正性情绪经验始终未被精神分析界认可,而诠释则一直最被推崇,直到巴林特和温尼科特重新肯定了新经验的重要性(特别是在处理前俄狄浦斯期问题时)。有关诠释及新经验之间的争议直到现在仍持续着:弗洛伊德学派和克莱茵学派的精神分析师被归为同一派,因为两者皆比较强调诠释;自体心理学派和独立学派则被归为另一派,因为他们认为无言的同理心及感同身受本身就具有治疗效果。科胡特(Kohut,1984)挑衅地强调,除非有证据显示诠释的正确性,否则几乎所有的诠释都是野蛮的分析;同时,他认为诠释的内容及如何给予诠释是截然不同的两件事,他甚至认为即使诠释的内容不对,但若分析师进行诠释时的语气是对的,仍然会有治疗效果(参照第一章)。

就临床实务工作而言,这种二分法是表面且无意义的,因为诠释和关系都是必要的(Wallerstein, 1992)。其实稳定的治疗情境和分析师的注意聆听都是治疗的基础,这些基础提供给患者:①巩固对他人的信任;②认同一个对他有益且体贴他的客体的机会,使患者慢慢也能思考自己,并聆听分析师的诠释。分析师的涵容力(Bion, 1959, 1962, 1963)可以促发这个历程。分析师收集并整合患者所投射出来的自我的不同面向,借由了解患者的破碎自我并给予意义,使患者可以经由被涵容而更能承受挫折,进而再次内化进去一个比较能承受挫折的自我。温尼科特(Winnicott, 1971)与沃尔夫(Wolff, 1971)比较了临在(being with)的分析师和主动介入(doing to)的分析师,他们认为此二者有一样的涵容力。临在仰赖的是女性接收的、阴柔的元素,而主动介入则仰赖主动阳刚的特质,这两种元素应同时存在于男人与女人身上。

任何心理治疗工作者皆会同意,与患者同在是促进患者成长的要素。通过与患者同在,分析师所提供的空间及时间能解放患者并促发其潜能。相对的,对患者做什么则像打针一样,对患者的行为提出建言、进行诠释,可能加速了患者表面上的改变。如果做得太多,可能会剥夺患者为自己寻找解答的机会,也因此干扰了患者自然发展的过程。相反,如果只强调临在,则分析师可能因为没能提供足够的挑战和理性的冲击,导致患者无法成长。

精神分析的艺术在于临在和主动介入之间的平衡点。临床实务经验发现,分析师临在的治疗关系是主动介入的先决条件。精神分析中非特定的(non-specific)因素和特定的(specific)治疗方法是互补而非对立的。因此过分强调在移情中进行诠释为疗愈的首要因素,将会忽略其他的重要因素,如肯定、确认、赞美和支持。不管精神分析师忠实于哪个学派,大部分的分析师都会采取比较弹性的做法,即在治疗过程中,时而诠释,时而支持,并往复来回,在两者之间找到平衡(见图8.1)。

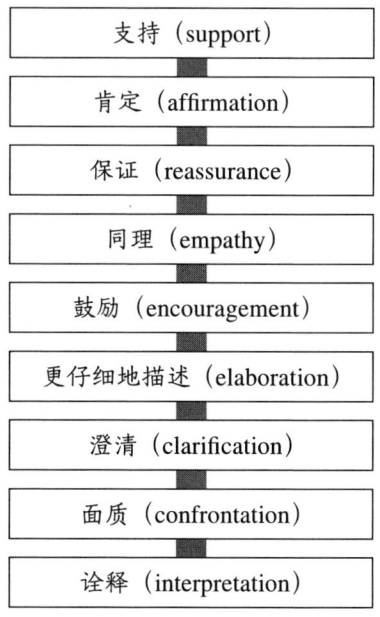

图 8.1 治疗方法的范畴

整体来说,治疗方法越接近诠释这一端,越与精神分析治疗法吻合,而支持、肯定和保证则比较不是精神分析的主要技巧。尽管如此,许多分析师仍常常使用"嗯哼""啊"等响应，借此鼓励患者多叙述他的故事，或刺激更深入的话题。无论采用何种技巧，重要的是，不要让患者觉得分析师是个没人情味的人，或是个超人。分析师一般在面对患者的哀伤和挫折时，都会给予适宜的同情。这些同情的话语，甚至轻微的感叹，都意味着分析师的临在，表示他仍然活着、听着、与患者在一起，并试着了解患者（Rycroft，1985）。

同理指的则是分析师对患者的感同身受。虽然同理常是非口语的，但也可能以下列字句表达出来："当别人这样对待你时，你真的很受伤。"到底是看重诠释的分析师还是看重支持的分析师较具同理心，这点很难预知（Kohut，1984），不过对自体心理学来说，同理心是治疗的中枢，而不只是走向诠释的工具。这种强调同理的说法平衡了一些自我心理学家（ego psychologists）对诠释的过分强调，但是它同时也使理论核心主题从冲突论（conflict）转向缺陷论（deficit）。图8.1的下半部分是精神分析常用的治疗技巧，当分析师使用鼓励、更仔细的描述时，他以此为澄清与面质的序曲。在使用描述技巧时，分析师通常会采用开放性问句，如："这让你想到什么？"而不是单纯地问患者"为什么"，因为这种问句可能会让患者无法回答，而且常会引发过度合理化的答案。澄清则是分析师经过思考后，将患者所说的故事重新陈述，以更整体的角度反映给患者听，但它不像面质那般具有挑战性。面质不一定有攻击意味，若它以坚定而探询的口吻提出，则常会有很好的效果。诠释通常包含面质与挑战的意味，借着诠释，分析师指出患者的某些曲解、不一致及错误的知觉。分析师到底要采用比较精细温和的诠释，还是比较带有面质意味的诠释，全看他与患者的关系及患者底层的问题，例如针对有自伤或自杀危机的患者，分析师一定要清楚地表达他的立场。

> **例：坚定清楚的诠释**
>
> 有位40岁的女患者，她的母亲最近刚去世，她在会谈室里谈及她很担心世界雨林的状况，她害怕人类会将雨林破坏殆尽。分析师知道这个患者常割自己，也曾多次试图自杀。他告诉患者，他了解她对环境的忧心，但他相信她在会谈中如此担心环境生态，是为了逃避失去母亲后所感受到的毁灭感，这一毁灭感使得她很想杀掉自己。

这个诠释的第一部分直接面质了患者的防御机制。

诠释

诠释的主要目的在于帮助患者看见他以前看不到的东西、扩大患者的内在知觉领域（endopsychic perceptual field；Rycroft，1968）、协助患者理解他们以前无法理解的事情、从看似无意义的事件中发现意义、去感受过去所不能感受的、并且将退行转化为成长和进步。

简单地说，诠释就是将以前留在潜意识里的东西带到意识层面来——"本我在哪里，自我就在那里。"（Freud，1923）——或更正确地说，是把前意识（preconscious）里的内容带到意识层，因为分析师只该诠释患者已经有所感，但尚无法完全掌握的事。从理论角度看，诠释的目标很清楚。但若在实操上，要定义诠释的形式、时机和种类，就不是那么容易了。

马兰／梅宁格的三角诠释

梅宁格（Menninger，1958）率先提出两个三角理论（two triangles），而马兰（Malan，1979）将这个理论发扬光大。这个理论详尽说明了何时及如何进行诠释。第一个三角是冲突三角（the triangle of conflict），它包括防御、焦虑和隐藏的感觉。第二个三角是洞察三角或人际三角（the triangle of insight or person），它包含目前生活中的他人（现在或最近的事）、移情（会谈中的此时此刻）和父母（过去）。这两个三角互有关联，例如在冲突三角中隐藏的感觉，可能会与人物三角中的任何一个面向有关。举例来说，患者所隐藏的感觉也许与其父母有关，因此可以在诊疗室的移情中看出——他现在的问题与过去的亲子关系使他无法表达自己的感觉，或是说他在会谈室里所呈现的焦虑可能与他目前生活中所面临的问题、过去与父母的关系等有关。因此，诠释常常包含了这两个三角里的任一维度，分析师必须决定什么时候提出哪一维度的诠释。同时包含六个维度的诠释并不多见，但分析师必须根据治疗过程的张力，决定要诠释哪几个维度。在治疗初期，分析师可能需将重点放在目前的问题或刚刚发生的事情上，因为最近发生的事患者更能记得，也通常是患者会来接受治疗的主因。

> **例：太近又太远**
>
> 有个从事广告业的男主管向分析师抱怨，他与女性的关系不是太亲密浪漫，就是太苛刻严厉。当关系变得苛刻而严厉时，女性会埋怨他不够关心、太过冷酷。目前，他的女友埋怨和他的心距离太远了。患者觉得关系疏远是他的原因，他也意识到，这种与对方疏远的现象一般发生在要考虑结婚或要做出长期承诺时。患者也多次改变工作，每当他在工作岗位上有些许成就时，会在其能力得到充分发展之前就突然离职。分析师怀疑，患者会不会在太靠近一个人或太投入一件事时就变得过分焦虑，这一焦虑则反映在他不断换工作和换女友的行为上。当分析师联结了患者现在面临的问题和他生活中的其他现象时，患者与分析师的关系就开始深化了。

在分析进行中，或在做初步评估时，分析师应该尝试将最近发生的事与过去的事件进行联结，并了解过去的事件如何影响了现在的行为及感觉。

> **例：太近又太远（续）**
>
> 患者后来谈及他在学校的朋友，以及他与这些朋友之间是否曾有过情感上的靠近，同时他也谈与父母的关系。他觉得父母很少温柔地彼此相待，但是母亲对他特别有感情。当患者7岁时，他母亲离家环游世界了两年之久，这两年患者与父亲同住。两年后，当母亲回来时，她表现得好像日子可以立刻回到两年前的样子一样（好像什么事情都不曾发生过）。他则有不同的感觉，经常独自一人躲在房间里。当母亲想要靠近他，并对他表达感情时，他会推开她。分析师说，现在他也把他的女友们推开，好像要避免重复母亲离开时他对母亲的感觉——此为联结过去和现在的事件。患者说，当他母亲回来时，他什么感觉也没有，他不再在乎母亲是否在他身边。但他也忆起母亲离家之前他们是那么亲密，以及她不在的那段时间他的迷惘。他不知道母亲为什么突然离开家，他家人也从来不讨论这个问题。

当患者与分析师的关系张力变得越来越强时，移情和反移情的互动也变得越来越清晰——开始时比较不明显，但后来张力会变得越来越强。此时，人际三角的三个维度（当前的重要人物、分析师和患者的父母）都会成为诠释的主题。

> **例：太近又太远（续）**
>
> 就在分析师刚诠释完现在与过去的联结后，分析师告诉患者他的假期日期。当放假的日期越来越近时，患者告诉分析师，他身边的每个人都要离开他，连他女朋友也要出国两个月。不知不觉地，患者已经将会谈室里发生的事和他目前的生活事件联结起来，这时，患者已经许可分析师将其现在的生活、移情内容、过去与母亲的关系连起来。尽管分析师因诠释了患者的经验取得了患者的信任，也营造了如同其母亲般温暖依赖的气氛，

> 然后离开患者放假去。假期结束之后第一次会谈，患者还是表现出冷漠而拒人于千里之外的样子，并且表明想结束治疗。分析师便将患者此时的反应，联结到当年他面对母亲回到家中的反应——躲回自己的房间。

当分析师在诠释人际三角时，同时也要注意到冲突三角。诠释应该从防御机制开始，不过诠释通常不会单单提到防御机制，因为若仅指出患者的防御机制，会让患者很紧张，好像他做错了什么事情一样。因此防御机制和焦虑应该一同诠释，最好也指出隐藏的感觉。

> **例：太近又太远（续）**
>
> 在分析师将患者对他放假一事的反应及他对母亲远行回家的反应进行联结后，分析师便开始诠释患者的冷漠防御机制。分析师告诉患者，他必须保持冷漠，才能控制住他那被抛弃的痛苦感觉。患者说，他才不在意分析师在放假时做了什么事！当分析师说这就好像他也不在意母亲出国到底做了些什么事一样时，患者突然对分析师放假时做了什么感到十分好奇，这当中隐含着某种潜藏的意义。接下来几次的会谈中，患者终于告诉分析师，他妈妈其实并没有出国，她是因为外遇怀孕而回娘家住，所以患者其实有个弟弟。对于这个弟弟，他一无所知。这个事实之所以被揭露，是在患者和分析师之间的移情关系变得更强烈之后，即在患者开始好奇分析师在放假时究竟和谁在一起之后。分析师与患者探讨了他对放假一事的感受，使得患者可以开放地与他的父母讨论过去。

经由诠释降低患者的防御后，会升高患者的焦虑。很自然的，患者又会开始防御因诠释带来的焦虑，这部分又需要进一步的诠释，通过自由联想的过程，隐藏在潜意识中的感觉才渐渐得以浮上台面。当分析师诠释了隐而未显的感觉与意义时，可能会导致患者的不解，或影响患者对分析师的信赖,使患者觉得自己被误解了。这些现象并非过早的诠释所造成,而是自然现象。对于冲突三角的诠释,有时被称为阻抗或防御诠释,其目的不在于除去防御,而在于软化患者的防御系统,使之较有弹性地面对冲突或困难。

介绍诠释蓝图的目的在于帮助分析师将冲突三角中隐藏的感觉与早期亲子关系和过去的经验进行联结。要达到此目的,分析师要先联结诊疗室里的移情与患者的过去事件。此时,移情诠释是把此时此刻诊疗室发生的事当作过往的重现:"如果你不同意我的看法,你害怕我会拒绝你,就像你父亲拒绝你一样。"在这个对话例子中,分析师将患者在诊疗室中此时此刻的感觉与过去事件联结。但是对于困扰较多的患者,由于运用的是初级思考模式,他们眼中的现在事件和过去事件可能是混淆不清的。因此,患者在诊疗室中现在对分析师产生的感觉有时会被患者认为是来自过去的某些事件。精神分析界称此种现象为假性记忆症候群(false memory syndrome)。史宾斯(Spence,1982,1986)和谢弗(Schafer,1983)同意这个说法,认为精神分析除了关心患者在诊疗室里所叙说的所有故事是否有其一致性外,也关心它们是否与事实相符。

引发变化的诠释

斯特雷奇(Strachey,1934,1937)认为诠释移情关系是引发患者改变的主要工具。在治疗关系中,分析师变成患者的新客体,借着诠释移情创造新的意义象征结构,使患者以新的观点来看待世界。治疗中的诠释不只帮助患者获得新的领悟,也获得新的经验。患者经由认同分析师而有了改变,因为眼前这位分析师不像他的远古客体一样遵循报复原则(以牙还牙),他是友善且忠实的。乍看之下这种论点似乎与弗洛伊德(Freud,1919)的看法有所冲突,弗洛伊德当时强调:"我们应该教育患者解放并实现自我本质,而不是模仿我们。"但是到底患者要认同什么呢？是斯特雷奇所说的认同分析师，或是分析师的功能（Hoffer，1950）？还是认同治疗关系（Klauber，1972），或将分析师视为自体客体（Kohut，1977）、还是认同治疗关系的其他因素？我们假设可以用皮亚杰的说法来了解这个认同的过程，说它是一个从适应（accommodation）到同化（assimilation）的过程，即分析师一开始扮演的是患者的外在的内在客体（external internal object），后来分析师的功能渐渐被整合到患者的人格里。无论对以上问题的解答如何，分析师一致认为，不管诠释内容有多正确，它必须在信任、安全、具有同理心的治疗关系里才能发挥最大的效力。

以分析师为中心和以患者为中心的诠释

移情诠释的形式也很重要。斯坦纳（Steiner, 1993）将诠释分为以分析师为中心的诠释和以患者为中心的诠释，他认为这两种诠释与投射-内摄系统有关，也与反移情反应有关。以患者为中心的诠释所关注的是患者心里的想法，此类诠释与冲突三角相呼应，如："你想忘掉那个想法（防御），因为你害怕（焦虑）那个想法可能会让你感到痛苦（隐藏起来的感觉）。"这样的诠释让患者觉得被了解，而且觉得有人知道他心里的痛楚。

以分析师为中心的诠释除了强调患者心里发生的事之外，也诠释患者认为分析师心里发生了什么事："你害怕我会对你生气。"这样的诠释让患者感受到可能另一个心智在和他的心智沟通（Fonagy, 1991）。分析治疗中的诠释大都包括了这两种内容：即患者心里想的、渴望的、感受的，及患者认为分析师在想什么。只偏重使用某一类型的诠释则会造成问题。以患者为中心的诠释会忽略治疗关系的重要，患者可能会在潜意识里体验到分析师在责怪他，而且过早地把他的投射返回给他。以分析师为中心的诠释则会使患者感觉到分析师只在意自己，而对患者现实生活中所面临的困难毫无兴趣。

移情之外的诠释

斯特雷奇(Strachey)所提出的"引发变化的移情诠释"对精神分析技巧有莫大的贡献。有些分析师只将诠释的重点放在患者与分析师的关系、分析治疗所引发的幻想,以及诠释所带来的焦虑(Joseph,1989)。移情外的诠释(extra-transference interpretation)则被用来平衡此种一面倒的移情诠释趋势。移情外的诠释意指治疗关系之外的诠释;当分析陷入僵局时(Stewart,1989),移情外的诠释则更显得重要了。

斯明顿(Symington,1983)与科尔塔特(Coltart,1986)提出分析师的自由律(analyst's act of freedom),意指分析师在诊疗室中自然地呈现他／她的感觉,通常指的是分析师的愤怒或无奈,这些自然而发的情绪提醒患者,分析师也是一个真实的人,而不是一个能完全涵容、全知的乳房。分析师出乎意料的人性表达常会使患者和分析师从桎梏中解放出来,也会让患者有新的领悟并促进治疗过程的进行与发展。欧夏里妮(O'Shaughnessy,1992)指出,治疗关系可能会变得太封闭(over-close enclave),甚至变成患者外在人际关系的代替品。移情外的诠释可以解决这种封闭、窒息的治疗关系所引发的问题。当然它也会有离题的危险,使治疗过程不再是一种分析,而是一种指导式或劝告式的治疗。因此保持平衡的诠释很重要。

不管诠释的种类、正确性及形式如何,诠释时机是治疗过程中永远重要的一环,就像音乐中的节拍是旋律中最重要的部分一样。诠释应该在张力最大的时候才给予,即当患者带着强烈的情感,其意念及联想很清晰地与分析师或分析有关时,才给予诠释。此时,氛围应该已经成熟,而患者也几乎能看见分析师即将要诠释的现象(Freud,1940a)。分析师依据他的敏感和直觉、被分析的经验及其临床经验,决定诠释的时机。这个时机通常是在有了足够的澄清、描述、简短的询问、考验了移情-反移情关系和面质之后才会到来。一个好的诠释能不偏不倚、促进整合，并且导向领悟。

顿悟

虽然顿悟是精神分析的重要概念，但究竟它所指为何，以及它是否是成功治疗的必要条件，则见仁见智。好莱坞电影里那种撼动山河的顿悟，与治疗室里的真实情况相去甚远。发现深埋已久的记忆而带来醍醐灌顶的效果，这种事很少发生，分析工作里比较常见的是黄油与面包*。精神内在模式（The intrapsychic model）所指的顿悟是个体对自己的潜意识的认识，包括了解潜意识对行为的影响、童年潜意识冲突及它们对于目前人际关系的影响，同时也指个体对于他的内在世界有了更深的了解。

认知上的理解和情绪上的领会是不同的（Zilboorg, 1952），理性上的理解是不够的，有时甚至会被用来阻抗改变，情绪上的领会则不然。汤玛与卡切尔（Thoma and Kachele, 1987）综合了许多学者对顿悟的看法，认为真正的顿悟或内观（seeing in）的能力，需要结合情绪的顿悟和认知的理解。内观是顿悟的一个元素，指的是个人渐渐能更容易地碰触到自己的想法与感觉，因而逐渐地产生改变。

另外一种顿悟的要素是情绪的洞察，意指分析使患者经历"啊哈"的经验（Reid and Finesinger, 1952），这种经验在一年的分析过程中也许只会出现一两次；它是压抑障碍被掀开，潜意识被带到意识层时的经验。逐渐预备与突然改变此种二分法是发展心理学所熟悉的概念，此外，数学的混沌理论也是在描述这样的现象（参照 Holmes, 1992b）。

伊奇高亚（Etchegoyen, 1991）将顿悟分为两种，一种是描述性的顿悟（即语言上的），另外一种则是明示（即浮现）。描述性的顿悟指的是个人通过联想，渐渐述说出关于自己的故事；明示的洞察则是一种心领

---

* 如同天天要吃的米饭，平凡无奇但不可或缺。——译者注

神会，即患者在情绪上突然懂了先前就知道的一种心理情境。普鲁斯特所描述的"小玛德莲的体验"即是明心洞见的一个原型例子（Holmes，1992b）。治疗若要有效，这两种知识都是必须的。

克利思（Kris, 1956）从两种脉络下谈顿悟，一是好时光（good hour）脉络，二是假性好时光（deceptively good hour）脉络。在好时光脉络中，患者在会谈一开始就对分析师怀有敌意，对治疗很悲观。但是在治疗中，因为分析师所说的某些话，使整个治疗情境顿时改观，而患者也开始对自己的困扰有了更完整的看法。相反，假性好时光脉络指的是会谈初期的治疗气氛是充满希望和令人满足的。患者的自由联想极为丰富，而且很快就得到顿悟，但是所得到的领悟常只是用来满足患者或分析师的自恋。假性好时光脉络所得到的领悟，常常来自以小时候的某个特殊事件来解释患者后来所发生的所有事情。分析师必须小心分辨何者是用来防御的领悟，何者是可促进患者走向自主、分化的顿悟。

总而言之，顿悟整合了潜意识和意识的认知，联结了过去和现在，使相互冲突的渴望趋向和谐，并促使个体学会容忍并修正过去的行为。顿悟不是来自分析师的赐予，而是借着分析师的诠释或治疗过程中的非诠释性因素，由患者自己渐渐同化而来。就在患者由不同的观点及其过去和现在生活里的各个面向来反省他所获得的新领悟时，他渐渐聚集了与其顿悟一致的情绪，这即是我们所谓的修通过程。

修通

弗洛伊德（Freud, 1914c）在《记忆、重复与修通》（*Remembering, repeating and working through*）一文中，描述了一个很有趣的观察——患者需要时间来修通其阻抗，然后他才能真的看见，并信服其潜藏的冲动有多么强大。修通可以帮助患者提高自尊——患者看见他要克服的挣扎是如此艰巨、要付出的心血是如此巨大。当患者真正信服并接纳分析师曾经对他所做的诠释时，即是修通发生的时候。修通也是联结理性（口语上的）顿悟及情绪顿悟（心领神会）的过程，它也与移情诠释紧紧相扣，因为移情诠释旨在将患者从理性的领悟带向此时此刻的经验。顿悟带来修通，而修通则强化顿悟。

精神分析的特点之一是其治疗期限，于是乎精神分析文献很少谈修通，便是一个令人好奇的现象。除了1914年的论文，弗洛伊德不曾系统化地探讨修通这个主题（Laplanche and Pontalis，1980）。大部分的分析师同意，若要引发基本的心理改变，三年是治疗的底线，但是这个临床现象只是一种理论性的说法，就像患者在结案后其症状会有短期复发的现象一样，是一种观察，但缺乏研究根据。弗洛伊德的观点完全是在驱力-阻抗-顿悟的思路下成形的。若从发展模式来看，时间就不再是最大的问题。这个模式认为改变的过程是：患者先意识到自己过去病态的交往模式，然后再经由实验、模仿并适应新的交往模式，最后再经由同化形成较成熟的人格结构。在躺椅上产生的改变，必须在真实生活中活出来，同时，日常生活中所发生的爱、恨、丧失、成功或失败，也需在治疗中学习如何面对。当然，上述的过程需要时间，也需要修通。在修通的过程中，分析师协助患者——检视其生活中每个面向的潜意识动力（包括诊疗室内和诊疗室外），患者会渐渐感觉到与分析师分开的时候到了。

结案

在该结案的初期，分析师与患者可能都会忽略分析已近尾声的想法，因为担心此种想法来自阻抗；但是，当这个想法越来越有根据时，便会被带到台面上讨论。原则上，结案的想法应该来自患者，而非分析师。但在一些特殊的情况下，分析师因为个人的因素，可能必须亲自提出结案的议题。例如，分析师感觉到患者不再能从他的分析中得到帮助，或是分析师再也无法承受某个患者带给他的情绪压力。此时，他应该建议患者接受其他模式的治疗，或是推荐给患者另一个更能处理其困难的分析师。

理论上所谓的治疗目标不应与一般人认为的成功指标混为一谈。临床实务中，我们会观察到患者的生活，以及他与分析师的关系有了改变。最明显的是症状的减轻、与家人的关系改善、工作效能提高、社交生活改善、性生活中的冲突减少、焦虑和罪恶感降低等。有了以上的改变之后，患者的心理状态显然渐趋平静，但这不表示他会符合社会所接受的常态。临床实务中所观察到的改变是多样的，患者接受了协助之后，可能决定要离婚或不离婚；换工作或是在原有的工作中争取升迁；在人际关系中选择让步或是坚持满足自己的需求；失去一些朋友或得到一些朋友——这些对临床实务而言都是治疗带来的改变。但是，外在的改变是不够的。分析里改变的迹象也是必要的。

外在改变得到分析历程的证实，例如：患者告诉分析师，他与太太的关系变好了，同时也用一个梦来证实夫妻关系的改善。在诊疗室里，患者的思考变得自由而活泼；他的梦也变得比较连贯；更能和分析师商讨周末和假期所带来的分离焦虑，而没有将内在冲突行动化，也没有过度的使用防御机制；他对分析师的害怕减少了，也允许自己挑战分析师、关心分析师或认识并接受自己的失败。其焦虑的内涵也从偏执转为抑郁，从以俄狄浦斯期为主转为以性器期为主的人际关系模式。这两者之间的平衡与摆荡，告诉分析师治疗已到了快要结束的时候。在抑郁位置时期，患者能觉察到自己的冲动和幻想，能区分现实与幻想，并了解自己在病症形成上的责任，也能关心别人。他的投射式防御机制减少了，变得比较有弹性，也比较能信任别人。那些经由病态投射-认同所失去的部分自我也已经被整合了（Steiner, 1989, 1993）。瑞奇曼（Rickman, 1950）指出，当以上所有因素都呈现出来时，患者也能维持他所开始的改变，并在需要时持续地进行自我分析，则表示分析已成功。

结案的过程与新的开始（Balin, 1949）、戒断（Meltzer, 1967）、哀悼（Klein, 1950a）、分离（Etchegoyen, 1991）和成熟（Payne, 1950）有关。

不管采用哪一种理论架构，所有的分析师都同意，结案对分析师和患者而言都是很困难的事。患者一方面想争取他所渴望的独立自主，同时又感觉到自己也极渴望退行到依赖、被安慰的关系里。他必须学习放弃以分析师为涵容者的渴望。结案有几个过程：开始时，患者内化了分析师的涵容力（containing function），但尚未整合到其自我之中，因此没有真正的分离。虽然患者的焦虑渐渐减少，但他仍需要分析师的临在。斯坦纳（Steiner, 1993）认为这是走向分离的第一个阶段。第二个阶段包括患者放弃他投射出来的客体，患者要面对并哀悼这个丧失。患者在承认分析师对他的帮助时，也必须接受他将失去一个长久以来的安慰者，就好像放弃乳房，接受断奶的事实一样。他必须接受治疗有其限度，并对其所渴求却得不到的理想客体死心。此时，分析师也应该接纳患者在退行和整合之间摆荡，也学习接受自己面对这一重要关系即将结束的难过，哀悼他可能再也听不到这个他如此熟悉的人的消息，并原谅自己在分析过程中所犯的错误。患者可能在意识或潜意识中接收到这些错误，而试图说服分析师分析得很成功。患者和分析师要一起接纳他们所体验到的已是足够好的分析（'good enough' analysis），而不必活在彼此的赞美或相互的指责中。

派德（Pedder, 1988）不喜欢结案（Termination）一词的（英文）词义，他觉得这个词有流产（abortion）和结局（finality）的含义，它与结束（ending）分析的精神不符。他建议用断奶（weaning）或渐趋幻灭（gradual disillusionment）一词来解释结案的过程。当关系的重要性和亲密度越来越高时，这份关系就越不容易被丢弃。因此，从提及结案到真正结案，必须有好几个月甚至一年的时间。

当双方决定了结案的日期，就不能再改变了。若结案日期有了变动，整个决定结案的过程会重新来一次，而且会比第一次来得困难。结案的日期必须在分析的最后阶段，经过充分讨论后才做决定。弗洛伊德（Freud, 1937）在其经典论述中指出，忌妒和无法接受现实会导致分析无法结束,因此要谨记"一鼓作气,再而衰,三而竭"的古训。

分析师是否该在最后阶段改变其分析技巧?或在结案过程中改变会谈的频率?或是从一而终地保持同样的会谈频率?这些问题都没有标准答案。有些患者开始时每周会谈2次,渐渐增加为每周5次,也许对这些患者可以反向减少其会谈频率直到结束;有些患者则从头到尾保持同样的会谈频率;结案的日期常会安排在长假前,如暑假或圣诞假期前。患者和分析师要一起决定如何进行结案,并了解为什么要这么做。有些分析师可能在会谈后期会减少移情的诠释,而增加直接回答患者问题的频率,且比较开放;尽管如此,基本的分析方式是不应该改变的。如同患者在分析初期和分析中会有不同的反应,同样,在面对结束时也会有其独特的反应。分析师不能在结案前过早放弃继续分析患者,否则会漏掉患者在结案期呈现出来的一些重要的心理问题。

除了那些受训要成为分析师或治疗师的人,很少人关注结案后的情况,这恐怕是因为大部分的患者和分析师都认为清楚的了断是最好的方式。清楚而不拖泥带水的结束有几个好处。首先,要在固定的会谈时间之外与患者另约时间已经足够困难了,更遑论在没有治疗设置的情况下,要修通因结案又被激起的未处理的移情和反移情,更是难上加难。第二,在结案后又给患者额外的时段,可能会损及患者对自己的信心。第三,结案后再继续与患者保持联络,可能会使双方对保持适当情感界线的能力失去信心。反之,结案后没有其他接触又是不实际的,有时甚至会对患者造成伤害,同时会使患者觉得分析师对他的生活一点都不好奇。在莫兹里(Maudsley)心理治疗机构里,2/3的患者结案后又会回到机构,和分析师保持联络(Pedder, 1994)。就好像年轻人在正式离家后,还偶尔会回家里来看看一样,当患者遇到困难时,可能只是需要回来和他以前的分析师谈几次,以解决他当前的问题;他们若再去找新的分析师,一切又要从头开始,无法立刻谈及他想谈的问题。此外,分析师和患者小心地决定未来见面事宜,而无过分亲密或过分排斥的态度，应该都是被许可的。另外有的情况是，被分析者与其前分析师在同一个训练机构里，于是听到他的前分析师和同事争执、对委员会成员不礼貌、为人处世就像一般人一样等，此类情况如何处理需要在机构里讨论以取得共识。

第九章

临床工作的难题

> 精神分析的初学者在展开实务工作时,会警觉到在诠释患者的联想及处理其被压抑的内容的产物时所面临的种种困难。
>
> (Freud, 1915: 159)

在每次分析会谈中,分析师都会面临技术上的两难。例如,何时该开口说话,何时保持静默;何时该诠释,何时该给予支持;何时要引导患者,何时要帮助他澄清思路。本章将探讨一些为分析师带来困扰的主题。对于这些问题,我们无法提供简单明了的答案,因为任何精神分析工作者都知道,要提供一本简易的临床工作手册是不可能的,即使是短期治疗亦然(Fretter et al., 1994)。就精神分析而言,一套标准且适用于所有的临床症状的解决方法是不存在的。每位患者的情况都是独特而唯一的,因此治疗法也应因病情而异。每一位分析师都必须根据自己被分析的经验、从个案讨论中得到的知识、从文献及被督导的经验来面对临床情境,因此本章所提供的观点也只是个人看法,其他临床工作者在面对同一情境时,可能会使用其他的治疗方法。

但是值得注意的是,不管所用的治疗方法如何,分析过程中的每一种挑战或所遇到的难题,对分析师和患者而言都有特殊的意义。本章仅尝试提供一些意见,帮助新手在面对临床上的难题时掌握一些基本概念。

本章将讨论的临床难题大约可分为四类（见表9.1）。

表9.1 临床问题分类

持续性	共演		特殊患者群体
	诊疗室内行动化	诊疗室外行动化	
缺席	身体接触	自杀	青少年
迟到	过分的要求	自残	老人
放假	礼物	药物滥用	服用精神药物者
僵局	金钱	酒精滥用	进食障碍患者
患者的家庭	沉默		正在接受分析训练者
			少数民族
			先前曾接受过分析者

首先，有些问题会干扰治疗的进行，但不会立刻威胁到治疗的内涵，例如缺席、迟到、请假以及一些治疗中的僵局。其次，有些发生在诊疗室里，我们称之为诊疗室里的行动化（acting in），如患者过分或不恰当的要求、经常送分析师礼物、对会谈的费用有意见、过分地静默等等。第三种难题是发生在诊疗室外的行动化（acting out），它常会使分析师面临极大的挑战，有时甚至会威胁到治疗本身。这些严重的行动化包括试图自杀、自我伤害和药物滥用。第四种是临床上比较不容易处理的患者群体，诸如青少年、边缘人格患者、服用精神药物者、进食障碍患者、老人、正在接受心理治疗或分析训练的学员、少数民族，以及那些曾接受过分析的人。本章主旨不在涵盖以上所有类别，而在于说明如何处理某些出现在诊疗室里的临床难题。当然，以上所提的现象是相互重叠的，在诊疗室外行动化的患者同时也会在治疗室里行动化；会迟到的患者也常常不会准时付费；而那些曾对分析师提出过分要求的患者，也常会有自杀的威胁等。

与分析过程有关的问题

干扰分析过程的困难在分析里随处可见。通常,这是阻抗的表现,一定得加以处理,分析才能有所进展。这些干扰都多少有着潜意识的成分,而成分的多寡取决于患者特定的内在动力组合,以及当时患者与分析师的关系。分析师和患者会渐渐了解发生在会谈脉络中的事件——诸如迟到或忘了付费、患者的要求或一些感觉——在特定的时刻会有特定的意义,同时也和患者与分析师的关系及患者过去的经验有关。当患者与分析师的关系有了变化,或变得更深入时,同样的经验可能会有不同的意义。任何事件或症状皆与患者正在面对的早期经验有关,诠释必须根据患者的症状而异。同样,不同阶段的诠释也会影响诊疗室里发生的事及患者的症状(Breuer and Freud,1895)。

迟到

迟到常与会谈中的阻抗有关,诸如重复地谈同一件事、逃避痛苦的主题、谈一些生活琐事和静默。有时候,患者会清楚自己迟到的原因(如因为他不想谈某些事情)。更多的时候,患者觉得自己迟到是因为有很多不可避免的原因。他们为迟到道歉,然后会谈照常进行。分析师必须把患者迟到一事放在心中,然后谨慎地聆听患者的谈话内容。通常不需要直接讨论患者迟到的事,因为开始时不会有足够的证据进行适当的诠释。直接探问迟到的问题会转移话题,使患者无法自然呈现他想呈现的内容,而且想要太快地挑出患者迟到的潜意识动机,有时会让患者重复地将迟到合理化。因此,"等"为上策。

> **例：一直熄火（无法发动）的建筑师**
>
> 有位建筑师迟到了15分钟，进了治疗室后，他向分析师解释他的车子发动不起来，发动了又一直熄火，因此才迟到。他向分析师道歉，分析师接受了他的解释，没有表示什么意见，只是在心里标注：患者迟到这么久很不寻常。患者继续向分析师道歉，说他多么希望自己可以准时来，他觉得前天那次会谈很重要。他想不起来那次谈了些什么，只觉得上次谈完后有些难过。这次的会谈因为患者的迟疑和静默而变得缓慢，就好像这次会谈一直发动不起来一样。由于患者的犹豫不决、静默，以及想不起上次的会谈内容（上次谈到他的依赖感日渐升高），分析师便对患者说，也许他不想来是因为他害怕自己太依赖分析师。患者就开始说，其实他巴不得他的车子发动不起来，那样他就可以被迫不来会谈。经过进一步的分析，发现患者在考虑中止分析治疗，因为他觉得分析没有意义，也害怕自己会上瘾。

有些患者经常迟到，而且每次迟到的时间都一样，但另一些患者则是固定早到或非常地准时，这表示了他们对自己所架设的规范没有弹性。这样的僵化常常要在多年的分析之后才会显现出来，在这些个案身上，缺乏弹性是他们防御的模式（而非迟到），为的是避开痛苦的感觉。

> **例：控制时间**
>
> 有个19岁的学生每次来会谈都会迟到10分钟，这种情形从第一次会谈就开始了。他从来不谈自己迟到一事，而且这个现象似乎一点也不干扰他似的。他父亲是个支配性很强的人，固执、严谨而且有强迫性行为。对患者来说，没有所谓的青少年叛逆期，他很顺利地完成了大学的课业。每次，当分析师提及患者迟到的事时，患者只是耸耸肩，不再说什么。分析师便决定暂时不和患者谈迟到的事。几个月后，有一次会谈分析师自己迟到了。

> 患者像往常一样迟到10分钟，他到的时候，看见分析师匆匆忙忙地走进诊疗室。分析师先与患者道歉，但患者却越来越生气，他责备分析师毁了整个治疗。他说他期望分析师坐在诊疗室里等候他的到来：会谈什么时候开始是取决于他而不是分析师，那是他的特权。接下来的分析发现，患者心里有一种全能的幻想——由他控制会谈和分析师。分析师的迟到勾出了患者这个幻想。患者对待分析师的方式与他父亲对待他的方式非常相似。患者说，在他们家，若全家要出门，父亲会坚持要求他和他弟弟准备好所有的东西在门口等他，此时父亲才会开始在后头慢慢地整理行李，然后来检查他们是否已准备好。

这些临床案例显示了"等待"的重要性，也就是说，要了解干扰分析过程的意义是需要时间的。这个看法与弗洛伊德的立场互相呼应。弗洛伊德认为，最适合诠释的时机是潜意识的内容几乎浮现至意识层面的时候——若隐藏得太深，患者会无法了解分析师的诠释；但是若潜意识已浮出表面，则患者可自行找到意义，不需要分析师的诠释。就如分析师要等患者对他自己的惯性迟到或绝对准时等阻抗感到不舒服时，再针对这些行为进行诠释，如此，诠释才会有效。前一个例子里的建筑师对自己的迟到感到不舒服，并一再向分析师道歉，所以分析师可以在患者迟到的那次会谈就针对其行为进行诠释。相反的，在上述例子里的19岁学生对自己的迟到毫无感觉，因此，要等到他觉得被分析师的迟到威胁时，才是诠释的时机。

假日或假期

治疗期间的周末假日、假期，或患者和分析师因无法避免的其他约会而请假，都会干扰分析的进行。但是，这些无法见面的日子也是改变的契机，因为它们会唤起一些感觉。有些患者遇到周末假日时，会有松一口气的感觉,而且很想庆祝一番。对这些患者而言,接受分析就好像做家务一样,是应别人要求而做的,他们一直有被分析师压迫的感觉。在他们心里,分析师是具批判性的超我,总是准备好要评论他们的行为和幻想,因此他们期待着周末假期的来临。星期五的会谈令他们感到放松、兴奋,因为周末即将来临;而周一的会谈就很令人消沉,且因周末的放纵,使他们总是怀着罪恶感来接受周一的会谈。另外,有些患者在遇到周末假期时则会有被抛弃的感觉。有位患者偷偷地录下星期五的会谈过程,然后在周末时不断重复地播放;有些患者则会在星期五会谈结束后不想离开诊疗室,然后整个周末都无精打采地躺在床上,只有当星期一来临时,他们才会"活"过来。对某些患者来说,假日象征着被抛弃的感觉;对其他一些人来说,放假会激起他早期的俄狄浦斯处境——一些被父母排除在外的感觉。

例:渴望介入

有位患者在星期五的约谈中埋怨,如果他知道分析师周末都做些什么,他会觉得好过些。周末时,他发现自己不经意地路过分析师的诊疗室,并往屋里瞧,想看看里头有什么人。星期天晚上,他打电话给分析师,想确定周一的会谈时间是否照常。星期一他来接受分析时,很难过,也很抑郁,因为他觉得自己被排斥在外,同时对自己在周末假日打扰了分析师感到愧疚和羞耻。

这位个案的父亲在他4岁时离开家庭。从那之后,他就一直睡在母亲的床上直到12岁。有一段很长的时间,睡在母亲床上令他感到十分安全。

患者对假期的反应模式需要时间才会慢慢浮现,有时数周,有时好几个月。分析师必须等候这些模式清楚地呈现出来后,再开始处理。分析师的处理方式则要视当时的移情关系而定。当患者处于严重压抑状态或严重退行时,他们可能会拒绝离开诊疗室。对于这类患者,分析师可以据实以报，如"你现在必须离开，因为我还有别的工作要做。当我结束工作后，我会再与你联络，那时我们再决定该怎么做。"分析师必须衡量患者处理假日和周末的能力，有时候可能需要请其他心理工作者或患者的家庭医生帮忙。一般而言，分析师最好先预见这些可能出现的困难，并且事先做好适当的安排；但是，安排这些额外的工作人员时，也别忘了探索其中的潜意识意义（Stewart，1977）。精神分析诊疗室里的双人互动场域（Langs，1978: p.116）所受到的压迫，只有在分析师扛起个案管理的责任才得以舒缓。

有些分析师在比较长的假期中会给患者写封明信片或简短的信，这种做法也许可以帮助到现实感较脆弱的边缘性人格患者，他们因为脆弱的现实感而较无法承受与分析师长期分离。一封明信片会让患者觉得分析师把他放在心里。但是，不管这封明信片是从国外或国内寄出，它同时也可能会激起患者的忌妒、怨恨和敌意。分析师必须记得自己寄了明信片，以便在假期结束后借由聆听患者的谈话内容了解明信片对其造成的影响。

例：人性的接触

有位边缘人格患者在接下来的一个月里即将见不到分析师，她觉得这简直恐怖到极点。她向分析师埋怨，觉得自己被抛弃了，没有人关心她，觉得分析师好像要把她送走一样。在自由联想中，她记起有一回妈妈到医院去生弟弟，她必须到某个阿姨家住一个月。刚开始她一直抗议，随着时间的逝去，她渐渐觉得自己根本就不需要妈妈。她预期同样的情况也会发生在分析师度假的期间。分析师在假期中寄了张明信片给她，以便衔接假期前和假期后的治疗关系，患者很惊讶分析师竟然了解她糟透了的心情，分析师的明信片也强化了他们的治疗联盟。

另外一个技巧上的问题在于放假前的诠释时机和分量。患者可能会在长假期来临前渐渐地退缩，为了保护自己，他不再谈那些未揭露的痛苦经验。因为他知道，接下来的几个星期自己得独自承受这些痛苦。分析师碰上患者这些反应时，要尊重他们，并衡量患者能承受多少压力和困扰。分析师也应该处理自己对周末及假期的反移情。有些分析师会用接过多的工作来处理假期，星期五是松口气的日子，星期一是负担，假期则是远离枯竭的机会。无论如何，即使没有这些问题，分析本身已经够困难的了；如果没有督导，则分析师的反移情有可能成为治疗僵局的主因。

僵局

僵局指分析过程既不进步也不退步的状态。治疗情境也许没有太大改变，患者持续表达他的感觉，自由联想继续进行，分析师也进行诠释。但是，患者却没有任何进展和改变。当分析陷入僵局时，分析师很容易将它归因于患者的阻抗，或是归咎于自己错误的治疗技巧。但是僵局是患者和分析师共同造成的问题，它是患者的心理病态和分析师的反移情彼此挂钩的结果。罗森费尔德（Rosenfeld, 1987）认为患者和分析师之间互动的障碍大都来自分析师潜意识的婴儿式焦虑。分析师为了免于意识到这些焦虑，而与患者当下的人格状态共谋，僵局于是产生。因此，在任何僵局发生时，分析师必须借由检视自己的感觉，找出自己和患者挂钩的部分。

僵局不同于负向治疗反应，后者通常出现在治疗有进展之后。真正的僵局是逐渐发展出来的，几乎不会被察觉，只有当分析师渐渐感觉到治疗在原地踏步，或患者似乎固着在某个心智状态时才会浮现出来。相反，负向治疗反应则常来自敌意，它通常隐藏在狂躁（manic）防御和攻击的面具下（Rosenfeld, 1975）。此种敌意常以对分析师的忌妒，或觉得自己赢了分析师的形式表现出来。在僵局中，敌意不存在于意识中，躁狂的防御也不明显。因此在僵局中诠释患者的敌意，患者会无法理解，这对他也不公平，因为僵局是患者和分析师共同形成的（Rosenfeld，1987）。

梅尔彻（Meltzer，1967）提及一个常常出现的僵局，这一僵局常发生在患者渐渐进入抑郁位置（depressive position）而治疗即将结束前。此时的患者会觉得自己的罪疚与不好是自己的责任，但却未因悔恨而走向独立，反而停滞不前并继续依赖分析师。他的症状已经减轻，也开始感谢分析师对他的帮助，但却只关切自己的福祉。客体的福祉不会被考虑，甚至可能被牺牲。同样，由可逆转的观点（reversible perspective）（Bion，1963）而产生的僵局会细微到让人探查不出来，这样的僵局很微妙也不容易被察觉。可逆转观点所造成的情况是，在表面上患者和分析师的观点是一致的，但是台面下却隐藏着不一致的看法与敌意。患者表面上好像为了某种目的来接受治疗，而实际上却隐藏着其他的目标：如为了安抚他的另一伴、为了与分析师接触，或为了完成精神医学或心理治疗生涯的学习。

当分析师遇上这些情况时该怎么办？诠释显然无效。有时，分析师必须暂时改变分析情境，例如要求患者坐直，然后公开讨论僵局的情境，也聆听患者对分析的批判；此时，诠释是没有用的，分析师最好认真聆听而不做诠释，必要时甚至要直接回答患者的问题。弗洛伊德（Freud，1918）在狼人的案例中，采取强硬做法，直接设定了结案的日期。此种面对僵局的做法通常已渗入了分析师的反移情，因此，要采取此种行动之前，最好先与同辈商量。在此种情况下，督导就显得更重要了。

诊疗室内的行动化

以上所谈到的情境呈现了分析师在诊疗室里可能碰到的问题，但这些问题还不如患者突然的要求、财务的问题、给予的礼物及持续的沉默来得急迫。无论如何，这些状况都应在患者与分析师的关系里考虑，并特别注意移情与反移情。

身体的接触

患者对分析师的有些要求比较温和，如要求更换会谈日期，但有些要求则比较棘手，如要求与分析师有身体接触。有时候，分析师为了阻止患者，会被迫碰触患者的身体（Stewart，1992），这类患者认为表达需求及要求被满足是无伤大雅的。例如，有个对分析师有性欲移情的患者完全不理会分析师拒绝她的要求。如果分析师违反了禁欲原则，更改了分析设置，那么即使他是为了营造一个支持而涵容（holding）的环境，结果也将惨不忍睹。分析师的首要任务是协助患者认识他的要求是不合理、不恰当的。其次，指出患者潜藏的动机，使患者将他的要求和渴望从无焦虑的状态（ego-syntonic）转到焦虑和冲突的状态中（ego-dystonic）。虽然患者要求分析师碰触或拥抱他的身体明显地不合时宜，但是，其他一些看似合理的要求，诸如希望分析师肯定他、温柔待他，其实也隐含着对攻击的轻微否认。

小心地检视反移情并谨慎聆听患者的故事，就不难发现当分析师答应了患者的要求时，他也就失去了虽然痛苦但却可以导向改变的好机会。所有这类要求都应该从这个角度去检视。技术上，分析师必须先问自己一个问题："在这个特殊的时刻，患者要求我扮演什么角色？为什么？"温尼科特（Winnicott，1958）认为患者会对分析师产生这样的要求，是因为患者需要在与分析师的关系里重温早年悲惨经验带给他的强烈感觉。这些经验对其原始自我来说太过强烈，所以被冰封起来。卡斯曼（Casement，1985）认为分析可以将患者的早年创伤带进全能感的范畴里。卡斯曼以自己为例来说明一位患者要求分析师握她的手的案例，经过小心地考虑这个请求后，他拒绝了患者的要求，他的谨慎态度也让患者了解他对她的要求很慎重。这一拒绝让患者想起与母亲之间的恐怖记忆——在她两岁时因为严重的烫伤（这毁了她的自尊）而接受麻醉手术时母亲当场晕厥过去。经过这次诊疗室里的行动化，患者有了戏剧化的进步；若分析师当初答应了患者的要求，可能就不会有后来的进展了。

巴林特（Balint，1968）说，在特殊的情况下握住患者的手可以协助患者走向新开始，也是克服基本谬误（basic fault）的起步。同样，派德（Pedder 1986）认为脆弱的个体与其依恋对象之间的联结也许只是一种保护，而非意味着两者之间的性联结，因此，牵手并不像某些人认为的那样具有诱惑的内涵。

患者的家庭

会给分析治疗造成严重问题的患者，也会给其他协助他的专业工作者和他的家庭造成一样的问题。一般来说，精神分析为了保护治疗联盟或患者与分析师之间的私密关系，通常会忽略患者的家属，与他们保持距离。他们认为患者的家人或亲戚会危及患者与分析师之间单纯的治疗关系。弗洛伊德（Freud，1912a）坦承他自己不知道如何处理患者的家属。不可否认，患者身边的人会因患者接受分析而受到影响，他们也很自然地会担心患者的状况，好奇患者的进展，如果患者有所改变，他们的生活也会受到波及。如果患者的家属或亲戚涉入治疗过程，则必须区分究竟是家属的焦虑、患者自己的焦虑、分析师的焦虑，抑或三者都有，才导致了患者家属的介入。下面的例子显示了配偶的潜意识运作对治疗结果有显著的影响力。

> **例：介入治疗过程的丈夫**
>
> 有位已婚的边缘人格患者一直依靠丈夫来阻止她继续割伤自己及服用过多安眠药。每当外出时，她得在固定的时间打电话给丈夫，他每天为她准备该吃的药，也定期检查患者的手提包，拿走任何刀片。如果患者没在该打电话时打给他，或是他在她的皮包里找到了刀片，他就以停掉患者的经济支持来处罚她。有好几次，他得用他的身体来阻止患者割裂自己的手臂。在分析过程中，患者渐渐意识到她与丈夫正处在施虐与受虐的互动关系中，而这个互动过程却被关怀支持的假象掩盖了。当分析师和患者开始看见这个主题后，这位先生坚持再也不为太太付治疗的费用了。但是，这个时候的治疗关系已足够稳固，所以患者强壮到可以挑战丈夫的威胁。婚姻关系中的冲突是免不了的。患者的丈夫要求与分析师见一次面。询问了患者的意见后，分析师同意与患者的丈夫见面。讨论之后，他们认为患者应该继续接受治疗，同时夫妻再一起与一位婚姻治疗师会谈。虽然这样的安排并不寻常，但是却挽回了患者的治疗。

越来越多的精神分析师加入了治疗边缘人格与自恋人格疾患的行列。这些患者当中有许多有自杀企图或自我伤害行为，其他则有药物滥用和酗酒的问题。在分析过程中，也会发生严重的行动化。当这些情况发生时，分析师将家属或亲戚视为盟友而非敌人会更好。在初步会谈时，与患者的配偶讨论整个治疗计划，有助于治疗的进行。在制定治疗合约时，要确定患者及其亲人都同意且明白治疗的进行方式。

如果有些困难未事先预知，分析师可能必须破例在紧急情况下，未经患者同意与患者的亲人联络。若采取这种紧急措施，那么为了保护治疗关系，分析师必须谨慎地考虑要和患者的亲人谈些什么。如果可能，最好事先与患者商量好会告诉其亲属的内容，或是让患者参与所有分析师与患者亲属的会议，如此可以减少信息被扭曲或会议内容被患者亲属不当使用的危险。此种做法的危险性在于分析师的治疗策略会受到客观事实的影响，而不再依据移情内涵进行治疗。

有时候，特别是当配偶感觉到被排除在治疗之外的时候，患者的配偶会直接要求见分析师。

> **例：过度保护**
>
> 有位36岁的男子出现了严重的抑郁症状并有自杀企图，但是尚未到达必须住院的程度。有天早上，他一语不发地离开了家，而且没像平常那样在中午回家吃饭。他的太太和兄弟很担心，便打电话给分析师，看看他早上是否去接受治疗。分析师没直接回答他们的问题，而是说她必须得到患者的许可。患者的太太和兄弟听到这样的回答简直气坏了，他们直接跑到分析师家中面质她。分析师在反省这件事时，突然发觉她把患者的亲人排除在外，就像患者也把他的家人排除在外，一言不发自行离去一样。之后，分析师安排了一次面谈，邀请患者及其家属参加，与他们讨论患者的退缩及他使太太和亲友对其自杀有这么大的焦虑的原因。

有时候，患者会在未知会分析师的情况下，就将亲人带到诊疗室来。

> **例：一次激烈的会面**
>
> 有一天，有位已接受两年分析的患者突然在会谈时间把他的太太带到诊疗室来。他告诉分析师说他太太一直要求来，但他太太说是他要她来的。他们前一天晚上才发生过争执，患者要分析师为他们的争执评评理。分析师说，他愿意用简短的时间回答他们带来的问题，不过，以后他们若要一起来，一定要事先安排。在后来的讨论过程中，患者和太太又起了争执，而且患者威胁要打他太太。分析师中止了他们的争执，并对患者指出，他似乎在告诉分析师他有多么生气，而且可以失控到这个地步。患者的太太立即

> 回应说，她一直觉得分析师根本不知道她先生的状况有多么严重，也无法了解她在承受些什么。

这个例子说明了一个两难状况。患者试图逃避处理他对分析师的攻击与恨意。诊疗室里的分析历程没能涵容他的内在冲突，于是这份冲突便反映在他与太太的关系中。患者的太太通过指控分析师在鼓励她丈夫的威胁行为，她的焦虑得以减轻。同时，她有个健康的渴望——可能是被她丈夫驱动的潜意识渴望——希望丈夫的失控行为能在移情关系中呈现，而不用出现在婚姻生活里。

在分析儿童和青少年时，亲人的介入是普遍被接受的。虽然分析师与孩子或青少年的会谈内容仍需保密，但分析师也会定期约谈孩子或青少年的父母，除非为了孩子的利益，否则分析师不会将会谈内容告诉父母。但是，在成人的分析过程中，亲属的过多涉入可能是分析师的防御——他无法忍受及修通正在发生的冲突；这些冲突正是患者的核心议题，也是分析历程的核心。这种情况特别容易发生在有自杀意图的患者身上，因为其自杀意图会让人的焦虑高涨。

> **例：秘密的约定**
>
> 有位当牙科护士的边缘人格患者一直有自杀的想法，认为自杀可以解决她所有的问题。婚前，她曾试图给自己注射混杂了不同药物的注射液，也试图跳楼。她从不曾告诉先生这些事，所以他完全没有意识到她有这么严重的困难及无法去除的自杀念头。就在假期来临之前，患者出现了强迫性自杀念头，分析师决定要和她先生谈一谈。得到患者的许可后，分析师邀请她先生来面谈。当先生知道了她过去的秘密后，患者感到前所未有的轻松，自杀念头也因此减轻许多，但是，几个月后又到了要放假的

时候，这些念头就又出现了。这次，分析师再一次考虑要和患者的丈夫谈一谈；不过这一回，分析师显得更加谨慎小心，因为他知道这样无助于真的对患者的问题追根溯源。分析师再次向患者提出这个要求，但患者拒绝了。后来，分析师意识到自己之所以想见患者的丈夫，只是为了想保护他自己——万一患者真的自杀了，他希望患者的丈夫不要埋怨或批判他，同时他也需要有人一起支持这个治疗过程。患者的拒绝意味着患者和分析师必须在他们的关系里处理这一问题。后来，这位分析师找了一位前辈督导自己，协助他涵容患者可能自杀的焦虑。经过督导后，分析师开始能正面处理患者自杀企图的底层想法和感觉——患者对这些一样无法忍受。分析师发现，先前他要求先生前来会谈，其实是患者在潜意识里与他共谋，试图毁掉分析，因为分析引发了患者的依赖与愤怒。进一步的分析使患者想起小时候当她有问题时，她的父母就会从外面带人回来帮忙；患者一直觉得这是父母不够爱她的表现，当她觉得最需要父母帮助时，他们很有可能抛弃她。

诊疗室外的行动化

行动化一词的含义太广，包括了所有分析师不赞同的行为及重复出现的破坏行为，后者与患者的人格或个性有关。从较严谨的角度而言，行动化指的是记忆与不断重复的行动的一系列代替，套用弗洛伊德（Freud, 1940a）的话说："患者……以行动将应该要陈述给我们听的情况在我们面前演出来。"那些发生在诊疗室里的行为，诸如在室内踱步、撞墙、把书架上的书推下来，或是在移情中实现其感觉等，则称为诊疗室内的行动化（acting in）（Eidelberg, 1968）。不管是诊疗室外的行动化或诊疗室里的行动化，都称为行动化（enactment）。行动化隐含着患者退行到反射前期及语言前期,这个阶段的孩子相信他的行为具有魔力,同时极度渴望着外在世界对他的行为有所响应。

精神分析的设置会激活退行行为,这也鼓励了患者行动化。成熟意味着行动、升华、象征及其他较高功能的整合。但是边缘人格与自恋人格患者则常出现与退行有关的及未整合的特质。对一些比较严重的患者而言,行为比语言更有力量,它能更快地让患者感受到紧张与挫折的释放,也比连续的对话更能影响分析师,同时也给患者一种控制的假象。无论如何,每一个分析都会有行动化出现。要用语言表达所有的体验(特别是情感与感官体验)是不可能的,那些坠入爱河的人可以证明这个看法。分析师的任务是确保行动化有刺激分析的作用而非干扰分析。

行动化有正面及负面的维度。一般而言,行动化行为的结果比较容易有负面影响,而行为本身则不会。从正面角度看,行为本身是一种沟通,也是有用的分析素材(Limentani,1966)。巴林特(Balint,1968)提到有一回他的一个个案在会谈室里翻筋斗,这个行为让他们的分析有了突破。从负面的角度看,翻筋斗具有破坏的特质,会危及个人的安全,甚至会有生命威胁,也有可能危及分析本身。行动化逃过了思考与心理防御机制,将个人潜意识里的故事和幻想直接流露在外。在经过缜密地分析行动化的内涵后,常会发现一些重要的潜意识冲突细节。

例:表达困难

有位29岁的男子因为性焦虑、担心自己的长相以及很难与人建立亲密关系等困扰,前来接受一位男分析师的治疗。在他的经历中,母亲是个独裁、要求刻板且有洁癖的女人,因此小时候会定期带他去灌肠。治疗渐渐有了进展,他变得越来越自信,也交到了女朋友。就在他和女友想一起买公寓时,他开始要求分析师肯定他和女友同住的决定。分析师尝试诠释患

> 者对亲密关系的害怕，但却没能看见患者的恐惧已凝结成对一具体事件的恐惧（即"和女友一起买公寓"）。在一次会谈结束后，患者立即吃下过量的安眠药并试图切腹，他埋怨分析师没有帮助他。经过分析后，分析师和患者终于了解到他的自杀行为是在传达他的恐惧，他害怕女友将会像他妈妈一样地支配、控制他和他的内在，而他的爸爸（分析师）会抛弃他，留他自行面对自己的命运。他的腹腔代表那个被妈妈侵犯的部分自我，他必须借着吃安眠药及切伤自己来告诉分析师他的幻想内容是多么恐怖，也向分析师表达他的需求。这次事件之后，会谈的焦点则放在患者幻想分析师可能会中止会谈时的恐惧。之后，这类行动没再发生，而他与女友的关系也渐渐稳定下来。

在没有预警的情况下，上述具有伤害性的行动化现象常常会让分析师感到震惊，同时也可能引发分析师的互补反移情反应。有时，分析师在遇到类似情况时会用一些规矩来限制患者的行为，但是这些限制有时反而会强化而非减弱患者自我伤害的行为，特别是当患者觉得分析师不了解他的情况时，则会增强自我伤害的行为。一般而言，诠释是用来挑战此种情况的最佳方式。在进行评估访谈时，如果分析师预估患者在接受分析的过程中可能会出现严重的行动化，则分析师在一开始就该与患者立下合约（Kernberg et al., 1990；Selzer et al., 1987），不要等到事情发生了再处理。出事时，原先设立好的支持系统便可启动，同时分析可以继续进行。在没有预警的情况下，患者的行动化会是对分析师的严厉挑战，更会激起分析师的愤怒、害怕及无助感。此时，反移情反应便是关键。

比尔格（Bilger，1986）认为行动化里的行为是最主要的因素，其核心本质即在于跨越未曾言说的界线。

> **例：侵犯性的问候**
>
> 在治疗展开不久后，有位48岁抑郁的男患者开始非常友善地待人，甚至到了卑躬屈膝的地步。当进到等候室时，他会打开诊疗室的门，向分析师说"你好"，即使诊疗室里有其他患者在，他也照样开门。分析师觉得自己被侵犯了，并为此生气。后来经过了解得知，患者将头探进诊疗室里的行为是患者与母亲角色互换的移情反应，即所谓的"投射-认同"。患者此刻的行为就如同小时候他妈妈一样（他妈妈常常会进到他房间里看看他在做什么，或只是与他打个招呼），而分析师则变成了那个生气的小男孩，觉得自己的生活被侵犯了。

分析师也会有行动化的行为，甚至享受患者的偏差行为，就像严格的父母默许了孩子的反叛行为。在小心谨慎地诠释之后，若患者行动化的现象仍持续地增加，那么，分析师就必须反省自己反移情对治疗关系的影响。督导是必须的，它可以帮助分析师检视自己，以免做出反治疗效果的行为。

自杀

对分析师而言，自杀是最具挑战性的威胁。当发现患者有自杀试图时，分析师必须很快地评估患者自杀威胁的强度，并立刻制订清楚的治疗计划，即分析师要精确地衡量患者绝望的深度、无望的层次、自杀计划的严重性、外在支持系统的情况，以及是否存在让情况更加恶化的因素，诸如酒精或毒品。若分析师判定患者自杀的可能性很高，则必须立刻进行危机处理，即通知患者的亲友和其他照顾者。若有需要，即使患者不同意，也要亲自或请社工为患者安排住院治疗。分析师的这些举动对治疗关系所造成的影响则留待日后再处理。许多案例显示，分析师的果断处理可能对分析历程有益，因为分析可能已在频繁的死亡威胁下经历太长的阵痛期，或者甚至已经完全没有动静了。

当自杀威胁或念头已经是患者生活的一部分时，分析师必须让家属知道患者长期有试图自杀的念头，因此会有生命的危险，也需让家属明白，分析师虽然愿意与患者合作，但却无法保证治疗一定成功。科恩伯格等人（Kernberg et al., 1990）认为在治疗初期，甚至在治疗开始之前，与患者家属见面以评估其危险性，可以避免家属出面破坏治疗过程，或避免患者借由操纵他人的情绪或引发罪恶感来控制分析的过程。

为了不对患者的自杀威胁过度反应，分析师需要谨记试图自杀者常会有的感觉：绝望、愤怒和罪恶感。这些感觉反映出患者想借由自己或别人置自己于死地的渴望。患者的绝望常会影响分析的过程，甚至使分析师也感到绝望，此时则最容易引发患者的自杀念头。保持希望是分析关系的要素，即使有时候分析师必须一个人撑住这个尚有一线希望的感觉。愤怒和渴望杀掉自己的念头是比较容易处理的，然而自杀威胁常是患者攻击、教唆、强迫、支配、玩弄和控制分析师及外在世界的方法。在潜意识幻想中，自杀者试图借着杀掉自己使别人永远处在痛苦中，并感受自己的重要性及被需要的感觉。在分析过程中，特别要了解患者在潜意识中想要分析师扮演什么样的角色，即谁是患者潜意识里想要攻击的对象。弗洛伊德（Freud, 1917）认为只有当患者完全认同了他所失去的客体时，他才可能真的自杀。自杀发生在自我与客体混淆不清时，在患者的幻想中，他所攻击的是抛弃他的客体，而非自体。因为自我与客体混淆不清，所以杀掉自己就等于杀掉了带给他许多痛苦的、抛弃他的客体。

例：绝望、愤怒与罪恶感

有位边缘人格患者觉得自己一生的任务是照顾她母亲。分析中充满了患者想操纵、控制分析师的气氛，她会要求更改会谈时间、在会谈时间之

> 外打电话给分析师，并要求在周末与分析师会谈。她母亲过世时，她非常悲痛、怨恨、诋毁自己，说自己一事无成。她觉得没有了母亲，也就没有活下去的理由。她说自己是个"隐形人"，如果她死了，只会"在这个世界上激起小小的涟漪，而这个小小的涟漪立刻就会被潮水淹没"。如果她不见了，她觉得分析师也不会注意到，并且马上会被另外一个患者取代。她接着告诉分析师，她已经在计划自杀，因为对已过世的母亲，她产生了越来越多恐怖的念头。她的分析师试着说服她住院，但被患者拒绝了。她说了一个梦：自己坐在窗户上，从外头往里头望。一开始，她通过玻璃看见母亲在里面，但却突然发现她们两个人都在屋子里头。这时，她和母亲变成同一个人。然后，她用头去撞玻璃，想要出去，但却撞碎了她的头，她的脑浆四溢、血迹满地。有一个人从头到尾看见整件事却没有介入，然后这个人走进屋里带走了她，使她松了一口气。
>
> 分析师对患者诠释道，对于母亲丢下她一人离世，她感到愤怒。她既渴望加入她的母亲，又想逃离。逃离导致自我毁灭（用头去撞玻璃）、无法思考（脑浆四溢），也让她感到罪恶。而梦中有位象征分析师的人，却静静地坐在一旁观看。会谈中，分析师坚持要求患者住院，因为他不想看着她杀了自己。这次，患者同意了。

故事中，当患者描述自己的死只会在这个世界上激起小小的涟漪时，表露了她的绝望。她试图控制分析师，并胁迫分析师用母亲对待她的方式对待她。在母亲过世时，她在潜意识里借着攻击自己来攻击母亲。患者的梦境显示她认同了母亲，因此自杀意味着她想攻击她所认同的母亲，借此得以在幻想中与母亲分化。在移情中，分析师则成了患者生命中那位被动的父亲，任由患者被母亲控制。

诠释患者对分析师的攻击渴望，可能会引发患者强烈的罪恶感，特别是当患者了解到自己也是病态的原因之一时。当患者意识到分析师一直都在帮助她，而她却否认这些协助，反而以侮辱回报时，患者便开始进入抑郁状态（Klein，1952）。患者将他与分析师的关系与早期重要他人联结起来时，会充满了罪恶感，认为自己已经毁了那位他不知不觉爱了很久的对象。此时，患者渴望被惩罚的感觉是如此强烈，以致巴不得他所伤害的对象能把他杀了，因此自杀就成了唯一的出路。这时患者也觉得非常无助，因为他觉得自己是无法掌控的外在事件及内在世界的牺牲品。这个无助感又会增强自杀的危机，因为患者觉得只有借助死亡才能逃脱失控所带来的无助焦虑，即抢在被杀掉之前先杀掉自己，化被动为主动（Laufer，1987）。

分析师会很想把上述三种情绪转成技巧策略：例如以肯定的口气和态度响应患者的绝望；以设定限制与主动介入响应患者的愤怒；以催化哀悼和支持策略回应患者的罪恶感。但事实往往不这么简单。分析师要能将患者的这三种感觉留在心中，好让自己能同理患者想死的渴望，了解死亡幻想带给患者的兴奋感，认识死亡带给患者的控制感或权力感，同时不低估自杀的可能。

特殊患者群体

分析青少年

以上所讨论的临床上的难题，特别是行动化与亲友介入这两方面，较常出现在处理严重异常的青少年及青年个案时（见第三章）。青少年处在发展独立自主与性认同的时期，他们非常在意自己外表及身体形象的改变，也在亲密与个体化之间寻求平衡，在害怕被吞没与被孤立之间挣扎。青少年是充满行动化的成人，在他们日渐形成的社会地位与性意识的脉络中，渐渐了解并重新调试了他们与世界的关系。在饥渴地寻找新的认同对象的同时，他们还会小心翼翼地面对成人的世界。他们的内在世界仍旧处在混乱的状态中，而内在冲突总是呼之欲出，他们很难控制自己的冲动，也害怕表达自己的感觉。只有部分的幻想会被升华，因此冲动、令他们不知所措的情欲、失控的愤怒与情绪就会凸显出来。

这些发展过程必然会影响分析的历程，因此分析师必须适当地调整其分析技巧，尤其在治疗初期时。自行前来接受治疗的青少年通常会觉得，他无法重整其心理世界——而其心理世界至此为止一直是以童年关系及认同为基底的。他痛恨自己，也感到绝望。在与这样的青少年会谈时，开始最好多聆听，少做诠释。当青少年正在试着离开其早期客体时，诠释移情会激起婴儿式的客体关系，因此若分析师太早诠释移情，青少年会无法区分过去与现在的客体，也会以对待早期客体的方式对待分析师；由于这一早期客体是青少年试图分离的对象，因而会迫使他不得不选择结案。

分析师必须协助青少年区分过去和现在，但在这之前，他必须先与青少年建立分析关系。有些青少年，特别是自行前来的青少年，很容易从治疗中得到帮助，也很容易和分析师建立治疗关系，但是对其他青少年来说，建立关系是狂风暴雨的过程。青少年会攻击任何试图帮助他们释放焦虑的分析治疗并以其为耻，因为他们害怕退行会激起早期的渴望，如渴望被关怀、被抱持和被照顾。此时渴望被关怀和渴望独立之间的冲突就格外明显（Chused，1990）。因此分析师在青少年眼中成了一个迫害者，青少年认为分析师要为他被激起的依赖（渴望被控制）需求和痛苦负责。青少年接受精神分析的能力很薄弱，他会将所体验到的痛苦感觉转移到分析师身上，甚至用自杀和暴力威胁来愚弄分析师。分析师放假、周末和请假，对青少年来说都是一种反击，因此他们会化被动为主动，以行动来响应分析师。例如，他们可能会在分析师放假之前就先中断治疗关系；星期五就不来会谈；想来会谈才来；如果分析师静默，他就比分析师静默更久。当然，不是所有来接受分析的青少年与分析师建立关系都会有困难，有些青少年会把分析师理想化，认为分析师是全知的专家，可以帮助他解决所有的问题。即使这类个案有时也会有问题:当青少年因分析治疗而释怀后,会渴望和分析师多谈一些;谈了之后,又担心自己讲得太多,便开始小心起来。

基于两个非常实际的理由,在分析青少年之前最好联络他们的父母:首先,他们和成人不同。对成人来说,父母的影像主要存在于他们的内在世界中,但青少年却仍与父母有真实的互动,因此父母的影响不仅存在于内在,也存在于外在现实。争执、吵架、拒绝、共谋、过分涉入、过分保护等都可能发生在真实的生活中。其次,除非有父母的支持,否则分析青少年是一项很艰巨的工程。当青少年不能遵守治疗设置的约定时,父母可以成为后援力量,以确保分析治疗不会被假期打断,也不会过早结案。青少年的父母常是付款人,因此当青少年不断要求停止治疗时,父母可以鼓励他们持续接受分析。因为这个缘故,有时必须给予全家治疗性的支持。一旦分析开始进行,分析师要避免落入试图证明自己和患者的父母不一样的陷阱。青少年会认为分析师和父母有同样的信念、价值观及对待他们的方式,这是很正常的现象。分析师必须指出这个现象,而非努力去证明自己不会像他们的父母一样。青少年在渴望被照顾、被帮助的同时,又会感到羞耻和内疚,因此他们会借由否认问题的存在来压抑这些感觉,分析师则需继续面对否认所带来的压力。例如若患者想自杀,他会轻描淡写地描述他的自杀企图,并认为他会自杀是别人的错。一旦他了解自杀是自己内在经验的结果,而非别人的错时,将是非常恐怖的事。分析师的任务是协助患者慢慢地做到:①接受自己的内在冲突;②了解内在和外在经验、过去和现在是不同的;③学习涵容其冲动而非将冲动行动化;④了解除了受到外在客体的影响外,他追求独立的过程也受到了自己内在冲突的影响。

分析老年人

对于年纪多大才算是"老年患者",见仁见智。弗洛伊德(Freud,1898,1904)认为年过50岁的患者不适合接受分析治疗。他担心患者50

年所积累的素材太多了，无法一一处理，而且过了这个年纪，整个心智运作都已固定，缺乏弹性。这种说法已面临越来越多的质疑，越来越多的人认为年龄已不再是心理分析治疗的障碍（Sandler, 1978；Nemiroff and Colarusso, 1985）。他们认为问题不在于年龄的大小，而在于这个人是否适合接受分析。从这个角度来看，评估老年人与评估其他年龄层的患者并无不同（见第七章）。老年人若能持续寻求新经验、与人建立有意义的关系且仍保有活力，则此人一定拥有分析所需要的心理弹性。那些对自己的成就感到满意、有丰富的生活智慧及稳定价值观的老年人，会有很好的预后效果（Simburg, 1985）。有些老人曾接受过心理治疗，虽然并不是很成功，但这一经验却使他愿意再度寻求分析；有些老人则因潜意识中害怕死亡而要求治疗（Segal, 1958）。另外一个刺激老人寻求帮助的动机是"最后机会症候群"（last chance syndrome）（Hildebrand, 1995；King, 1980）。

当老人开始面对整合或绝望危机（Erikson, 1968）时，死亡不再是一种概念，而是一个现实的问题。死亡对每个人来说都有其个人意义，但杰克（Jaques, 1965）认为老人潜意识中的幻想充满了僵硬、无助及不完整的自我感，同时还要维持着能力去体验这些所带来的痛苦和迫害。除此之外，老年人还得继续面对因为老化而带来的改变。这些改变包括身体机能的退行、关系的失去、自尊来源的变更，还要学着接受自己必须越来越依赖他人照顾的事实。面对这些问题不仅对患者来说很痛苦，对比他年轻的分析师来说也不容易。本来，要面对自己的死亡就已足够难了，现在必须在亲密的分析关系里一次又一次地面对这个主题，恐怕更令人难以承受（Kastenbaum, 1964）。

类似的问题也会发生在其他面临死亡的患者身上，像是艾滋病患者（Grosz, 1993）。克斯坦本（Kastenbaum）认为我们的文化对老年人的看法令人心寒，它看不起那些照顾老人的人，特别是那些服务老年精神病患者的人。分析师也同样会受到这些社会价值观的影响，这些影响可能会干扰他们对老人的评估与治疗。因此分析师——特别是年轻的分析师——在治疗老年人时，要注意自己的反移情反应，例如分析师对自己父母的敌意与想拯救他们的幻想，都可能被老年患者激发出来（Myers，1984，1986）。患者对过分依赖的害怕会干扰治疗过程（Martindale，1989），而对孤单的恐惧也会使患者否认其需求。分析师与患者都可能因为想否认对孤单的害怕，而否认渴望分析之外的其他协助（Cohen，1982；Treliving，1988）。

服用精神药物的患者

由于精神分析及药物治疗之间的对立，文献中极少讨论分析及药物同时进行的情况。一般认为服用精神药物会影响精神分析治疗，因为它会减弱患者的感觉，而这些感觉是分析工作的基础。但事实并非如此。许多证据指出，结合两者是有益的。研究显示，服用抗抑郁药物并接受精神分析的患者在社会功能及病症减缓方面，优于只接受一种治疗的患者（Klerman，1986），药物可以提高患者接受分析治疗的能力且从中获益。安娜·弗洛伊德请她的同事为一位正在接受分析的严重抑郁患者开药，结果显示，服用药物提升了分析的效果（Lipton，1983）。

洛伯（Loeb and Loeb，1987）与杰克森（Jackson，1993）研讨躁郁症患者在接受精神分析期间使用药物和住院的必要性。他们认为，经由分析治疗，患者更能了解躁郁症的潜意识内涵，医师再根据这一发现配药，使患者能够更有效地控制他们的冲动。同样的过程也被应用在精神分裂症患者的治疗上（Robbins，1992）。温利（Wylie and Wylie，1987）的临床研究显示，有位患有严重抑郁症的患者无法处理分析过程中的移情，直到她服用了抗抑郁药物，减低了在情感上的脆弱度，并减少了面对内在冲突的恐惧感后，才可能对她进行移情的诠释。

精神分析与药物治疗在本质上并不相互排斥或对立，它们有各自的治疗目标，在不同的疗程里显示出各自的特殊治疗效果。此种看法带来了"两阶段治疗策略",即先用药物缓和患者的症状,再让患者接受分析治疗(Karasu,1982)。由于精神分析师接受的严重精神病患越来越多,这种两阶段的疗法也越来越普遍。患者可以在服用药物期间开始接受分析,也可以在分析期间开始服用药物。分析师如何面对患者服用药物,以及患者如何使用药物,都会影响分析的进行。否认药物的价值,或过分高估其效果,都可能干扰分析历程,如下例所示。

例:否认药物

有位患者在接受分析前已在服用药物,并因为相信分析师会反对她服用药物而渐渐减轻服药的分量,希望有一天可以不用再服用它们。分析师和患者一起探索这个幻想之后,发现患者将分析理想化了,认为分析是好的,药物是坏的。患者甚至告诉他的精神科医师,分析师要她慢慢减少使用药物。事实上,分析师觉得减少服用药物是患者否认其精神病症的现象,患者需要学习承认药物对她的重要性。只有当分析师与精神科医师定期讨论患者服用药物的情形,才能避免患者将内在的两极看法行动化。

例:羞辱人的药丸

有位边缘人格患者不断拿报纸上对精神分析的批判来毁谤其分析师。虽然在一整年的分析期间,她常常处在非常愤怒的情绪下,但她仍每次准时赴约,也很少爽约。有一次,当批评分析师的时候,她要求分析师给她开药,因为她看了一连串有关新抗抑郁药物的报道,报道中说此种新药有不可思议的效果。面对患者突然的攻击,分析师感到很无助和棘手。当患者造访了一位私人诊所的精神科医师,并拿到这位医师开给她的药物之后,分析师大大地松了一口气。接下来的那次会谈,患者把医师开给她的药带到诊疗室来,她对分析师宣布,为了让自己好起来,她就要吃下第一颗药

> 了。她以嘲弄的态度，在分析师面前吞下了第一颗药，然后离开了诊疗室。第二天，她对分析师说她从来未曾有过这么好的感觉。分析师知道那是安慰剂效应，借由了解自己的反移情反应，分析师觉得患者相信自己已经打败了分析师，而将无助和羞耻都留给分析师，患者因此而处在控制大局的位置。患者后来埋怨分析师没有阻止她在会谈中吞下药丸。分析师谈到，患者嘲弄他的关键因素在于她需要保持控制感，并避免分析师碰触她的情感世界。患者习惯借着此种施虐-受虐的方式靠近她的客体，吞下药丸让患者觉得自己有权决定谁可以"进到她内部"。这一事件之后，患者内在的不屑开始浮现，她能允许分析师探索此种情绪，也停止了继续服用抗抑郁药物，因为事实上它对患者的症状没有什么帮助。

诠释药物的移情意义和诠释诊疗室里分析师的其他行为同等重要，诸如分析师休假、提高费用、为患者开药或迟到等。药物对患者而言有特殊的意义吗？它会引发任何特别的情感吗，特别是对分析师的情感？

> **例：难以判决**
>
> 有位接受了两年分析的患者变得越来越抑郁，分析师因此认为患者必须服药。患者从来不曾见过精神科医师，也从未曾服过药。这位有精神医学背景的分析师不给自己的患者开药，因此将患者转介给他的一位精神科同僚。患者拒绝去见这位精神科医师，她想知道为什么她得去见另外一个人。她说，如果分析师认为她应该吃药，那么他为什么不直接把药给她。患者认为是分析师无法面对她的自杀试图和敌意，所以才想找个替死鬼来"替他收拾烂摊子"。患者的这种感觉与她对母亲的早期经历有关，患者的童年都在母亲的慢性抑郁症中度过，她说母亲老是要父亲收拾烂摊子，免得弄脏了她的手。后来，她终于同意去见精神科医师，也开始服用抗抑郁

> 药物。因为药有副作用，虽然分析师没有直接给患者开药，但她还是认为分析师想毒害她，并且拒绝继续服用，她还考虑要结束分析关系。
>
> 在这个个案中，如果分析师直接给患者开药，情况会更好吗？如果分析师亲自开药，也许可以免除患者对他的愤怒，但那个毒害者的角色可能会被强化。若分析师顺从患者的要求，可能会满足患者的全能幻想（幻想自己可以控制分析师），也会增强患者的行动化。但是反过来，如果分析师开药，会让患者对分析师的果决有更大的信任感。分析师在权衡这两者时，选择了比较保险的处置，维持只做分析的角色。

在考虑分析师是否要为患者开药时，必须同时考虑分析师的反移情以及他个人对于服用药物的立场。一方面，分析师可能因为不想接受分析理论及临床实务上的有限性，而在患者该服用药物时没进行处理；另一方面，分析师也可能因为想逃开挫折、愤怒、绝望的感觉而过快建议患者服用药物，这些感觉本来都应该在分析中处理。无论如何，重点是任何药物的使用都与分析过程有关。分析师的课题不在于同意或反对药物的使用，而在于了解药物在分析过程中的意义，特别要注意药物对移情-反移情关系的影响。

性别

在精神分析领域中，性别议题变得越来越重要。弗洛伊德（Freud, 1931）虽然承认分析师的性别会阻碍或影响患者处理前俄狄浦斯期及俄狄浦斯期的某些主题，但他并没有投入太多心力在性别这个主题上。事实上，他对性及性别的假设和归纳深受质疑（Grossman and Kaplan, 1989）。夏丝洁-史米格（Chasseguet-Smirgel, 1984）从较深入的男性与女性特质来谈性别认同，认为分析师会将其女性及男性特质带进工作中，即借着对父亲和母亲的认同，他们同时"拥有阳刚的权力和阴柔的特质"；这些都成了分析师双性心理特质的基础，因此分析师和患者之间的性别配对应该不会太影响分析关系。女人深深地认同了母亲抚育和涵容的特质，这些特质在她自己怀孕的时候原原本本地被实现了。但是文化却不鼓励男孩认同其母亲，对他们来说，分离重于联结、区别重于相似，他们被要求要与父亲同盟。于是对男孩而言，情感的需求、心灵的分享，以及了解别人需求与感觉的能力都被切断了，而这些却是他与母亲早期依恋的一部分。结果，男人只好将情绪上的亲密感视为危险的吞噬，若未能重新整合，可能导致核心情结（core complex）——常见于成人性倒错患者身上（Glasser, 1979）。以上想表达的是，虽然男人与女人都可能同时拥有男性与女性认同，但女性分析师似乎比较容易吸引出男性和女性患者的母性抚育移情，而后发展为融合（merging）的依赖需求（Lester, 1990）。女性患者较能接纳自己的母性移情，并从经验中学习，但男性患者则常对此有强烈的反应，害怕这会威胁到他的雄性认同（Stoller, 1985）。同样，当男性分析师遇上呈现强烈共生渴望的女性患者时，可能会出现试图与患者保持距离的反移情反应，或是错将女患者对母性照抚的需求当成性的诱惑。

与性别有关的俄狄浦斯移情比较容易被识别，因为此发展阶段的性渴望和攻击渴望都指向一方父母。一般而言，强烈的情欲拉扯较常出现在男分析师和女患者之间，而文献上则极少讨论女分析师和男患者之间的情欲移情。意料之中，主导男分析师和男患者关系的则为"对俄狄浦斯父亲的攻击及竞争"，而对异性的性渴望则多朝向分析师之外的其他人。同性欲望不可避免地会发生在男分析师和男患者之间，而且分析师和患者很可能对此抗拒。伯斯坦（Bernstein, 1991）认为女分析师和女患者之间也存在着同样的危机，例如女分析师可能会因为防御阻抗同性恋而过度认同患者争取独立、事业成功及对男人的抱怨，她会忽略自己有穿透（penetrating）患者生活的能力，而倾向退行到母亲与婴儿之间的抚育关系。只有当分析师使自己免于退行到她与母亲的早期关系和性渴望中时，成功的分析才是可能的。

种族问题

尽管精神分析起源于被抑制的少数民族，它却从未好好地探讨治疗中的种族议题，这也许是因为大部分分析师和他们的患者都是白种人的缘故。有论文指出，种族之间的差异会对分析结果造成负面影响（Bradshaw，1978，1982），它们会扭曲反移情（Sager et al.，1972），也可能成为潜在冲突的防御（Evans，1985）并引发分析师的内疚，使得治疗黑人患者的白人分析师无法维持其分析的立场（D. Holmes，1992）。内在世界会因为种族议题而变得遥远，患者与分析师会各自认为自己是被欺压的一方（Goldberg et al.，1974）。潜藏的攻击问题、内在冲突与情感反应可能因此而无法被正视并恰当地处理，而全以社会对种族的看法来一笔带过或加以解释。不管怎样，近来的研究显示出了较正向的一面。一些研究跨种族与相同种族的治疗师与患者的配对，呈现其治疗历程虽有不同，但结果是相似的（Jones，1978）。种族差异是促发移情反应，催化分析治疗的有用管道。何墨斯（D. Holmes，1992）的文章谈到种族议题如何在同种族与异种族的分析师与患者配对里成为最强大的背景，所有不能被患者接受的种种全会被投射进去。但分析师若有种族歧视，而不去检视冲突的心理原因，则会存在危险。对许多患者来说，可以通过种族议题看见其防御机制、客体关系及冲动。重要的是，必须正视种族议题，而不能视若无睹。精神分析与种族的互动，在临床上呈现出来的是与认同及认同历程有关的问题；其中，与俄狄浦斯有关的竞争及排他与种族的议题交织纠缠。

例：认同混淆

经历了一段严重的抑郁期后，一位年轻女子开始接受分析。在那段抑郁期里，她内在一直有个声音指控她"种族歧视"。她的母亲是印度人，父亲是法国人。她一出生就被一个崇尚自由而且已有两个孩子的中产阶级家庭收养。她的父亲则来自贫困的劳工家庭，有很强烈的社会良知，一直想要收养一个黑人孩子。不像两个在学业上非常有成就的姐姐，她在青春期是个很叛逆的少女。她很早就辍学了，在外面混。这次抑郁发作是在与出身劳工家庭的黑人男友分手之后，他说她与"他这类人"格格不入。她觉得自己什么也不是，不过还是决定回家和父母住，同时又深信父母其实根本不想要她。治疗开始时，她表现得很友善也很合作，但有一天她非常生气，指控分析师与她的父母共谋，看不起她，视她为次等的，一点也不知道活在充满种族歧视的社会里的黑人是什么感觉，她说分析师治疗她只是为了"满足你那龌龊的小小良知"。分析师回应说这样的指控必然有其道理，在进一步探讨时发现，她强烈地怨恨父母强迫她接受分析，而分析账单则直接送到父母手中，虽然她一开始也同意这个安排。就在此种移情内涵全然展开时，她开始体会到她对分析的强烈愤怒及日后出现的热情，这些其实也是她对抛弃她的生母的感觉。她渐渐看见她的叛逆行径是为了想知道父母是不是真的关心她，真的想要她；她也开始能表达想要与母亲有更亲密的关系的愿望，也渐渐能看见她其实很特别，而不是次等的。在一次与姐姐的谈话里，她发现她一直认为她的父母更在意两个姐姐，也更在意彼此，而不是她。有趣的是，在发现了自己的想法后，她开始能在心里觉得她的养父母是一对很关爱人的父母，愤怒的"黑"及屈从的"白"之间的分裂渐渐变得没那么明显了。

金钱

弗洛伊德一直认为排泄有"给"和"保留"的象征意义,他也象征性地将排泄物和金钱、礼物画上等号,有关金钱的象征意义的文献不胜枚举。相对而言,有关金钱在分析过程中被用来作为交换条件的意义及财务来源对于治疗过程的影响的评论,则寥寥无几。最近或许因为社会经济的转变,越来越多的人对诊疗费对治疗的影响产生了兴趣(Thoma and Kachele,1987;Nobel,1989)。在一些通货膨胀较高,或诊疗费受制于保险公司或政府政策的国家,像德国、荷兰等,诊疗费则成为分析师和患者共享的外在现实。虽然诊疗费是患者和分析师私下订下的合约,但是分析师常在移情脉络下分析诊疗费所引发的问题,而不会将重点放在现实的问题上。例如太晚付费可能会被认为与阻抗有关;付现金而不开支票可能会被诠释为患者试图诱惑分析师成为逃税的共犯;而将账单直接寄给保险公司,则有试图避免和分析师有亲密互动的嫌疑。传统的做法是分析师在每个月的同一天,将账单直接交给患者,双方也同意何时付款。

有关由谁付费,似乎存在着一些未明言的、共同认定的好与不好。一般而言患者自己付费而没有接受其他外在资助是最好的,其次是来自亲戚、保险公司和政府机构的资源,最差的是免费的分析,即使免费并非真的免费,而是来自政府税收。为了保持患者的动机、激发患者的自控能力、减低自恋欲望的满足,并使患者更有现实感,有时分析师必须做一些自我牺牲。每一个机构都会要求患者依据收入支付诊疗费,这一要求是为了让患者有现实感。但是在自我牺牲的付费患者和幸运的分析师之间一定存在着与憎恨、忌妒和敌意有关的移情-反移情。艾斯勒(Eissler,1974)发现由亲人付费常不会惹来太多的麻烦,当然有时也会有例外(见前文案例:过度介入的丈夫)。

不管付费来源如何,金钱在分析过程中扮演了举足轻重的角色,每一种付费来源都各有其优缺点,也是产生幻想、行动化和防御的渠道。对于那些免费接受治疗及支付过低费用的患者,应特别记得探索这一现象的隐藏动机:如渴望赢得分析师的特殊待遇及害怕表达敌意等潜意识意义。若由第三者付费,分析师和患者都必须小心不要淡化甚至完全忽略这种付费方式的意义。但是,患者自己付费也可能会引发与控制、权力、忌妒、操纵、逃避依赖及自我牺牲的受虐倾向有关的移情,它们也会对分析师产生重大影响。分析师是靠患者吃饭的,因此他们有可能会善待那些较富有的患者,较不关心那些付费较少的患者,并对那些付费过低的患者感到愤怒,觉得他们太轻易地占了便宜,这些现象会使分析师觉得将患者留在分析中太久了,或是会依据患者的付费情况来决定他是否有时间会谈。分析界的先驱瑞克(T. Reik,1922)提出了一个有趣的伦理难题:一位百万富翁答应付给他一笔很大的金额,这笔钱足够支付他的研究费用和写作费用,但是这位患者提出一个条件,要求分析师只分析他一人。

一般来说,患者和分析师对钱的看法比付费来源更重要。许多分析师接受只能支付微小费用的患者,也有些年轻的分析师会和他们在受训时所接的患者继续会谈好几年。总体而言,费用不应太低,以避免引发憎恨;也不应太高,而变成贪婪;或过分依赖一位富有的患者作为收入来源。精神分析的伦理和它在国家健康保障组织里的角色都是极重要的问题(Holmes and Mitcheson,1995),大部分分析师会同意弗洛伊德的说法:"穷人应该和富人一样有权利接受心灵的帮助)",但是如何达成这一伟大的目标,则是一个急待解决的问题。

第十章
精神分析对精神医学的贡献

> 精神分析之于医学，多多少少就像生物组织学之于解剖学；前者研究的是器官的外在形式，后者注重的是组织的结构和成分。
>
> （Freud, 1916/17）

本章旨在帮助读者了解对于不同精神疾病的诊断、了解和治疗方法，精神分析的具体贡献，如强迫性神经症、上瘾行为、精神分裂、躁郁症及人格障碍等。弗洛伊德在精神疾病的分类上有极大的贡献，他辨识了真实的神经症（actual neurosis）（现在的分类大概会将之归为惊恐障碍）和焦虑性神经症（anxiety neurosis，一种不明原因的焦虑、惊惧），这种辨识法历经时代的考验。不过，他认为真实的神经症是性受挫的结果，这一观点则不再被接受。他也试图区分焦虑性神经症、抑郁症和精神病（psychosis）的防御机制："移情式（即焦虑）神经症来自自我及本我之间的冲突；自恋型神经症（即抑郁）来自自我和超我之间的冲突；而精神病则来自自我和外在世界的冲突。"（Freud, 1924）

到此，我们碰上了一些问题。第一，弗洛伊德的论点显示精神分析的思路太理论化。它强调每一种精神疾病都与精神分析主要概念下的心理冲突有关。要对精神疾病所造成的悲惨情况有整体的了解，恐怕需要一些非冲突的缺陷（deficit）论。提出缺陷概念的主要人物是科胡特（Kohut, 1977），他以"不幸的人／悲惨的人／悲剧人物"（Tragic Man）

的概念取代了弗洛伊德所提出的"内疚的人／良心不安的人／有罪的人／犯错的人"（Guilty Man）的概念。再者，弗洛伊德常从一个角度来看疾病的成因——例如，他认为抑郁是良心过度敏感的结果，然后就将理论建构在这一概念上。但是，当代以述说为主的精神医学则尝试摈弃理论成见而直接了解精神疾病的现象。精神医学也企图区分精神疾病现象的描述及对精神疾病的因果解释。精神分析的思路则很容易混淆这两种现象。

第二，当代精神分析比较关心的是心理历程，而非特定的精神异常。精神分析期刊，如《国际精神分析期刊》（*International Journal of Psycho-Analysis*），较少提到精神医学的诊断病名，这一现象表示精神分析对人的整体性更有兴趣，而非诊断或分类。

第三，精神分析只局限于应用在少数心理疾患，而精神医学所采用的治疗法则涵盖了生理、社会和心理层面，还有晚期的认知-行为治疗法、系统治疗法及分析式的心理治疗等。

第四，精神分析师和精神医师常用同样的字眼来描述不同的现象，例如，精神病（psychosis）、边缘人格（borderline），甚至防御机制（defense mechanism）。最后，精神医学要求的是明确的诊断和治疗，而精神分析对疾病的诊断和治疗则比较模糊而有弹性——例如，投射-认同的概念可被用在成瘾行为、进食障碍、边缘人格障碍、妄想型精神病患和性倒错等病患上。

有关诊断分类的议题，我们必须回到弗洛伊德的一个比喻——解剖学之于生物组织学正如精神医学之于精神分析。精神医学借由《精神疾病诊断手册》（DSM-IV）或《国际疾病诊断分类第十版》（ICD-10）的诊断和分类，将精神疾病解剖并归类。生物组织学所关心的则是造成一般生理病态的过程——如伤害、组织受损、质变及自动免疫性疾病等，它可被应用于不同的疾病上。同样，精神分析探索隐藏在疾病下的防御机制和意义，因此也可被应用在许多不同的心理疾病上。虽然严谨来看，精神分析治疗法主要用来处理某一群病患，如轻度和中度的人格障碍患者，但心理分析对于病态的观点却有助于许多精神疾病的一般性及治疗性干预，包括干预身心障碍患者，它也有助于了解严重病患的照护人员对病患的反移情反应。

科恩伯格（Kernberg, 1984）在其论述中提到边缘人格组织结构（borderline personality organization），他认为此种组织是一种心理特质或防御机制，可应用于人格障碍患者，如边缘人格障碍、自恋人格障碍及反社会人格障碍等。同样，克莱茵的抑郁位置和偏执-分裂位置，或是斯坦纳（Steiner, 1993）提出的病态组织（pathological organization），都不是特定的诊断，而是一种行为或思考的模式，此种描述心智活动的模式帮助我们了解心理障碍患者的内在经验。根据这个传统或思考模式，我们将病态心理运作过程简略地分为三大类：精神病（psychotic processes）、边缘人格（borderline processes）和神经症（neurotic processes）。

精神病

精神分析始于企图将一些看起来无法理解的心理现象（梦、口误、歇斯底里症状等）意义化。弗洛伊德视疯狂（madness）（即非理性的初级思考过程）为心理生活的核心，这种想法为了解精神疾病开启了一扇门。在接下来的篇幅中，我们会看到，寻找精神疾病的个人意义是可能的，但是要注意的是，了解（understanding）精神疾病和解释（explanation）精神疾病是两回事。就像长久以来，唐氏综合征一直被认为是母亲在怀孕时遭受了心理或生理的创伤所导致的，因为怀唐氏综合征婴儿的母亲比一般孕妇更容易回忆起创伤经验。直到1956年，才澄清唐氏综合征是染色体异常所导致的。因此，唐氏综合征的病症起因（卵子形成时细胞分裂的异常）与病症可能表达的个人意义无关。精神分析对精神病的解释则往往不如它对精神病症状的描述来得真切。

精神分裂症之病理学

弗洛伊德在分析燧柏法官（Judge Schreber）的自传时，第一次谈及妄想型精神分裂症。这位法官在其自传中谈到他所患的精神病发作时如何干扰他的生活（Freud，1911b）。弗洛伊德认为燧柏对于世界末日的阉割妄想是与病症有关的内在阉割恐惧的外显。弗洛伊德认为燧柏的疾病是一种退行到早期自恋状态的现象，在这个状态中，"个人唯一的性对象是他的自我"（Freud，1911b: 463）。弗洛伊德认为，当患者从世界退缩后，他会将内在世界的妄想投射至外在世界，并以妄想的方式（a delusional way）重新建立起来："此种谵妄，我们视为病态，其实是患者试图重建其内在世界的过程"（Freud，1911b: 457）；"谵妄是患者发现自我与外在世界有裂缝时试图修补此裂缝的结果"（Freud，1924: 215）。

退行、自恋及投射成为日后精神分析对精神病（psychosis）了解的基础。弗洛伊德认为精神分裂症患者无法被分析，因为他们太专注于自我，无法与分析师建立移情关系。后弗洛伊德学派（post-Freudian）则不同意这个观点：例如，瑟尔斯（Searles，1965）描述了他和其精神分裂病患之间强烈而敏感的移情关系。但他也提出，处理精神分裂患者时，需要修正一些古典的精神分析技巧。目前，仅有少数分析师(如果有的话)会以精神分析作为处理精神分裂病患的主要方法。弗洛伊德对于精神病的病源采取中立态度，有些后弗洛伊德学派的分析师则认为退行是婴儿早期父母缺乏同理心的结果（Fromm-Reichmann，1959；Stolorow et al.，1987）：因此，燧柏的例子会被认为是残酷及暴力的父亲使敏感的燧柏"生病"了（Schatzman，1973）。但是，当精神分裂症生物原因的证据越来越多时，精神分裂症是来自父母的说法则面临越来越多的挑战。

用一个以精神动力因素为主轴来解释精神疾病的说法比较合理，这个说法假设生物层面的异常会破坏患者对自己及外在世界的正常知觉和体验到的情感界限。这一现象是否表示患者真的退行到正常的初级思考模式是令人质疑的：婴儿所体验到的世界不全是"分裂的"（schizophrenic）（Gabbard，1990），虽然婴儿有时会体验到无力、困惑，并把他所体验到的世界看成是有生命的，这些物体因而融合了被投射出去的感觉（Bradley，1989）。面对这些令人混淆的困惑，自我会借由压抑内在涌出的情绪，企图涵容并为这些初级思考素材寻求意义。葛拉斯坦（Grotstein，1977a,b）认为，当患者无法发展出刺激屏障（stimulus barriers）时，会过度使用投射性认同，试图减轻自我的负担。罗伯兹（Roberts，1992）则认为妄想是患者面对具威胁性的混乱时试图维持意义的结果，而这个过程常常与个人正在面对的主题有关，就像梦常结合了做梦者白天的经验及他内心最关心、最担心的主题。自我的强度确实与早期好或不好的经验有关。从这个角度看，童年的创伤、早期父母不当的教育方式或过度介入，也会影响生物导向的精神分裂病患的呈现方式。

此模式整合了生物学的缺陷观及心理学的冲突动力观，在此观点下，自我努力尝试将没有意义的经验变得有意义，同时维持自我的一致性。了解婴儿的经验可以帮助我们了解精神分裂症的形成过程，但是它也只是一种模拟的了解过程，并不能解释病因。

克莱茵学派的观点

精神分析学派中，试图了解精神病现象的最集体且有影响力的首推克莱茵学派，特别是比昂、罗森费尔德、西格尔、雷（Rey）及索恩的贡献（Spillius，1988；Hinshelwood，1989；Rey，1994）。他们试着指出精神病在情绪、思考及关系上的异常，与其导致的防御性反应。以下简述他们的观点。

情感

由于精神分裂症患者内在充斥着具有毁灭性的冲动，迫使他们采用暴烈的恨来对待内在及外在的现实。克莱茵学派的学者们并没有真正解释恨的来源，但他们有时认为恨是天生特质或死本能的表现（Segal, 1993）。恨与忌妒有关，患者对母亲的好乳房充满了强烈的忌妒，也会在移情关系中忌妒分析师所提供的治疗。患者有时也会将恨导向自己内在的一些正向感觉，如罪疚感或对于自己精神上的痛（psychic pain）的认识。恨的投射对这些病患来说是最基本的防御策略，当防御策略失败，自我伤害或自我毁灭的感觉就会提高，这也是为什么精神分裂病患自杀率很高的原因。

有些学者批判这种以冲突为基础的理论模式，对他们来说，认为精神疾病患者忌恨现实，就像认为瘸腿的人忌恨走路一样。因此，温尼科特（Winnicott, 1965）、列因（Laing, 19610）和瑟尔斯（Searles, 1965）强调缺陷（deficit）而非冲突（conflict），他们认为精神分裂病患处在一种惧怕被毁灭的情感状态中，出现这一现象的原因是缺乏一个稳定、自主、整合的自我，它可能与婴儿期时母亲的过度介入有关。

认知

对比昂（Bion, 1957, 1961）来说，精神分裂病患被他所称的"负K"所主宰。负K指的是渴望不知道（the desire not to know），这是因为婴儿未能从先备概念期（preconceptions）的阿尔法元素（α factor）转化到概念期（conception）的贝塔元素（β factor）。而这个过程的失败与未能内化母亲的乳房有关。创意的思考来自构思和字词的结合所产生的转化结果。可以在精神分裂病患身上发现他们对联结的攻击（attack on linking），这是俄狄浦斯孩子忌妒父母之间性关系的现象。西格尔（Segal, 1981）强调精神病患可能采用具象思考（concrete thinking）模式，象征和现实已混淆不清，造成她所谓的象征等同（symbolic equation）。因此，如果用温尼科特所提的反移情中的恨来解释精神病，则一位非精神病患者在面对会谈即将结束或假期时，会觉得仿佛"你受不了我了，想要摆脱我"；而一位精神病患者则会真实地感受到假期就是谋杀（murder），不像神经症患者只会觉得放假很残酷（murderous）。

以上两种观点所强调的现象离普遍性的精神分裂现象尚有一大段距离；有些精神分裂症患者非常有创意［包括分析界的先驱威汉·赖希（Wilhelm Reich）］——对西格尔来说，创造力需要超越象征等同（即要分得清现实与象征）。在许多情况下，象征和具象思考是同时存在的，例如患者一方面来接受治疗，同时又宣称治疗师是个要杀害他的凶手。这个想法和比昂的看法相同，比昂认为人格中同时存在着病态（psychotic）和非病态（non-psychotic）的部分，分析师的任务是与患者人格中非病态的部分建立接触，借此碰触到其病态的部分。瑟尔斯这么说："分析师必须通过自己内在疯狂的部分来接触患者健康的部分。"（Mullen，1973）

例：精神病性抑郁之后

二十年来，玛丽深受精神分裂症之苦。现在她已四十余岁，一直借由药物控制症状。她接受分析是为了处理所谓的"令人昏眩的发作"（whirling attacks）。玛丽说，当此症状发作时，她会躺在床上哀号数小时之久，而与她同住的母亲也只能心疼而无助地坐在一旁看着她。在分析过程中，她很快地发现，在这些症状发作的同时，她一想到是生活中的悲惨遭遇导致今天的这个病，就感到无以复加的恐慌。她看到自己年轻时的抱负现在已消失无踪，并且认为自己大概失去了结婚、生孩子的机会，也无法找到与其才华和能力相衬的工作（这类工作在她得病前确实是可能的）。当她开始在会谈中呻吟时，她也开始埋怨分析师什么也没做。此时，她出现了明显的

> 退行现象：她像个3岁孩子一样地攻击、要求，并逼迫分析师爱她。渐渐地，症状发作时她开始能感觉到自己的感觉了，而不只将这些症状视为一次发作；然后，她开始哀悼这个病为她带来的种种损失。慢慢地，她开始能与某男士建立有意义的关系。虽然她母亲不接纳这位男士，并认为这个男人不适合她。但对方却是她关心的对象，她也能用自己渴望被照顾的方式来珍爱这个男人。

人际关系

虽然精神分裂症患者的客体关系并非弗洛伊德所谓的不存在，但却是有问题的。比昂用薄（thin）、不成熟（premature）、固执（tenacious）等字眼来描述精神分裂症患者的移情。雷（Rey，1994）认为精神分裂者的困境是对封闭或空旷场所的恐惧（claustro-agoraphobia）——是一种极度寂寞但又害怕亲密的状态。罗森费尔德（Rosenfeld，1987）则强调精神分裂症患者在人际关系中的寄生（parasitic）特质，以此作为防御，用来抵抗分离焦虑。患者以回到母胎似的被动依赖态度，赖在照顾者或机构身上，他们只渴望这些人哺育他、满足他，而没有给对方相等回报的动机。在与精神分裂患者互动时，不管用什么治疗方法，分析师常会有停滞或在原地打转的感觉，患者改变的速度也常像老牛拖车一般地慢。但是，这种缓慢的治疗过程也是患者早期体验中接受到的爱不足的结果，患者用此作为生存的防御策略。

防御机制

在面对巨大改变时，许多防御方式都是人们用来维持精神状态某种程度的完整性的工具。例如全能感和理想化可以修补内在世界的支离破碎和无助感，就像弗洛伊德（Freud，1911b）的例子——燧柏妄想着自己可以和上帝沟通。自大和宣称胜过令自己忌妒的对象，可以帮助患者处理对现实的憎恨；恨与毁灭的感觉也经由投射被处理了。比昂说精神分裂者的世界充满了奇奇怪怪的客体，这是患者将内在破碎的自我投射到外在世界的结果。也就是说，外在世界承袭了患者投射出来的自我特质。例如，有位患者认为电视会对他传送一些恐怖的信息，其实这是患者投射了其内在怀恨的自我的结果，被投射出来的部分自我反过来用一种恐怖的方式挑战他自己。不过，这比将恨留在内部好得多。对患者来说，把恨完全留在内部比丢出来要恐怖多了。

> **例：精神病式的尴尬**
>
> 　　有位二十多岁的男人觉得自己的阴茎大得让他非常尴尬，他觉得每一个人都会注意到他的大阴茎，这让他没办法出门。他出身于一个极有野心的家族，兄弟姐妹们在学业上都非常有成就，他们或是结婚了，或是有了固定的异性伴侣。他的病、他的社交生活和他在学业上的失败都是令他羞耻的来源。他听到有个声音叫他去伤害他的家人。他渴望能和父母住在一起，但是因为经常出现的暴发的愤怒及不断地需要别人的肯定，他已经把父母搞得精疲力竭，后来他只好住到收容所去。他的大阴茎是个怪异的客体 (bizarre object)，这个客体包含了患者的全能感、他对亲密关系既渴望又无力招架的感觉、他对胜利的渴求以及攻击的欲望。虽然他那奇异的阴茎令他羞耻，但是却未令他招架不住。换句话说，患者若没能将这些情感及其内容外在化，他的情况还会更糟。

精神疾病的自我

罗森费尔德和索恩专注于研究自我在精神病中的本质。如果正常的自我被视为"扬弃了深情贯注的客体后的沉淀状态"（Freud，1923），即受了父母或重要他人影响的结果。那么在精神病症中，想从人群中退缩下来的自恋性自我是怎么了？这样的自我基本上是分裂的，它带着病态的认同，在这种病态的认同中，客体（例如一个没有反应的或有暴力倾向的主要照顾者）被囫囵吞食进来，丝毫未被整合或同化为一个完整的自我，而只是一个并入的客体（incorporated object）。在一个如此分裂的自我里，任何好的客体都会被推挤出去，而具有威胁性的客体则以理想化方式被留在内部。因此，对一个过分敏感的精神分裂症患者来说，处处都是陷阱和危险。索恩称这种病态的内摄为认同体（the identificate），是一种未经整合的外来者，随时都能主宰并取走这个人的人格；或是用罗森费尔德所用的隐喻来说，它就像黑手党一样主宰并遮蔽了人格中脆弱的非病态自我。

以上种种使得个人从生命摆向反对生命、从爱摆向恨、从寻求关系摆向全能的自给自足、从爱神摆向死神。

例：凶杀与救赎

有位三十多岁的离婚妇女确信有人暗中计划要伤害她，因此觉得她和她9岁大的女儿可能性命不保。她的叔叔从她9岁起经常对她性侵。当某位出租车司机问她，她到底是住在这条街的左边还是右边时，她"就知道"左边是恶魔，会让她和她女儿处于致命的危险中。当天晚上，当她女儿在沙发上睡觉时，她看见女儿在进行一种骨盆插入运动。这时候，她"就知道"魔鬼正在和她女儿性交，于是她拿刀用力地攻击她女儿和自己，为的是"保护"她们俩，但这也于事无补。患者的认同体（identificate）包含了投射到魔鬼身上的那个虐待她的叔叔，她和她女儿又再次将这些被投射出去的恶魔内摄进来，因而造成她残暴地袭击自己和她的女儿。

治疗性策略

精神分裂症的冲突论与缺陷论引发了两种不同的精神分析治疗策略。人际导向的精神分析师有瑟尔斯、弗洛姆-里克曼（Fromm-Reichmann）、沙利文和温尼科特等人，由于相信病态来自患者在出生后几个月里母亲缺乏同理心所造成的自我缺陷（ego deficit），他们所提出的心理分析法强调有弹性的高级同理心，并且主张每天一次甚至两次的长期治疗。他们也强调治疗关系中一些非语言的、直觉的因素。相反的，罗森费尔德和比昂则强调，为了接触患者自我中非病态但却有冲突的部分，分析师必须使用语言和正确、甚至冗长的诠释。

> **例：狂妄的诠释**
>
> 某个晚上，一位过度热衷精神分析的实习生在急诊室与一位妄想型精神分裂症患者见面。这位患者在与女友产生争执之后，就开始深信女友对他有阴谋。他相信她会去告诉媒体，他是个同性恋。该实习生之后又见了这个患者三四次，在这几次的会谈中，他做了几个以冲突论为核心的有力诠释，其中一个诠释是根据夏丝洁-史米格（Chasseguet-Smirgel, 1985）所提出的粪便阴茎（faecal penis）论，也就是一种全能的类妄想，试图否认俄狄浦斯期或俄狄浦斯前期那种无助又无用的感觉。5年后，这位实习生很意外地收到这位患者的一封信，信中提道："你可能还记得5年前对我说过的一句话，你说，'我的问题是因为我认为我的阴茎是粪便做成的'，嗯，我现在终于了解，你当时的说法完全正确……"

我们先前曾提到，虽然一些分析式的处理策略与思路可以产生一些好的治疗结果（Alanen et al., 1994），但当代的治疗师还是很少（如果有的话）用古典或传统的精神分析法来处理紧急的精神分裂病患。斯托罗（Stolorow et al., 1987）之辈的自体心理学家提倡一种支持性的治疗环境，并批评某些学派太强调攻击、憎恨和负向的天生特质，他们认为这些论点可能会使患者原本就脆弱的自尊更加脆弱。他们主张支持性的分析导向心理治疗法，比较强调有弹性、安全的、温暖的环境，也比较不强调退行，而着眼于治疗情境中的此时此刻，同时尊重患者的病症（Gabbard，1990）——换句话说，他们不认为患者必须为病症负责，即使是在潜意识层面，也不必为自己的病症负责，他们将重点放在强化患者非病态的人格部分。此种治疗导向有时也会用认知策略来挑战精神病症的现实感（Chadwick and Birchwood，1994），并特别强调隔离自我中的健康部分和自我中的认同体（identificate）或同居者（cohabitee）。为完成这个任务，分析师常问的问题是："你内在那个疯狂的声音是谁？"（Sinason，1993）

例：非洲女皇

罗茜是位安静、友善、恭顺的离婚妇女。她在二十几岁时，出现了好几次情感性精神分裂症状，因而变得神志不清。有一次，几乎一整个礼拜，她都全身赤裸地住在自家花园里。她听见有人与她说，她是天堂里的夏娃。她有两个孩子，由于她的疾病，两个孩子被社会局安置和爷爷奶奶同住，他们过得很快乐。罗茜来自乌干达，有个传教士在阿敏政权当道时"救出了"她和她姐姐。她母亲也有精神疾病，已经过世。罗茜被父亲带大，父亲性侵过她，后来死于内战。这个平常安静而顺从的女人在发病时，会变得非常暴力且具有威胁性。她会大声喊着她是"娜菲卡拉"（Nafekerra），是具有治愈能力的非洲女皇，并认为那些反对她的人都会有生命危险。当痊愈后，她解释道，娜菲卡拉其实就是她的母亲，有着很低沉的嗓音。罗茜觉得母亲在她内部盘旋不去、控制她并总是为她发声。

那些试图将罗茜从病症中拯救出来的人，都会激怒并惊吓到她内在的母亲认同体（identificate internal mother），这个内在的母亲会觉得她的孩子

> 就要被带走了。因此，工作人员以坚定仁慈的方式来处理罗茜的病情。通过使用抗精神病性的药物，精神病症不再出现，罗茜现在可以很伤心地谈及小时候的丧失，而且可以将这个丧失联结到童年的恐惧及被带离乌干达时所承受的痛苦了。

精神分析取向的观点提供了对精神病的一般性了解，也提供了一些处理精神疾病的策略，它偶尔也可作为治疗精神病的治疗方法。弹性、坚定的态度与耐心是必要的，同时需要与精神医疗系统合作，其中当然也包括药物的治疗。

边缘人格

边缘（borderline）一词十分模糊，因此引起精神分析界和精神医疗界的矛盾反应。许多学者埋怨这个词含义不明，而且预测它会被一些更令人满意的词汇取代（Higgitt and Fonagy，1992）。但同时，也有一批人渐渐对边缘人格障碍患者的特性和治疗感兴趣，他们尝试用修饰过的精神分析方式来治疗边缘人格异常者。事实上，这个领域可能是精神分析对当代精神医学最主要的贡献之一。

"边缘人格"一词来自精神医学界及精神分析界的研究结果。甘德森（Gunderson，1984）与同事找出一群有特殊人格特征的患者，这些患者常拜访精神科医师，也常令医师在治疗及处理的过程中感到极大的困扰。精神疾病诊断手册（DSM III-R）对边缘人格障碍的诊断可以浓缩为持续地不确定感（stable instability），它包含了：不稳定且紧张的人际关系；自我伤害行为；不断地努力避免真实或幻想中的被抛弃状况；持续地情绪不满，如生气或无聊；暂时性的精神病症或认知曲解；冲动；社会适应不良以及认同障碍。

精神分析对边缘人格障碍的了解，来自临床经验及理论基础。杜义奇（Deutsch，1942）提出仿佛（as if）人格，瑞奇尔（Zetzel，1968）谈到"所谓好的歇斯底里症"（so-call good hysteric）（但一进入治疗，便成了非常棘手的患者），温尼科特（Winnicott，1965）和列因（Laing，1960）则用假我（false self）来理解边缘人格，这些学者都在尝试捕捉边缘人格的本质。在诊断上，这类患者不属于精神病患，但又会使用精神病患所使用的防御机制。他们在被分析的过程中，常会出现危险的退行。在精神分析师或精神科医师眼中，这类患者很有挑战性，但也是回报极高的患者。就像雷（Rey，1994）所说的，这些人存在于俄狄浦斯期和前俄狄浦斯期的边缘；精神病和神经症的边缘；女性和男性的边缘；妄想-分裂位置和抑郁位置的边缘；害怕客体和需求客体的边缘；也存在于内在世界和外在世界的边缘，以及身体与心智的边缘。

边缘人格障碍患者激发了许多精神分析师去积极地寻找理论基础，也可能是因为此类患者在临床诊断或治疗上的困难及其变异性，导致当代精神分析界原有的激辩与对立在这个领域里找到战场。如同对精神病症的理解，有关边缘人格的争议和精神病一样，主要来自持冲突论者与持缺陷论者之间。前者认为冲突是病态的重点，后者认为缺陷才是，他们各自根据对病症的理解，提出了非常不同的治疗方法。持冲突论者包括古典弗洛伊德学派、新拉康学派，以及克莱茵学派及其追随者。持缺陷论者则包括在英国的独立学派、美国的人际关系理论学家和自体心理学家。其实在实务工作上，这种区分很表面：临床实务工作证实，为了解边缘人格的病源，冲突论和缺陷论都是需要的；内在心理结构（天生气质）和环境因素也同时扮演了重要的角色；此外，不同的作者可能是在描述并治疗有不同临床需求的不同患者群体。

冲突论对边缘人格的观点

诊断上很难区分边缘人格障碍和其他的人格障碍，如自恋人格障碍、表演型人格障碍以及其他类型的反社会人格障碍。研究显示，不同类型的人格障碍可能同时存在于同一位患者身上。科恩伯格（Kernberg，1984）采用克莱茵学派的概念，结合古典本能论和客体关系论来定义潜藏在许多心理病态中的边缘人格组织（Borderline Personality Organisation，BPO），包括边缘人格障碍、自恋人格障碍、表演型人格障碍、某些进食障碍，以及处在重大压力下的正常人（Garland，1991）。

科恩伯格所定义的边缘人格组织与先前所谈到的精神病态思路有许多相似之处，包括：

(1) 脆弱的自我。这会导致一个人无法控制其冲动，缺乏处理焦虑的能力。因此，也比较没有能力将本能的要求升华为社会所能接受的行为。

(2) 从次级思考转换到初级思考模式。在边缘人格患者身上，常出现梦境般的类精神疾病状态。在此状态中，检视现实感的能力消失了。因此，他们可能会觉得那些照顾他们或爱他们的人实际上是嫌恶且恨他们的，再经由投射-认同，身边的那些人真的会像患者所相信的那样对待他们。

(3) 使用原始的防御机制。这些防御机制包括分裂、投射性认同、理想化、否认、全能感和贬低。边缘人格组织的世界被二分为好与坏、黑与白、朋友与敌人。这些人在全能感（常是有破坏性的全能感）与无助、无能之间摆荡；他们急匆匆地从一个理想的答案投靠到另外一个完美的解答，但一再地发现每个神都是假的，掉进极度失望的深渊。投射机制强烈地影响了他们对于世界的知觉，在进行分析的过程中，他们最常使用投射-认同，借着投射-认同，他们把自己的感觉直接移情到治疗师的内在世界，而非借着象征或语言表达出来。

(4) 病态的内在客体关系。边缘人格者的内在世界与其外在世界表现出来的分裂与投射互相呼应。具有边缘人格组织的病患无法稳定地、顺利地整合其内化的自体表征、客体表征及关系表征。相反，他们所体验到的自我和客体都是对比的或是部分客体——像是乳房、阴茎和用来排泄及发泄的客体。按费尔贝恩（Fairbairn, 1952）的说法，在不同时候，边缘人格患者被分裂的原欲自我（libidinal self）或反原欲自我（antilibidinal self）所掌控，以倔强刚愎或自我毁灭作为防御，来对抗内在的空虚感或破碎感。

例：我逮到你了！

有位50岁的女性边缘人格障碍患者花了许多会谈时间，努力地想要从男治疗师身上得到她想要的爱，可惜一直都没成功。她问分析师到底喜不喜欢她，又说好多男人说她非常有吸引力，她也会恳求治疗师说点什么，来除去她父亲带给她的羞辱和绝望感（患者曾被她父亲肢体虐待和性虐待），她也会详述她对治疗师的浪漫幻想和性幻想。患者的这些要求常在放假前达到巅峰，治疗师也常诠释这是患者对分离的反应及对逼迫她的父亲的认同，但是这样的诠释好像都没什么帮助。有一天，在患者无情的要求后，治疗师无力地说，如果他回应她的性要求，将会影响到治疗过程。一说完，治疗师立刻觉察到这是个错误的介入，但是患者却开始减少了对治疗师的要求，治疗也好像有了进展。

一年后，患者对治疗师说，她多么佩服治疗师为了她的福祉而克制了自己的性冲动。当治疗师听到患者这么说时，他突然感觉到自己被侵犯、被侮辱，而且觉得想吐。他痛苦地意识到，原来一个错误的介入会如此地害人害己。澄清了患者的反应之后，治疗师了解到一年前他的那句话让患者相信治疗师对她也有渴望。治疗师对患者说："当时你的感觉是'看，被我逮到了吧！'"此时，治疗师转向自己的反移情，并使用其内在督导（Casement, 1985），费了一番力气掌握患者的投射-认同：即患者只有借由让治疗师感到恶心、想吐、被侮辱、被侵犯，才能传达父亲侵犯她时给她的恶心及自我厌恶感。

科恩伯格将他所提出的边缘人格组织和马勒所提出的再回转期（rapprochement subphase）相联结。处于再回转期的孩子开始要离开主要照顾者，并探索自己的外在世界，但同时又常需要回来寻求母亲的安慰、肯定和自恋性的补给（narcissistic supplies）。如果母亲在生理上或心理上无法满足孩子的需求，孩子可能就无法整合好母亲和坏母亲的影像。然后，孩子会用过度攻击来回应被抛弃的感觉，再将此感觉投射到与他有关的客体身上，之后，再重新将之内化到已分裂的自我中，这往往使他们抗拒治疗过程中的努力。

例：我恨我自己

安娜是一位已婚的29岁妇女，她在14岁时和一位比她大的男人有了虐待式的性关系。从那以后，她就一直觉得自己"有问题"。她不喜欢她的身体，觉得自己太胖，胸部太平。她有一个女儿，唯一让她觉得自己还蛮喜欢自己的时候是她亲自哺乳的那6个月，在那6个月里，她的胸部因涨奶而变大。她有许多心理困扰，包括酗酒、厌食、吸大麻，并且有一些很危险的自伤行为，像吞安眠药、割伤或烧伤自己的脸、腿、手和性器官。她"知道"自己是无用的废物，是可憎的，她在日记里写了许多她的自我仇恨。

安娜非常依赖她的母亲，当她10岁时，母亲有了外遇。安娜知道这件事，也常看见他们接吻，听到他们做爱的声音。母亲的外遇让她觉得自己被抛弃了，她很绝望，也对母亲感到愤恨，但却没办法对母亲表达这些情绪，她害怕自己出卖母亲。也就是在这个时候，安娜开始恨自己，她的自我仇恨似乎和她对母亲的感觉有关——缺席的乳房象征着她被抛弃的感觉。在整个充满风暴一样的治疗过程中，不管治疗师如何努力，总是没办法消除安娜认为自己很糟的信念，她甚至很高兴能让那些想帮助她的人很无力，包括她的分析师。当她感觉到心理治疗有可能帮助她好起来时，她又会开始伤害自己。只有当她觉得麻木时，她才不会再自我伤害——就像她自己说的："不是很糟，而是什么也不是。"

边缘人格障碍者常见的一种共同情况是，他们紧抓着认同内化进来的坏父母（bad parent）客体，这个内在客体与真实世界的原初客体一样，会处罚并迫害他们；他们常有报复、战胜此客体的心境。有位病患称此被分裂掉的认同体（identificate）为他（Him），他是取走其人格并指使她从事毁灭行为的男恶魔。

斯坦纳（Steiner，1993）用描述空间的字眼来谈论边缘人格患者的内在世界。他认为这类人处于偏执-裂位置的分裂和抑郁位置的痛苦之间，此空间位置称为边缘位置（borderline position）。处于此状态的患者会不断地寻求心理的退隐（psychic retreats），一个安全的天堂、免于痛苦的境界，但同时也自绝于与人接触的真实情绪和变化繁多的生活。斯坦纳认为沉默的、疏远的、聒噪的或假装合作的患者可能都与此种退隐的机制有关，此种现象在梦中的象征常以洞穴、森林、房屋或是身体的某部位出现。狂热的组织、政治或信仰团体也常会以类似的防御机制来容纳内在的不安与骚动，但这样的防御机制可能会阻碍心灵的成长。

自恋人格障碍

科恩伯格认为自恋人格障碍比边缘人格组织成熟，但在临床治疗上，前者并不会比后者容易处理。自恋人格者的真实自我与理想自我是合二为一的。真实人际间的互为主体性（intersubjectivity）被抹灭，借以逃避愤怒、失望、忌妒、侮辱与绝望的感觉。罗森费尔德（Rosenfeld，1987）谈到两种自恋，一是厚脸皮（thick skinned）自恋，一是薄脸皮（thin skinned）自恋。前者对别人的感觉极为迟钝，过分地专注于自己和自己的成就上，其人际关系缺乏深度及内涵，不断追求别人的赞美。相对而言，薄脸皮自恋者则过分敏感，其情绪生活常显得过度紧张和过分小心谨慎，因此也常常是抑郁型的自恋者。根据温尼科特学派的说法，这群人是由于婴儿期时母亲缺乏同理心，因而对于外来的侵害

(impingement)较缺乏抵抗力。

缺陷模式

缺陷模式（deficit models）对边缘人格组织的特质持相似的看法，不过就临床现象而言，缺陷论却强调了不同的重点。

(1) 攻击：对科恩伯格来说，过度的攻击特质是边缘人格组织最主要的病态。但是对科胡特和费尔贝恩而言，攻击是来自环境的不足或失误，是对"没有反应的母亲"的抗议，或是因为缺乏爱的能力，而借着恨来抓住一个客体不放的现象。这个模式认为边缘人格患者内在那些破碎和孤独的感觉都不是防御机制，而是个体被剥夺了爱的经验之后所产生的崩解产物（breakdown products）(Adler, 1985)。

(2) 自我：冲突论者认为边缘人格患者的自我太脆弱，以致无法包容攻击的冲动。缺陷论者则强调边缘人格者无法自我安慰，由于无法在心理上安慰自己，他们便转而依赖人际关系、药物、性冲动、暴饮暴食或自我伤害。许多会割自己的患者描述他们在自我伤害前，有一种逐渐升高的躁动不安，在伤害自己后则达到一种几乎像是性高潮后的平静感。

(3) 环境的角色：科胡特和温尼科特都对于生命早期的母婴关系有一些理想化的看法，他们认为母亲的反应和同理为婴儿营造了过渡空间（transitional space）的能力，并满足了婴儿的自体客体（self-object）需求，可以帮助婴儿建立安全、稳定的自我感。当这些基本的、足够好的抚育功能缺失时，孩子则很可能发展出边缘人格障碍。

(3) 自恋的必要：对科恩伯格来说，自恋者处在渴望客体和憎恨客体的冲突之中——他试图消除这两者之间的鸿沟，并一心一意地"变成"他的理想自我。对科胡特和温尼科特而言，自恋者所面对的是一位迟钝的、缺席的或有虐待倾向的主要照顾者，因此他会隐退至内心深处，试图"成为"那位他极度渴求却又不存在的母亲，借此保有一些内在的完整感。

边缘人格障碍的实证研究

以上这一两极化的理论说法常令临床工作者感到困惑。对某些理论学家而言，边缘人格障碍的主要问题在于背负过多的攻击驱力；其他的理论学家则主张问题来自一个未能鼓励孩子发展其自主性，并增强了孩子的依赖和依恋行为的母亲（Masterson，1976）；另有一些理论学者则认为，缺乏一个给予支持和安慰的母亲才是主要问题。研究证据解决了这些分歧吗？它们在治疗上的内涵为何？

越来越多的研究显示，边缘人格障碍患者的童年常会有严重的环境崩解现象。甘德森和沙博（Gunderson and Sabo，1993）的研究显示，至少1/3的边缘人格障碍者符合创伤后应激障碍（post-traumatic stress disorder）的诊断标准，他们通常在童年时曾遭受肢体或性虐待，或为童年重大创伤丧失的幸存者。范德柯（Van de Kolk，1987）发现，有60%~70%住院治疗的边缘人格障碍病患幼年曾被强暴过。冯纳吉（Fonagy，1991）根据这些事实来建构其边缘人格理论，他主张边缘人格者缺乏他所谓的心智化能力（mentalising capacity），即一种视别人或自己为思考者的能力，而此种现象是一种防御机制，用来对抗一个残酷的现实：他所仰赖的父母竟然会攻击和伤害他。冯纳吉（Fonagy，1991）和卫斯登（Westen，1990）指出，由于越来越多的研究证据显示边缘人格者常有童年被虐待的历史经历，令人不禁怀疑，分析式心理治疗将焦点放在前俄狄浦斯期是否有问题，因为性虐待大部分发生在潜伏期和青春期早期。

有关边缘人格障碍患者接受分析式治疗后的长期效果的研究结果显示（Stone，1993；Aronson，1989），症状持续了好几年（至少五六年）

之后，会有一段缓冲期。但患者大约在四五十岁时会重新发作，对女患者来说，常在她们的孩子离家后又重新发作。在发作的前几年，自杀率会比较高，特别是那些同时有酗酒行为的患者。精神分析导向心理治疗法对边缘人格障碍患者的疗效如何，还需依靠更多的研究结果。史蒂芬森和米雅斯（Stevenson and Meares, 1992）发现60%的人格障碍患者在接受分析式心理治疗一年之后有显著的进步，但阿伦森（Aronson, 1989）则宣称只有50%的患者会留在治疗关系里6个月以上，留下来的人当中只有50%的患者会有显著的进步。阿伦森（Aronson, 1989）强烈地批判有关分析式心理治疗法对边缘人格障碍的疗效的文献，他认为这些文献是根据极少数样本所做的过度泛化；缺乏控制变量及故事叙述式的证据；没有解释为何有些患者中断治疗或治疗失败。

> 有限的实证研究显示，对于边缘人格病患一周多次的治疗其实是一种精英政策，即优秀的患者接受优秀的分析师治疗……这些理论导向及实务导向的学者，在此领域发表的论述很容易被解读成在否认治疗的有限性。
>
> （Aronson, 1989: 524）

史东（Stone）则采取较乐观的态度，他认为有1/3的边缘人格病患适合接受分析式／表达式心理治疗，并表示那些留在治疗关系里的患者多半有不错的进展。甘德森与沙宝（Gunderson and Sabo, 1993）相信能让边缘人格病患远离住院命运的唯一且最有效的策略，是一份稳定安全的治疗关系。

治疗策略

治疗理论的两极化反映了极为不同的治疗策略。科恩伯格和克莱茵学派比较强调语言介入的重要性和早期诠释负向移情的必要性。但是缺陷论者则认为通过同理的反应和肯定，营造一个支持的环境（给予温暖的回应及肯定）是首要任务。冲突论者指控那些强调缺陷论的学者和患者形成共犯关系，以否认攻击的存在，这正好映照出患者童年所缺乏的母性照顾，让患者发展出假我，阻碍了患者的自主性和探索世界的能力。缺陷论者则认为，过于强调负向情感转移，会使患者已经非常脆弱的自尊更加微弱，甚至因而激起分析师所试图诠释的攻击（Ryle，1994）。

任何一个学派若太强调其纯粹性，则很容易让分析师掉入困境中。纯粹的科胡特学或温尼科特学派的策略可能会导致患者退行性的依赖、过度要求或性欲移情，也会使治疗师突然地从过度涉入摆荡到拒绝患者。

例：太亲密、太快

有位二十多岁的护士来接受评估。她曾经有自我伤害的行为、情绪变化很快、关系不稳定，而且酗酒。当弟弟出生后，她觉得母亲就将爱转移到弟弟身上而完全忽略了她。她在11岁—14岁这几年被父亲性侵。评估之后第二天，她打电话要求医院立刻为她安排心理治疗师，院方便匆匆忙忙地帮她安排了一个没什么经验的男治疗师。几次会谈之后，她说语言不足以表达她的感觉，要求坐得离治疗师近一点，这样她才能"感受到我所渴望、但母亲从不给我的亲密"。治疗师答应了她的要求，后来她又继续要求治疗师抚摸她的头发，这位天真的治疗师照着做了。就像神话故事里那位渔夫的太太，她继续告诉治疗师，50分钟太短；治疗师解释道，会谈时间不能延长，但会谈结束后，她可以留在诊疗室里面几分钟，让自己的情绪缓和后再出去。当会谈结束后，她挡住治疗师的去路，不让他离开会谈室。之后，每一次会谈结束前，治疗师都得用力和患者搏斗，努力挣脱、逃离会谈室。治疗师试着诠释患者的这些现象是借由投射-认同来表达她对其他患

> 者的强烈忌妒，也表达她被强暴时所感受到的封闭空间恐惧，但是这些诠释都徒劳无功。这个治疗十分戏剧化且灾难性地结束了。原来的评估员又见了她一次，之后院方拒绝了她的要求。

面质策略所造成的问题可能较少戏剧性，诚如科恩伯格（Kernberg，1984）所说，"从表达式的治疗转换到支持性的治疗比较容易，反过来就困难多了"，但是如果使用时敏感度不够，则会造成不必要的个案脱落，因为许多边缘人格病患比较难以忍受静默和负向诠释，这两者都会令他们困惑、无法忍受。甘德森与沙宝（Gunderson and Sabo，1993）研究边缘人格障碍患者中断治疗的情况，结果显示有一半的患者中断治疗是因为无法承受面质之后的愤怒。

冲突论和缺陷论之间的差异更多是意识形态的争议，不能当作临床上的指引。不管哪个学派都同意建立好的治疗关系或治疗联盟是极重要但又高难度的任务。在不同情况下，诠释负向情感转移与高度的接纳与包容都是恰当的。涵容和接纳是需要的，缺乏自我安慰能力的患者需要分析师的温柔，但是当患者在治疗过程中不断投射内在坏客体时，分析师也要能面质他。弗斯海格（Fosshage，1994）用盖多和戈德伯格（Gedo and Goldberg，1973）的研究提出了同理心发展阶段，来了解边缘人格的治疗过程。盖多和戈德伯格认为，通过母亲对其身体心理上的调节，婴儿感受到母亲对自己的了解；到幼儿期，孩子则需母亲口语上的认定。弗斯海格主张，在治疗边缘人格病患时，需要在进行移情诠释之前先做一些非诠释性的处理。因为这些病患是根据前语言发展阶段（preverbal level）运作的，因此这些非诠释性的介入对这类患者来说仍是分析，但是对神经症患者而言就不是这样了。

科胡特学派经常治疗非常脆弱的门诊患者，这类患者需要在与治疗师互动中感到极度的安全，他们必须确定在紧急时可以与治疗师联络，也需要治疗师在放假时为他做特别安排，像是安排"后援"治疗师、寄明信片等等。科恩伯格的许多患者则在医疗机构接受治疗，这些地方都可以提供支持性的环境。协助患者面对自己内在毁灭特质的介入方式虽然有时会让患者感到震惊，但同时也能让患者感到释放，这个过程让患者慢慢体验到，其实他可以从内在控制过去的悲惨经验，而不需要总是埋怨外在环境或其他人。

为了能成功地分析边缘人格障碍患者，以下是一些必要的条件（Waldinger，1987；Gabbard，1990）。

(1) 借由稳定的治疗架构来保护患者、治疗师和分析过程的完整。治疗师需要了解，有些患者无法忍受严格的分析界限（analytic boundaries），因此治疗师要愿意比传统精神分析所建议的更有弹性。

(2) 设定限度（limit-setting）。与上述条件相反的是，治疗师要能设定清楚的界线，并确定患者了解这些界线。例如，分析师允许患者在两次会谈之间与他联络一次，但是如果患者联络的次数超过一次，那么下周的会谈就会被没收。

(3) 将诠释的重点放在此时此刻，而非历史重建（reconstruction）。不可避免地，在治疗过程中，分析师会有同理失误的时候，这些失误必然会引发患者的某些反应，如退缩、被抛弃、被玩弄或被折磨的妄想。当这些情况发生时，分析师必须在会谈时将重点放在患者的这些反应上。同样，患者不可避免地会憎恨治疗师或拒绝治疗师，治疗师也必须面对患者对他的感觉，借此帮助患者整合他对治疗师的好坏印象——好分析师倾听患者对他的负面描述，像是认为分析师多么可恶、多么坏。

(4) 不断监察自己的反移情。如上所述，边缘人格病患会过度使用投射-认同机制，这意味着分析师的反移情将是治疗边缘人格者的关键工具。患者会强加在治疗师身上拯救者和攻击者的角色，治疗师必须能够以同样的态度来面对这两种角色，当不可避免的治疗上的错误和混乱发生时，治疗师要区分哪些是来自他自己过去未处理的经历，哪些是由患者的投射所引起的。不管是科恩伯格、温尼科特或科胡特的追随者，都同意在治疗过程中至少有某部分治疗师的主观感受是来自他自己潜意识的需求和经历，导致治疗师严厉或纵容地对待患者的脆弱。这些主观的感觉，必须借由被分析或小心的自我反省来辨识。

(5) 避免被动的治疗立场。古典精神分析的静默和非指导性的做法可能会为边缘人格障碍病患带来无法承担的焦虑。大部分治疗师会承认，他们在治疗边缘人格患者时会打破原则（Steiner, 1993），使用比较多的支持性介入，如肯定、分析透明化和引导策略。在面对症状没这么严重的患者时，治疗师鲜少使用这些技巧。

(6) 涵容并面质患者的愤怒及自伤行为。边缘人格者在接受分析治疗期间，不可避免地会出现自我伤害的行为或是暴怒。治疗师需要以坚定而非处罚的态度来面对。为了面对这些棘手时刻，治疗师要避免在情绪高亢时做反应，等到情绪冷却之后再处理。治疗师还可能会面临一些挑战，如患者来会谈时喝得醉醺醺，或是刚刚割了腕，或刚吃下许多安眠药。患者在会谈时无所顾忌地哀号，也会令治疗师感到困扰，有时患者也会过分地干扰或介入治疗师的私生活。此时，需要一些清楚的指示或约定来帮助患者约束自己的行为。例如，治疗师必须坚定地告诉患者，他会尽己所能地不让患者伤害自己或自杀，但是他自己才是最终的负责人。与患者制定避免自我伤害的约定时，最好也与患者的诊疗医师、有床位可用的精神科医师（以便需要时可以为患者安排住院）、社工和／或配偶一起合作。治疗师可以向患者解释这些人就像关心他的父母一样，对他是有帮助的（Bateman, 1995），希望借此减少患者的分裂幻想。

(7) 将治疗重点放在联结患者的感觉和行为。除了6所隐含的限度外，治疗师还必须重新建构患者内在世界所发生的事件及这些事件所带来的攻击或绝望感，帮助患者认识自己的思考、感觉与伤害行为之间的关系。

(8) 简要来说，若能有下列所有或部分的治疗现象，则显示治疗已有进展（Wallerstein，1994）：①患者能拓展分析师所做的回应；②能包容或承受幻想——包括恨与爱欲的幻想——而不将幻想行动化；③能包容或忍受分析师针对他的夸大幻想和投射——认同所做的诠释；④能感受并体验罪疚感。

棘手的患者；住院治疗的边缘人格障碍病患

分析师迟早会碰上需要将边缘人格障碍病患送到住院的时候（Gabbard，1986，1989）。患者所需的住院期间或短或长，如果可能，最好避免让患者长期住在慢性精神病疗养院；但是因为危机而短期住院，对患者度过生活中或治疗过程中的难关是有帮助的。此时，医院扮演的角色是临时天堂、代替性的自我、涵容者或自体-客体，短期住院治疗有助于释放分析师和患者之间纠缠的情绪，好让分析师可以继续他的诠释工作。

例：配给住院天数

一名有严重心理困扰的二十余岁女子，一到周末就会有行动化行为，如爬到危险的鹰架上、醉酒、和不认识的男人发生危险的性关系等。她常在半夜被警察带到医院的意外伤害科。医生诊断她为多重人格障碍（包括很明确的边缘人格障碍），到了星期一，她就会"忘掉"这些发生过的事。她会把这些事归咎于"他"——她的某个次人格。等患者能体验到自己在周末是觉得被抛弃了，进而觉得无助和绝望时，分析师便与她约定：她可以在

> 周末时住院，最多一个月两次。她很少使用这样的安置，直到后来她遇到一位极有同理心的门诊医师。当分析师不在时，她可以从这位医师那里得到支持。

嘉宝（Gabbard，1990）界定了四种需要长期住院的边缘人格病患，这4类病患的症状会有重叠的部分：①冷酷的自我毁灭型；②特殊的病患——常是专业的助人工作者——他们很擅长分裂照顾他们的人，常导致门诊治疗失效；③充满怨恨或意气消沉的患者，他们往往会被所属的小区驱赶到医院来；④被动的反对者，他们往往固执地坚持静默。

这些患者需要安置在专属病房，接受专人照顾，因为他们常使用分裂和投射-认同机制，这一定会在一般病房里制造混乱并挫败治疗干预——因为一般病房通常无法执行严谨的治疗限度并随时检查工作人员的反移情，同时也缺乏这类患者所需要的分析架构。分裂机制一直都在，而且很危险（Main，1957）。这类患者会将内在世界的崩解现象投射到工作人员身上，使工作人员也分裂开来。一些工作人员会认为患者是可怜的受害者，需要无条件的爱。另一些工作人员则认为患者很坏、狠毒而且会操控他人，是需要被面质的，甚至建议患者出院。这两派工作人员之间会因此引发激烈的冲突。患者身上这些不同的维度需要被涵容，并在工作人员进行团队讨论时检视团体的反移情。分析师和照顾患者的工作团队之间需要有密切的沟通，以避免患者和照顾他的工作人员心中的愤怒和绝望感恶化而阻碍治疗工作。

神经症

我们在第一章提到，当代精神分析的核心主题已从本能、冲动和原欲转向情感（affect）。无疑，在所有的痛苦情绪中，焦虑和抑郁是促使患者来寻求精神分析协助的主要情感。在本书中，我们也从不同角度探讨了焦虑和抑郁。就像对精神病和边缘人格的理解一样，精神分析对神经症的理解也不易直接被归类到某个特定的精神医学诊断中。本节将简略地从分析的角度一览焦虑和抑郁的关系以及它所呈现的精神异常症状。

焦虑

弗洛伊德在70岁时出版了《抑制、症状与焦虑》（*Inhibitions, Symptoms and Anxiety*），本书呈现了他的思路的重大转变（Freud，1926）。弗洛伊德早期认为焦虑是挣脱束缚、从压抑中逃脱出来的心理能量或原欲。此种说法仍然可以用来解释那些经历创伤或灾难的幸存者所体验到的令人无法招架的焦虑（Garland，1991）。但是当弗洛伊德提出了心智结构模型（见第二章）后，开始认为焦虑是自我在适应环境时的反应，也是心理或行为反应的刺激。当心智器官（psychic apparatus）的不同部分之间有了冲突时，焦虑信号（signal anxiety）便会出现，警告个体有冲突出现。根据冲突点的不同，焦虑也按阶级被分为几类（Gabbard，1990），从最成熟的焦虑到最原始的焦虑。

超我焦虑

超我焦虑主要存在于伴随着良心守护者的理想我（ego ideal）和真实我之间。因此那些完美主义强迫性人格者经常担心自己无法达到自己所设定的高标准。完美主义的背后可能有一位要求很多却永不满足的内在父母,由于焦虑和攻击常是一体的两面,超我的焦虑中可能包含着恐惧,害怕自己无法达到内在父母的要求而受到报复性的惩罚,这一现象其实是患者自己内在无止境的要求的投射和再内摄的结果。

阉割焦虑

弗洛伊德对于男性性无能的分析,来自他早期对女性歇斯底里病症的分析心得(Mitchell,1989)。弗洛伊德相信阉割焦虑来自俄狄浦斯期的小男孩害怕因为爱自己的母亲而被父亲处罚,且因挑战了父亲而可能被阉割、被贬低到女人的地位。然而,俄狄浦斯不再被认为是指涉生理这个维度,受女性主义影响的新弗洛伊德思维认为阉割焦虑是害怕在男性主导的社会失去男性权力的象征(Chodorow,1978;Benjamin,1990)。阉割焦虑可以用来了解害怕成功、无法自我肯定和性抑制。用克莱茵学派的词汇来了解,阉割焦虑与抑郁位置有关,即感受到自己伤害了客体,于是内在有了伤痕。

分离焦虑

鲍尔比(Bowlby,1988;Holmes,1993)延伸了弗洛伊德的概念,认为神经症的基本冲突来自一方面渴望客体,一方面又怕失去客体的焦虑。不断寻求赞美、过度依赖、广场恐惧症或过分与人疏离等,都是分离焦虑或阻抗分离焦虑的现象。鲍尔比认为,分离焦虑是因为孩子在早期发展过程中,父母教养方式前后不一或经常缺席,使孩子有了过分依赖或害怕的行为。这些孩子害怕自己会被抛弃的恐惧是很真实的。在此观点下,与攻击有关的冲突在动力中扮演着重要的角色。

例：不正义社会下的逃兵

40岁的彼得是位中学校长，他深受日渐升高的焦虑之苦。有一天，他像往常一样离开学校，却没直接回家，而是到邻镇的饭店租了一间客房。他在房间里待了两天，完全没有告诉任何人他在哪里。后来，他自己打了个电话到当地医院的精神科。经过短期的住院后，他被转介去接受精神分析。他认为其失忆症状的主因是政府官僚不断地对教学专业施压，要求改变。他感到这一强加在他身上的压力已到无法承受的地步。在这之前，他一直是位成功的模范老师，但现在越来越焦虑、挫折、生气，并感到内疚，但他从未对人提及这些感受。

他是家中的老二，和哥哥相差10岁。哥哥在19岁那年因山难过世，之后他母亲就变得非常焦虑，而且越来越不准彼得做一些9岁小男孩想做的冒险的事。慢慢地，彼得学会了安慰、取悦他母亲，而同时，他总觉得自己是不够好的，也得自己照顾自己的情绪。在治疗过程中，他也很客气、有礼，但骨子里很控制，并与分析师保持着相当的距离，分析师也常有轻微的内疚，总觉得自己给予得不够。

彼得因焦虑而引起的失忆症状，可视为彼得重演哥哥过世的状况，借此来试探他的太太是不是真的需要他、关怀他（他太太正热衷于她最近刚开始的新事业）；此外，他的病因还有一部分来自对教育系统的愤怒，他觉得自己被陷害了，他所做的努力被视为理所当然，因此，也间接地攻击他所依赖（也依赖他）的母亲。彼得因为母亲过去强加在他身上的禁令，对她非常愤怒。

迫害性焦虑与未经整合的焦虑

我们在之前已经讨论过焦虑的精神病式机制，也就是患者将其内在的恨与忌妒投射给别人，之后又觉得自己被拥有这些感觉的人所迫害。未经整合的焦虑也具有部分的精神病特质，这部分来自原始的害怕——

害怕支离破碎，害怕被消灭，就好像一些精神病患所体验到的一样。

治疗

由于焦虑有许多种形态，因此无法以一种单一的心理动力治疗法或诠释方法来处理所有的焦虑异常患者。一般来说，稳定一致的分析结构应该已经足够处理分离焦虑所造成的后果。我们在前两章所提到的治疗技巧，即从焦虑了解患者所使用的防御机制，再从防御机制了解患者潜藏的感觉和冲动，已经提供了临床上治疗焦虑症的基本策略。焦虑的患者会不断地试探分析师是否有能力在表达性治疗和支持性治疗之间找到最适合他的治疗方式（Wallerstein，1986）。在治疗过程中，分析师不可避免地会明显地或隐隐地感觉到来自患者要求分析师肯定或支持的压力。研究证据显示，对于那些比较严重、困扰较深的患者，支持性的分析治疗比较适合；而对于那些防御机制比较成熟，或表达能力较好、思路较清楚的患者，严谨的表达性精神分析治疗法会有比较好的效果（Horowitz et al.，1984）。

抑郁症状

精神分析导向治疗理论在谈及抑郁时，将焦点放在三个主题上：①与攻击有关的矛盾；②丧失；③自尊。弗洛伊德早期用冲突模式来解释抑郁，他认为抑郁症患者停滞在口腔期发展阶段。在此阶段的患者因为感到自己消灭了自己深爱的对象，而体验到爱恨交织的矛盾罪疚。此种说法可以用来解释为何焦虑-依赖常是抑郁的特征。

与亚伯拉罕（Abraham）的讨论结果使弗洛伊德在1917年的《哀悼与抑郁》（*Mourning and melancholia*）一文中主张，丧失是促发抑郁的前驱，并且强调目前的丧失会重新唤起童年所经历的丧失——包括真实的及象征性的丧失。经由认同丧失的客体，患者责怪及攻击自己，其实是在责怪客体。而且这些责怪及攻击有其正当性，因为他所爱的客体离开了他，或让他很失望。弗洛伊德认为抑郁是一种自恋疾病，因为患者从客体身上退缩到自己身上。

克莱茵（Klein，1986）将弗洛伊德的这些概念应用到她所提出的正常心理发展模式上，她认为外在的丧失——不管是丧失了乳房、丧失了母亲对自己的全神贯注，或是失去了对父亲的崇拜——会在建构好的内在世界得到补偿。在此内在世界中，那些丧失的客体复活了。她认为，在儿童时期成功地完成了抑郁位置发展任务的孩子，对长大后在生命中所碰上的丧失会有免疫的功能。在抑郁中，个人会回到早期的失败中，再次整合内在世界里的好坏客体。处于抑郁过程的人全能地相信自己要为所有的丧失负责，这是他与生俱来的毁灭特质尚未与爱的感觉整合的结果。抑郁中的施虐-受虐因素来自忌妒与恨的投射和再内摄。温尼科特认为如果成功地完成了抑郁位置的发展任务，个体对丧失的反应是哀伤；若未完成，其反应则是抑郁。

派德（Pedder，1982）认为布朗和哈瑞斯（Brown and Harris，1978）对抑郁的研究结果可以支持以上克莱茵学派对抑郁的看法，他们的研究结果支持童年的丧失——特别是丧失了母亲——是抑郁的致命因素。布朗与哈瑞斯的发现也显示，失去自尊是抑郁心智的核心。对派德来说，自尊一词意味着内在客体关系中一部分自我被另一部分温柔地捧着。如果这个自尊的结构未被完成，或是用克莱茵学派的话来说，抑郁位置的发展未被完成，则个体会过分地依赖外在环境的关怀；若他没有得到这些的关怀，就很容易走向抑郁。

治疗

虽然人际关系治疗法（Interpersonal Therapy，一种短期精神分析式心理治疗法）能有效地治疗抑郁症患者（Kler man and Weissman，1984；Elkin et. al.，1989），但是用精神分析导向治疗法来治疗急性的抑郁症病患并不寻常。有些慢性的抑郁症病患可以用精神分析导向治疗法来治疗，但就像其他治疗法一样，对于此种棘手的患者其治疗结果变异很大。治疗抑郁症的基本策略包括：让攻击可以呈现出来；处理那些未被哀悼的丧失；让患者在移情中呈现其施虐与受虐模式，并加以了解；缓和超我的过度要求；提供一个不会太亲密，也不会太隔离的安全堡垒。

在治疗抑郁症病患时，分析师有时候必然也会体验绝望和无助。温尼科特认为治疗的限制，例如一次50分钟、假日和休假等，表达了分析师反移情中的恨，就像一个足够好的妈妈把孩子放到床上睡觉，然后开始满足自己的需求一样，这些是与治疗慢性抑郁病患极为相关的因素。这一说法可以和斯特雷奇提出的治疗过程中促发患者改变的主要因素模式一起考虑，因为患者会投射其内在的无助感和恨意到分析师身上，分析师则借由持续地关怀和充满温暖的、有限度的治疗设置，来断开抑郁症的恶性循环。这让患者可以放心地表达他的攻击，并将这些攻击的感觉与其他正向的感觉整合起来，希望借此渐渐地建立一组比较仁慈的内在客体。

例：死亡——新的开始

南希从十几岁起就深受抑郁症之苦，她在念大学时，因为一次严重的自杀未遂被送到精神医院并住了18个月。她有个姐姐，而母亲曾在生产时因产出死胎患上了严重的产后抑郁症，在精神科住了9个月，当时南希大概3岁，照顾南希的工作便落在父亲身上。在分析的过程中，她对父亲越来越感到嫌恶，她开始相信父亲当时对她的照顾非常不足，甚至有虐待她的情形。她的父母曾经以经营酒馆为生；在她的经验中，母亲常用一种冷漠控制来过度地介入她的生活，这种冷漠控制也是抑郁症的特征。

在她二三十岁时，她如同行尸走肉般地活着，限制自己的社交生活、被那些无力招架的愤怒和绝望折磨、大部分时间都躺在床上，只是偶尔到图书馆工作。她有一次失败的婚姻，第2次，她嫁给一位比她年长许多的男人，这个男人有无限的包容力，而且对于她在语言上的暴烈攻击和过分依赖的行为似乎有免疫力。她生了第一胎后来接受分析，她很害怕若无人协助，自己会无法扮演好母亲的角色。

前4年的分析几乎对患者毫无帮助，分析师做的只是稳定她的生活，并提供涵容其攻击和依赖的环境。她会不定时地恶意攻击分析师，认为分析师高高在上，像是个没有感情的治疗机器，但她又无法不依赖这个机器。她觉得分析师的唯一目的就是要羞辱她。治疗过程中，常出现静默、重复及停滞不前的现象，这些现象都让分析师有被困住、很无能之感；虽然患者在愤怒较少的时刻会坦承她很看重这种治疗，因为在这个世界上，除了她的先生之外，分析师是她唯一能自由表达恨意的对象。有一两次，当她无力承受抑郁之苦时，她会要求短期住院，但是这种情况只是让她想起她的无望和无能。

之后，她的丈夫突然生病了。她很用心地照顾丈夫，但没多久丈夫就过世了。接下来的两年，她突然有了非常显著的改变。这段时间她非常哀伤，但同时自信心也增强了；她开始相信自己是个正常人，而非奇怪的动物；她开始享受与儿子和朋友共处的快乐时光；也开始旅行，到一些她以前不会去的地方。她和父母达成了部分和解，她已经许多年未与他们联络了。后来，她遇到了另一个男人，并和这个男人发展出平等的关系，当有需要的时候，她会以建设性的、成熟的方式和男友争吵，而不再用以前那种依赖而具毁灭性的方法。

随着这些外在的改变，治疗过程也渐渐脱离胶着状态，患者和分析师发展出温暖的关系。以前，假期对患者来说是难以忍受的，也会导致患者产生崩溃的感觉；现在，患者比较能够忍受假期了。分析师也发现，这是诠释第一次对她产生了意义。分析师渐渐感觉到自己是个真实的个体，而非患者攻击的模糊客体，也不是她获取些微温暖之处。分析疗程中，南希的改变是渐进而缓慢的，没有突破性的诠释或一些令人震惊的改变时刻。也

> 许在整个疗程中，分析师最重要的贡献是他持续地临在，以及他以不报复的态度来承受患者的攻击。对于南希在生理及心理上的退缩需求，分析师除了挑战她之外，也涵容、承受她的需求。不管任何时候，当患者试图刺激分析师对她说"她已经受够了""应该要找份工作""没有权力每天下午都在睡觉""她不是好母亲"等话语时，分析师都以涵容的态度面对。
>
> 根据内摄-认同分析功能的说法，南希渐渐表现出死去的丈夫的正向特质。她说她感觉到丈夫好像活在她内部，她也能从他的指引中得到力量。当她遇到困难时，她会自问——如果是他，他会怎么做。这个做法每次都会成功！丈夫变成好的客体，虽然他的肉体已消逝，但就心理层面来看，他在她的攻击下活了下来。用克莱茵的话来说，她丈夫在她心里复活（reinstated）了。她第一次感到她的内在世界是安全的，她很惊讶地发现，在经历了8年的分析治疗之后，她终于不再依赖了。

结语

虽然上述例子解释的是神经症的情况，但同时也在说明精神病、边缘人格与神经症的特质存在于人格的不同层面里。

在分析过程中，这几个部分都需要被触及。在这个例子中，患者有时会呈现出精神病式移情（psychotic transference）。此时，她会觉得分析师是位愚弄她的迫害者，残忍地愚弄她，就好像猫在愚弄一只雏鸟一样。患者也出现许多边缘人格的特质，包括空洞、无趣以及暴烈的愤怒，这些感觉指向一个无法自我调节情绪的自我。她的低自尊、逃避与其他女人竞争的现象更像是神经症的特质。认识以上三种不同层次的症状，并在适当时机介入，似乎是精神分析这门艺术的重要维度之一，而有关此三种心智运作历程的解释，也是本书主要的目的之一。

第十一章

精神分析研究

从开始起，精神分析的疗效和研究就密不可分。

（Freud, 1926b: 256）

有位很有成就的分析师到一家颇负盛名的研究教学医院应聘工作，面试时被问到他的研究贡献时，他说："每接一个新的患者，就足以促发我一个新的研究构想。"如同上面所引用的弗洛伊德所言，这位分析师的妙语与精神分析传统是相互呼应的（而且他得到了这份工作）——但是，隐含其中的还有文化的冲突，它突显了精神分析和当代科学之间的纠葛。弗洛伊德沿用的是19世纪的研究概念，即密集而无趣的现象研究。晚期的精神分析学者延续了弗洛伊德的先驱研究，在概念和实务上有了进一步的成果。不过，哲学和科技的发展改变了人们对研究二字的了解，研究变得具有特殊含义，强调测量、严谨的控制、数据的统计操作以及可重复验证的可能性。诚如我们在第一章的建议，如果精神分析被视为一种工艺而非科学，其发现即使极具临床价值，也会因为不符合上述的科学标准，而构不成一种科学性的知识体系。

当代科学研究包含三个必要条件：被科学界共识认为有价值的资料；对这些数据所进行的实验操作方法；建立了解这些现象的无可驳斥的假设（Wolpert, 1992）。因为精神分析理论奠基于个案的历史，所以精神分析很难符合上述典范。就像冯纳吉（Fonagy, 1993: 577）所说的：

由于精神分析强调临床的资料，使得精神分析和心理治疗不得不以过时的认识论典范来理解：即列举归纳法（从许多案例中寻找通则）。此种归纳法会找出与命题相符的例子，它较常被用作教育策略，而不是用在科学研究上……一般精神分析的著作（也包括本书），皆以认识论典范为工具。但这一方法的问题是，一些看似合理的想法被认定后，就没有方法可扬弃这些概念。

　　更有甚者，精神分析的原始资料究竟所指为何也是个大问题（Colby and Stoller, 1988; Fonagy, 1989）。个案历史是极复杂的产物，在其中，临床上所发生的事经过了过滤、塑造、整理、反省、浪漫化、浓缩以及修剪，以符合先入为主的理论，经过这个过程后，整个数据变得极不可信（也无法复制），于是我们无法知道分析师和患者之间究竟发生了什么事。

　　因此，精神分析与科学所要求的标准尚有一大段距离，而这些标准常是科学界用来接受某个学科的门槛。相对的，当代科学所关注的这些标准对每天面对患者从事实务的分析师而言，似乎太不相关了。面对这样的鸿沟，有些精神分析师选择完全退出科学的范畴，他们主张精神分析所探索的内在世界只有靠内省的方式才能深入，他们认为精神分析就像艺术一样，本来就不能进行科学的研究（Steiner, 1985）。还有另外一种更复杂的观点，认为精神分析是一种诠释学（Ricoeur, 1970），持此论点者主张，想为精神分析的真理寻找外在效度的企图都注定要失败，他们转而提倡以内在一致性和患者述说的合理性来作为争论基础（Spence, 1982, 1987）。不过，从早期精神分析一直到现在，总是有人试着要克服这些实务上和哲学上的议题，其中也有人成功了，精神分析从质性田野研究（field, studies）渐渐朝向更具科学基础的研究。我

们相信临床工作者必须对这些研究有所了解,原因如下:

第一,它联结了精神分析与科学界,避免精神分析变成只属于一小群人、关起门来只往内看的学问;第二,研究可以让临床工作者更有确实证据,说明其工作对心理困扰的处理是有效且有用的;第三,研究可以将事实从神话里筛选出来,好让精神分析进行自我检视,以便抛弃过时而无效的部分,发展它最有价值的部分;第四,如果精神分析要继续得到政府的补助,继续在健康保障体系里生存,它就必须以科学的方法证明自己是有效的;第五,为了将精神分析落实在现实中,研究能帮助精神分析免于被滥用或化成枯骨的结局。

方法学

就像其他所有的科学一样,精神分析的研究也要仰赖适当的技巧和研究方法。精神分析研究的核心任务是如何航行在精神分析真正看重却几乎无法测量的主题(诸如意义、幻想、患者和分析师之间的互动)和细琐的行为研究之间。

心理治疗研究可以简单地分成结果研究与过程研究,前者探讨的是精神分析治疗的结果;后者探讨的是分析过程中发生了什么事。而过程-结果研究探讨的是两者之间的关系。好的精神分析研究不可避免地会有第三者介入治疗关系——即俄狄浦斯的历程,这一过程又难免与潜意识挂钩。在结果研究中,研究者会在治疗前后以问卷或面谈的方式访问患者。在过程研究中,最常用的技术是将会谈过程录音或录像,然后再由一位中立的观察者来研究这些录下来的原始资料,这些收集到的材料可以做进一步的研究处理。举例来说,治疗师的处理方式可被归类为移情诠释、非移情诠释、对患者的肯定等。这些处理方式及过程的有效性也都可再加以研究，例如可以请几位独立评分员，根据他们所阅读的逐字稿来形成其心理动力的概念化理解，然后再经由第二组的评分员做独立判断和评分，以建立评分者信度和疗效预测力；个案所叙述的故事结构也可借由故事的流畅度或联想的自由度来测量研究。

心理治疗研究与精神分析

精神分析界的研究发现相当少，而在已有的研究中，方法学部分大多很弱。造成这个结果有以下原因：精神分析的治疗期太长；大部分的分析师对于接受科学研究的检视一向有所迟疑；为了统计上的目的，需积累足够多的个案量；为精神分析的理论概念下操作性定义是不容易的。相反，心理治疗的研究大多专注于方法学上可控制的短期治疗，而这类研究已成为主流，其中有一些与精神分析有关。因此，在细看精神分析的研究之前，我们应先从心理治疗研究中找出一些相关的研究结果。

心理治疗的效果

半个世纪以前，伊森克（Eysenck, 1952）着手整理费尼切（Fenichel）的原始资料，以挑战心理治疗研究；他宣称，比起未接受治疗的控制组，接受精神分析治疗的患者并没有更加进步。到了20世纪80年代，有许多控制严谨的研究和后设分析已经找到证据证实心理治疗是有效的（Smith et al., 1980；Lambert et al., 1986）。控制组有30%的受试者自发性地有了进步，而接受心理治疗的受试者则有70%从治疗中受益。同时，在进步的速度方面，接受心理治疗者比未接受治疗者要快（McNeilly and Howard, 1991）。霍尔等人（Howard et al., 1986）在研究了心理治疗中的真实有效曲线（dose-effect curve）后发现，一般来说，治疗的时间越长，患者受益越大。但这是一个负向的对数曲线，可观察的最大获益（此获益通常是指症状的改变，而非动力的改变）集中在治疗的前半阶段；在所有有进展的患者中，75%在第30次左右的会谈就得到了整个治疗过程中的最大益处。另外一个重要的议题是心理治疗后进步的稳定性。有许多研究已证实，治疗中所获得的改善确实能长期维持（Luborsky et al., 1988）；但是最近有篇论文（Fonagy, 1993）则提出，短期治疗的治疗效果不一定能长期维持，这个结果支持了长期治疗（如精神分析）的效力。

精神分析研究中的安慰剂问题

患者从某特定治疗方法中得到益处的这个事实，并未说明治疗的哪一个特定的面向治好了他的问题。心理治疗的研究发现了等同矛盾（equivalence paradox）（Stiles et al., 1986）的问题，因为这些研究文献虽然陈列了许多不同的治疗方法，却没有一个方法能一致且长期地显示它比其他方法更加有效。卢柏斯基等人（Luborsky et al., 1975）引用了刘易斯·凯罗（Lewis Caroll）的度度鸟裁决（dodo-bird verdict），形容这个情况为"每人都是赢家，所以大家都有糖吃"。弗兰克（Frank, 1986）运用其治疗中的三个共同元素（common factors）来解释等同矛盾，他认为所有的心理治疗都包括以下三因素：再道德化（remoralisation）或是给予患者希望；提供一份与治疗师的关系；以一些理由和一系列的活动，指引患者迈向健康。在精神分析过程中，这些元素则包括固定的出席会谈、强调梦与幻想、使用自由联想，以及表达被揭露出来的感觉。

使用安慰剂治疗，例如由非心理治疗人员做个案管理，或让患者参加所谓的自救团体，是为了比较共同因素和特定介入（specific interventions）（如移情诠释，古典精神分析视它为造成患者改变的要素）之间的差异。一般来说，若将接受真正心理治疗的患者和接受安慰剂治疗的患者进行比较，其间的效果值（effective size，即两组之间在特定变项上的平均差）会比自行复原的控制组低［参考克里斯-克里斯托夫（Crits-Cristoph, 1992）以短期动力心理治疗法对安慰剂组及控制组进行后设分析的结果］。共同因素组（或安慰剂组）的效果值大约是 0.5，控制组和治疗组的效果值分别为 0.2 和 0.8 左右。后文会呈现，精神分析研究的发现与这些结果是一致的；换句话说，精神分析若要有效果，必须综合非特定（non-specific）的支持做法及特定的精神分析技巧，如诠释、神经症移情。

治疗师与患者皆与疗效有关

治疗师与患者的关系是好的治疗结果的关键因素——这是个理所当然的发现，也与弗洛伊德（Freud, 1940a）在其论及治疗性契约时所预测的一样，他将治疗契约视为成功分析的基础。患者倾向于将治疗的成功归功于治疗师的个人特质，而非其治疗技巧。正向的移情，诸如将治疗师视为温暖、敏锐、诚实、关心、了解、支持、有幽默感等，被认为与成功的治疗有关。相反，若患者觉得自己不喜欢治疗师、也不尊重他，或发现治疗师无法同理他，则会认为治疗结果乏善可陈（Eaton et al., 1993）。当然，治疗师本身的效能也各有差异，有些治疗师不管面对什么样的患者，其治疗效果都一致性地好，有些分析师则经常效能不佳，而大部分的治疗师介于这两者之间。治疗结果的好坏绝不只归因于个人特质，已有研究结果证实，恪守某特定治疗方式的治疗师（当然，治疗方式种类繁多）比那些偏离正规治疗法太多的治疗师更成功（Horowitz et al., 1984）。患者的人格特质对治疗结果的影响更甚于治疗师（Bergin and Lambert, 1984）。虽然马兰（Malan, 1976）发现在短期心理动力治疗法中，患者若有强烈的动机，便可弥补其严重疾病带来的治疗困难而得到好的治疗结果。但是一般来说，困扰越严重的患者，其治疗结果越差，这并不令人意外。因为患者的人格特质对治疗有重要的影响，于是有人强调患者与治疗方法之间的适配性。本杰明（Benjamin，1993）的研究显示，内省性强、喜好探究内心的患者比较适合非指导性、洞察取向的治疗法，如精神分析；而外向型的患者则较适合行为取向。霍洛维兹等人（Horowitz et al.，1984）的研究发现［此发现与接下来将讨论的梅宁格心理治疗研究计划（Menninger Psychotherapy Research Project）有关］，在面对异常的哀伤反应时，若患者的自我整合性较差，则比较适合用支持性取向的治疗法；若整合性较高，则比较能从心理动力式的治疗法中获益。

心理分析的即刻与长期效果

经过多年的披荆斩棘，分析师已觉察到研究精神分析治疗结果的必要性，而这样的努力也一直零星地持续到现在（Bachrach et al.，1985，1991；Kantrowitz et al.，1990a，b，c）。此外，若根据当代心理治疗研究的标准，这些零星的研究恐怕只有少数（如果有）符合方法学上的要求；这些研究更应被视为一种对治疗的检视，而非正统的研究。诚如以上所述，因为精神分析多是长期治疗，要针对精神分析治疗法进行控制研究几乎是不可能的事。大部分的研究全靠分析师对其患者的进步情形进行评估而得到治疗结果。他们很少使用独立观察者，而所有的记录也很少使用标准的疗效量表来进行评估，只要求分析师将治疗结果分类为好、坏、普通等等——这样的评估方法可能使实务工作者高估其疗效。此外，区分症状和动力的改变也是困扰精神分析疗效研究的问题之一，因为精神分析所期望达到的疗效很难加以量化。有许多研究要求分析师回答一些开放性的问题，像是分析历程的发展，而不考验其中的信度。

最早的疗效研究之一来自柏林精神分析学会（Berlin Psy-choanalytic Institute），他们免费提供给穷人三种治疗法（Bachrach et al.，1991），结果显示，60%的神经症患者及20%的精神病患者被评定为有良好的治疗效果。比这个更理想的治疗结果来自伦敦（Bachrach et al., 1991）、芝加哥（这个研究中的治疗法似乎对身心障碍的个案很有效果，在其研究中，有77%的身心障碍患者获得良好的治疗效果。Alexander, 1937）及梅宁格诊所（Knight, 1941）。总而言之，这些早期的研究预测了往后的研究结果，即60%～70%的患者能从所有形式的心理治疗法中获得良好的治疗效果。

第二次世界大战后的研究（如Weber et al., 1985a, b; Sashin et al., 1975; Kantrowitz et al., 1990a, b, c）比较关心治疗结果、患者的可被分析度（于初步评估时判定）和分析历程的发展（如移情神经症能在治疗过程中渐渐地被解决）三者之间的相关性。大部分研究证实，评估访谈对于分析疗效的预测性极差（Erle and Goldberg, 1979）。但是有一例外来自马兰（Malan, 1976）一个历经时间考验的发现——他发现，建立分析师和患者之间强而有力的联结、在评估时患者呈现情感的能力，以及患者在工作或人际关系上的能力等，都能预测短期心理动力治疗的效果。当然最令人困扰的是，长期的追踪研究显示分析历程的发展和治疗效果相关性很低：

> 那些被分析师视为会有好的分析疗效的患者——以传统的方式来定义（如移情的发展与解决）——已不再比那些被分析师认为没有发展出移情神经症的患者更能维持长期稳定的心理改变。
>
> （Kantrowitz et al., 1990a: 493）

长期追踪患者的自我分析功能似乎成了良好治疗结果的指标。所谓的自我分析功能是指患者内化了分析的历程，从而能将分析过程延伸至诊疗室之外，甚至治疗结束之后。派菲尔（Pfeffer, 1963）针对一群结束分析数年后的患者进行研究，他请一些治疗师为这些患者进行短期分析治疗，然后比较新治疗师与原分析师对患者的评估。其结果显示分析并未能解决大部分的神经症冲突，这些冲突仍以潜伏的形式存在于患者内在。巴哈契（Bachrach）提出以下意见：

> 因此，这些研究结果警告或反对完美期望论，并认为以"冲突的解决"或"移情官能症的解决"为因变量来衡量精神分析治疗结果是不切实际的；也许，最好以病态内容的改变，或是移情／阻抗结构的改善来衡量治疗的结果。
>
> （Bachrach et al., 1991: 903）

美国的研究也有一致的发现，这个研究的对象大多是接受分析后又回头寻求进一步治疗的患者。例如，肯特维兹（Kantrowitz, 1990b）研究中17位完成5～10年分析的患者中，有7位（40%）维持稳定状况或有进展，6位（35%）情况恶化，但经过进一步治疗后，恢复了心理平衡状态，而另有4位（25%）情况恶化，不论他们是否再继续接受治疗。

梅宁格计划

在所有与精神分析有关的质性研究中，最具代表性的无疑是梅宁格计划（Wallerstein, 1986），这个计划开始于1954年，共进行了25年。研究从转介至梅宁格临床机构接受精神分析的患者中选取42位，针对其评估情形、治疗过程和治疗结果进行密集的研究。这个临床机构同时提供住院与门诊服务，通常住院患者的病情比门诊患者严重许多。有许多患者因为一般的治疗方法已无效，才被转介到梅宁格。这些患者的病情与国家健康服务心理治疗部门的严重病患，或那些在卡索（Cassel）医院、赫利维奇（Halliwick）日间医院（Bateman, 1995）接受密集心理治疗的病患类似。有些患者从梅宁格方案开始就持续地接受治疗，而其他患者则在完成治疗之后接受了20年的追踪。患者、其家属和他们的治疗师都必须接受一些心理测验，所有的治疗记录和督导记录都加以保存，以记录治疗的进步情形。

分析这些大量的混乱难解的原始数据，最主要的动力是想要对古典精神分析与分析式心理治疗的效果进行比较。其中22名个案被归类为接受了精神分析，另外20名则被归为接受了心理治疗。但两者之间则有好几种治疗法：从古典精神分析（classical psychoanalysis）、修正精神分析（modified psychoanalysis）到表达-支持式心理治疗法（expressive-supportive psychotherapy，可能等同于英国的分析式心理治疗法），再到支持-表达式心理治疗法（supportive-expressive psychotherapy），最后到支持性心理治疗法（supportive psychotherapy）。瓦勒斯坦的发现与我们先前提到的其他研究结果一致，我们大概可以将这些重要发现总结如下：

(1) 就这群研究对象而言，并无证据支持精神分析治疗法优于支持性治疗法：22位中12位（46%）接受精神分析的个案和20位中12位（54%）接受心理治疗的个案的治疗结果均为良好或尚可。支持性治疗法带来的疗效：

> 与那些接受精神分析治疗的患者所得到的改变一样地稳定、持久，一样地能对抗未来环境的变迁，一样地不需要（或需要）补充治疗后的定时接触、支持，或进一步的治疗协助。
>
> （Wallerstein，1986: 686）

(2) 一开始就接受精神分析的22名个案中，只有6位继续留在古典分析中；6位转而接受修正后古典分析（modified classical analysis），其中包括一些支持性因素，如鼓励患者、分析师为淋成落汤鸡的厌食症患者围上一条毯子、打电话给试图自杀的患者、协助危机中的患者办理住院事宜；另有 6 位则换成支持性治疗法，其中 1 位后来成为终生需要治疗的人（therapeutic lifer），持续地接受了 25 年的治疗，换了 4 位治疗师。

(3) 不管采用分析式或支持性治疗法，正向依赖移情（positive dependent transference）似乎是所有成功治疗的基石。

(4) 虽然精神分析治疗法与领悟特别相关，但研究显示，领悟与病情改变之间仅存在微弱的关联。这个关联究竟是因为分析导致领悟，或是因为有悟性的患者较容易被选来接受分析，目前还不清楚。总的来说，25% 的患者既没有顿悟，也没有改变；45% 的患者有改变，并伴随着些许领悟（其中大部分个案属于心理治疗组）；25% 的患者的领悟与改变一样多（这些个案皆属精神分析组）；此外，5% 的患者有顿悟但极少改变。

(5) 瓦勒斯坦的研究有一个主要目的，即为了阐明各方人士对精神分析扩大用途的争辩（Stone, 1993），这指的是有些人认为精神分析技巧可被用来治疗比人们原先所认定的还要多的严重病患。科恩伯格（Kernberg, 1975）对于梅宁格研究计划的贡献在于，他推崇修正后的分析取向，包括使用以心理动力为主的住院治疗、提早诠释负向移情，以及专注于此时此刻的互动而非重建早期经验，这些都能成功地治疗严重的边缘人格病患，甚至一些精神疾病患者。瓦勒斯坦很仔细地审查了严重病症组的患者，发现整体的结果并不好。他确认 11 位这类患者的情况包括了偏执症状、严重酗酒或嗑药，或有边缘人格病态。其中有 6 位在精神分析组，当中 3 名死于心因性疾病（两个酗酒，一个自杀），另有 3 名中断分析（其中两位治疗情况很差，一位表现良好——就是先前提到的那位终生需要心理治疗的患者）。心理治疗组包括其他 5 名患者，其中两名死于心因性疾病，5 人当中，有 4 人完全无法从治疗中获益，有 1 人则表现得还可以。

针对这组患者的治疗得出的结论不会让动力取向的精神科医师意外：以支持-表达式治疗法为基础，按需要延长治疗期限；在长期治疗期间，有时要安排住院治疗；围绕着精神科病房而有的次文化能营造非正式支持网络，这样的支持网络很重要，它是患者能够存活（先不谈如何进步）的关键。

最后，瓦勒斯坦（Wallerstein，1986）认为："虽然在接受精神分析后，他们改变的机会很小，但是若施以其他形式的治疗法，则很可能毫无改变的机会。"

另外，英国有两个针对有严重困扰的住院患者所进行的精神分析治疗法研究，样本不像梅宁格计划那样全面，但其结果比较乐观。这两个研究都包含对治疗结果的成本-获利分析（cost-benefit analysis）。罗索等人（Rosser et al., 1987）针对卡索医院的患者所进行的5年追踪研究显示，整体来说，60%的患者都能从治疗中获益，但是边缘人格病患的治疗成效低于情感困扰的患者。曼利斯等人（Menzies et al., 1993）以亨德森（Henderson）医院的患者为研究对象，进行了为期3年的追踪研究。研究显示出相似的结果，即在结束治疗后，带有心理病态异常的患者在离开医院后，比他们初诊前较少使用医疗和社会服务机构。

意义可以被量化吗？

有许多人试图以具有信度、可重复验证并能以科学方法来驳斥的方法研究精神分析所谓的领悟，其中最广为人知的学者之一即是卢柏斯基（Luborsky）及同伴共同研究出的核心冲突关系主题（Core Conflictual Relationship Theme，简称CCRT）研究法（Luborsky and Crits-Cristoph 1990）。这个方法十分耗费心力，但可以帮助研究者收集与内在世界有关的、有意义的心理动力资料。这个研究法的出发点，源自相信每次会谈都包含了许多个人潜意识主题，而且这些主题可以通过分析会谈逐字稿被识别出来。辨识 CCRT 有两个阶段，首先，每两位受过训练的评分员为一组，从患者的会谈逐字稿中抽取出数个关系情节（relationship episodes，REs），这些关系情节是患者在会谈中提及或发生在诊疗室的事，包括工作、家庭或他对治疗师的反应。大部分的患者在每次会谈中大约会谈及四段这样的关系情节。收集了第一组评分员所列出的关系情节后，再由第二组评分员分析这些关系情节，并归入以下三类：①患者的渴望、需求或企图；②患者被他人所引出的反应，不管是正向或负向的；③自我对他人反应的反应，一样包括正向或负向的。大部分的患者会有的渴望包括渴望亲密、渴望能支配或自主；被引出的反应则包括觉得被别人拒绝、控制或支配等，而自我反应则有生气、退缩和失望。这些类别先来自评分员的自由心证，以便产生定制的或最原始的类别，然后再将这些原始类别转成标准分类表，以便进行较有信度的比较。这些标准分类会呈现出患者的核心冲突关系主题（CCRT），这一主题能让我们看见患者的核心状态——举个常见的例子：患者渴望亲密，感觉被拒绝，反应是退缩。

到目前为止，判定心理治疗是否带来改变，最具信度的指标是症状。但是这无法满足心理动力取向的研究者，他们想将心理动力性的假设转变成操作型定义。马兰（Malan，1963）是早期进行这方面努力的一位重要研究者，他研究的是短期治疗。其中一个案例的主角是一个有周期性心因性知觉中断的男人，研究中的假设如下：

> 他很害怕自己无法负起男子汉应承担的责任。对他来说负起责任表示攻击，他害怕攻击的结果会使他战胜父亲并且有可能伤害女人……他通过失去意识来表达其焦虑……
>
> （Malan，1963：118）

但是事实证明，马兰的研究方法无法达到好的评分者内信度，因为评分者只会根据一份案例摘要来形成整体的概念化（DeWitt et al.，1983）。CCRT法则比较贴近患者的经验，不使用复杂的精神分析概念或词汇，却可以得到相当高的信度（Crits-Cristoph et al.，1988），因此被认为是非常具有弹性的研究工具。找到核心冲突关系主题后，可以再将之修饰为一篇描绘患者的文章，让患者可以用这些文字叙述来思考他们的问题（Ryle，1990）。就上面所提到的CCRT例子来说，患者大概会同意以下的陈述："我想要有亲密的关系，可是，每当我想主动和别人做朋友时，就会感受到别人的拒绝，我便又会缩回自己的壳里，结果使得我更加地孤立。"CCRT与认知治疗法中很重要的核心信念（core beliefs）是相呼应的。

卢柏斯基采用CCRT来研究许多重要的精神分析议题。在成功的治疗过程中，CCRT的密度会渐渐地减少，所以当治疗结束时，患者会更少受冲突关系的控制。反应的改变会多于渴望的改变，治疗性的改变指的是患者渐渐有能力面对负向的反应，并且能引起别人较多的正向反应，而不是指解决内在潜伏的冲突——这是不切实际的理想化治疗目标；这样的发现与先前书中引述的巴哈契（Bachrach）的结论是一致的。另外，有一个研究是以诠释与CCRT的接近性来探索诠释的正确性。一般来说，治疗师的技巧越熟练，治疗结果就越好，特别是治疗师能够正确地辨认出患者的渴望和其他反应时。另外还有一个研究方式称为计划诊断法（Plan Diagnosis Method，简称PDM），这个方法和CCRT法都有同样的发现，即诠释的正确性与治疗结果的好坏有关，但是诠释的类型则与治疗结果的好坏无关——非移情诠释与移情诠释的效果一样好（Fretter et al.，1994）。事实上，另外一个研究发现，若短期心理动力治疗过程中诠释移情的频率很高，可以预测其治疗结果是负向的（Piper et al.，1991）；此结果可能是因为治疗师试图挽回越来越恶化的治疗情境，才越来越注意移情，而使两者之间产生了相关。

卢柏斯基（Luborsky and Crits-Cristoph，1990；Luborsky et al.，1994）相信 CCRT 法为移情概念的研究提供了第一个科学、客观的测量。比较 CCRT 和弗洛伊德对移情二字的陈述后，他们确信：①每个人只有几个基本移情模式；②这些模式会明显地出现在他的人际关系中，以及和治疗师的关系里；③移情模式源自早期与父母的关系模式；④不管是在诊疗室内或诊疗室外，移情模式都清晰可见；⑤在治疗过程中，这些模式可以慢慢地改变。

任何研究方法都需具备一个重要的特质，即它可被同一领域的所有工作者所使用，而不只是那些发明这个方法的人在用。虽然 CCRT 没有符合这个要求，不过成人依恋访谈倒是一个已符合这个条件的新工具。玛莉·梅恩（Mary Main）与其同僚（Main，1991）根据鲍尔比的依恋理论（Bowlby，1988；Holmes，1993）所发展出的成人依恋访谈（Adult Attachment Inter view），简称 AAI，现在已经普遍被心理动力治疗研究者使用。AAI 也是先从访谈逐字稿开始，不过它不像其他研究工具那么关心患者的故事内容，而更关心故事的形式（form）和风格（style）。就像治疗一样，AAI 试图以第三只耳朵来倾听（Reik，1922）受访者的故事。一个心理动力式的访谈评估于是诞生。AAI 专注于受试者过去和现在的依恋关系与丧失，它假设一个人的潜在关系特质（可能完全存在于潜意识）将会清楚地呈现在他的故事架构、故事的一致性、完整性及受访者对情节过多或过少的描述中。

访谈内容将被分类到三种主要的类别中：①自主-自由（autonomous-free）型，这类受访者可以开放地、有系统地谈论他的童年和父母，包括过去痛苦的经验；②漠然-疏离（dismissive-detached）型，这类的故事内容通常不够清楚细致，受访者不太记得童年的事，他们倾向于否认曾有任何困难，或是以高高在上的姿态来贬低人际关系；③过分涉入-黏腻（preoccupied-enmeshed）型，这类的故事风格是混沌不明的，过去的情感明显仍控制着受访者目前的生活，如愤怒或过度悲伤；④不一致

(incoherent)型，AAI在这类故事中辨识出一些重要的遗忘或不一致之处，这些不一致可能出现在任何形式的访谈中，并反映出过去的创伤，如性侵。这些创伤被压抑了，但在访谈时偶尔会冒出只言片语。

有人使用AAI来追踪心理分析治疗过程中的改变，看见患者如何随着治疗的疗程，从默然的或过度涉入的叙述风格走向安全的叙述风格（Fonagy et al., 1995）。也有人用它来追踪隔代相传的依恋模式，研究者在婴儿出生之前先访谈了准父母们，然后当其子女一岁大时，再找出婴儿的依恋模式。这样的研究显示，父母在AAI中所呈现的依恋模式与其子女一岁时所呈现的依恋模式有明显的关联。这个研究有一个出人意料但非常重要的发现：婴儿与父亲、母亲的依恋模式是各自独立的，受到父母各自的AAI影响。换句话说，婴儿可能与父亲有安全的依恋关系，却同时与母亲有不安全的依恋关系，反之亦然。这个发现与精神分析对内在或表征世界的看法一致；精神分析认为每个人的内在世界都包含了人际关系的模式，这些关系模式可能彼此互相独立地运作。这也就隐含了治疗过程中所建立的新的内在依恋模式，能代替原先不安全的关系模式。

单一个案研究：C小姐

大部分临床工作者会认为那些离治疗现实很远的研究是不相关的研究（Denman, 1995）。精神分析最关心的是个别案例，因此越来越多的文献以单一个案（N=1）设计来检视精神分析的历程。单一个案研究设计越来越可行，因为由分析治疗所收集到的庞大数据可借由计算机分析来处理。乌尔姆计划（Ulm Project）是单一个案研究的例子之一（Thoma and Kachele, 1987），研究者以计算机分析出治疗中常出现的关键主题。计算机分析显示，治疗永远有凝聚的焦点，后来随着治疗的进展而渐渐移动治疗焦点。此外，另一个出色的案例是锡安山心理治疗研究计划（Mount Zion Psychotherapy Research Project）（Weiss and Sampson et al., 1986），这个研究显示单一个案研究可以产生非常重要且符合科学精神的研究结果。C小姐接受了6年的分析，每一次会谈都被录音并誊成逐字稿。她的主要问题是性方面的适应不良及长久以来的低自尊。最后她的治疗结果非常好。

卫斯与珊普森（Weiss and Sampson）采用具有操作性定义的心理分析概念，又称计划诊断法来处理个案的原始数据。他们假设患者带着一些对人际关系的病态信念，然后，他们通过计划，在潜意识层面测试其治疗师，希望治疗师会反对他们的信念。举例来说，他们认为C小姐深受"成功内疚"之苦，"成功内疚"使她无法享受她的婚姻或拥有愉快的性生活。他们将这个现象联结到她和残障的妹妹之间的关系。她父母几乎将所有的注意力都给了她妹妹，因此C小姐认为成功地胜过别人是不安全的。父母对她的忽略造成她的攻击行为，后来这个攻击行为又转到她丈夫身上。卫斯与珊普森将计划（Plan）定义为一种认知-情感结构，包含了潜意识的感觉与理性的运作。他们认为与此计划相关的诠释对患者是有益的。治疗会经过几个阶段——初始的依附；第2—3年的阻抗；第4—5年关系渐趋自由，但患者对治疗师有情欲移情关系；最后的结案期，患者心中充满矛盾与感谢。他们使用PDM，想了解诠释对潜意识所造成的冲击及冲击所造成的影响。举例来说，他们发现伴随着诠释而来的是经验指数（experiencing scale）的升高，另一组评分者则根据计划独立计分，结果显示这些经验指数与另一独立评分者所判断的计划相关。

另一个由莫兰与冯纳吉（Moran and Fonagy, 1987）所主导的单一个案研究，追踪了一名患有糖尿病的13岁女孩接受分析的过程。她的分析结果很成功，研究者使用血糖指数作为她内在世界状态的指标，并将这些数据与分析师的逐字会谈细节相联结。统计上的相关系数显示，诠释俄狄浦斯冲突与良好的血糖控制之间有时间上的相关性。他们主张这个发现可用来挑战葛奔（Grunbaum，1984）的想法，即精神分析乃根基于暗示——因为分析师对患者的糖尿病控制一无所知，也从未提及过患者的糖尿病。

最近，史宾斯等人（Spence et al., 1993）采用语言学的伴随出现（co-occurrence）法来研究 C 小姐的会谈逐字稿。这个方法是计算情感性的字眼彼此伴随出现的频率。举例来说，男人-女人同时出现的频率高于一些无情绪关联的配对字眼，如男人-田野。此类伴随出现的情绪字句在小说中随处可见，而在非小说类的书中则较为少见，因此表示了遵循联想路径而伴随出现的字句，反映了潜在的情感联结。他们从不同的治疗阶段截取逐字稿的 7 个段落，发现随着治疗的进展，伴随出现的情形渐渐增加，僵化的情形减少了，联想自由度（associative freedom）提升了。他们也发现，三种治疗师介入的方式尤其会带来伴随出现的情形，而且会持续到接下来的三次会谈。这三种治疗师介入的方式是：①诠释患者的防御；②从患者的述说中找到重复出现的主题；③探索患者的梦与幻想。这个发现与马兰（Malan，1979）的跳蛙概念（见第七章）相一致——跳蛙描绘了成功的治疗师-患者之间的互动，同时也证明了为维持治疗的契机，相当程度的分析会谈频率和次数是必须的。

结语

精神分析实务工作者与研究者之间的关系一直不太愉快。最糟的时候，研究者所呈现的都是表明精神分析无用或了无新意的研究结果，而临床工作者则漠视他们的发现，或是以一种嗤之以鼻的态度来抗议。当精神分析的理论立场变得比较有弹性时，当代的研究方法也就越来越适合精神分析；同时，现代计算机科技也有助于将临床实务所得的数据进行精微处理。临床工作者，特别是那些由政府出资的临床工作，越来越觉察到他们需要科学的方法来测量其治疗的整体效能、理论概念的韧度、其治疗的结果及分析师与患者之间的互动本质。弗洛伊德坚持科学界要接受精神分析是一门科学,这个坚持直到今日仍然是一个合理的、也是可能的期待。

参考书目 *

Abend, S.M. (1989) 'Countertransference and psychoanalytic technique', *Psychoanal. Quart.*, 58: 374-95.

Abraham, K. (1953) *Selected Papers of Karl Abraham*, New York: Basic Books.

Adler, G. (1985) *Borderline Psychopathology and its Treatment*, New York: Jason Aronson.

Alanen, Y., Lehtinen, V., Rakkolainen, V. *et al.* (1994) (eds) 'Integrated approach to schizophrenia', *Brit. J. Psychiat.*, Suppl. 23.

Alexander, F. (1937) *Five Year Report of the Chicago Institute for Psychoanalysis: 1932-1937*, Chicago: Chicago Institute for Psycho-Analysis.

Alexander, F. and French, T.M. (1946) *Psychoanalytic Psychotherapy*, Lincoln: University of Nebraska Press.

Alvarez, A. (1992) *Live Company*, London: Routledge.

Arlow, J.A. (1991) *Psychoanalysis: Clinical Theory and Practice*, Madison, C.T.: International Universities Press.

—— (1993) 'Discussion of Baranger's paper on "The mind of the analyst: from listening to interpretation"', *Int. J. Psycho-Anal.*, 74: 1147-54.

Aronson, T. (1989) 'A critical review of psychotherapeutic treatments of the borderline personality: historical trends and future directions', *J. Nerv. Menu Dis.*, 177: 511-28.

Aserinsky, E. and Kleitman, N. (1953) 'Regularly occurring periods of eye motility and concurrent phenomena during sleep', *Science*, 118: 273-4.

Auden, W. (1952) *Selected Poems*, London: Penguin.

Bachrach, H., Weber, J. and Solomon, M. (1985) 'Factors associated with the outcome of psychoanalysis', *Int. Rev. Psycho-Anal.*, 43: 161-74.

Bachrach, H., Galatzer-Levy, R., Skolnikoff, A. and Waldron, S. (1991) 'On the efficacy of psychoanalysis', *J. Amer. Psychoanal. Ass.*, 39: 871-911.

Balint, E. (1993) *Before I was I*, London: Free Association Books.

---

* 为了环保，也为了节省您的购书开支，本书参考书目不在此一一列出。如果您需要完整的参考书目，请通过电子邮箱 1012305542@qq.com 联系下载，或者登录 www.wqedu.com 下载。您在下载中遇到问题，可拨打 010-65181109 咨询。

Balint, M. (1949) 'On the termination of analysis', *Int. J. Psycho-Anal.*, 31: 196–99.

—— (1952) *Primary Love and Psychoanalytic Technique*, London: Hogarth.

—— (1957) *Problems of Human Behaviour and Pleasure*, London: Hogarth.

—— (1968) *The Basic Fault: Therapeutic Aspects of Regression*, London: Tavistock

Balint, M. and Balint, E. (1939) 'On transference and countertransference', in *Primary Love and Psychoanalytic Technique*, London: Tavistock (reprinted London: Karnac Books, 1985).

—— (1971) *Psychotherapeutic Techniques in Medicine*, London: Tavistock.

Balint, M., Ornstein, P. and Balint, E. (1972) *Focal Psychotherapy*. London: Tavistock.

Baranger, M. (1993) 'The mind of the analyst: from listening to interpretation', *Int. J. Psycho-Anal.*, 74: 15–24.

Bateman, A. (1995) 'The treatment of borderline patients in a day hospital setting', *Psychoanal. Psychother.*, 9, No. 1.

Beck, A., Rush, A., Shaw. B. And Emery, G. (1979) *Cognitive Therapy of Depression*, New York: International Universities Press.

*Benjamin, J. (1990) *The Bonds of Love*, London: Virago.

—— (1995) 'An "overinclusive" theory of gender development', in A. Elliott and S. Frosh (eds) *Psychoanalysis in Contexts*, London: Routledge.

Benjamin, L. (1993) 'Every psychopathology is a gift of love', *Psychother. Res.*, 3: 1–24.

Bergin, A. and Lambert, M. (1986) 'The evaluation of therapeutic outcomes', in S. Garfield and A. Bergin (eds) *Handbook of Psychotherapy and Behaviour Change*, Chichester: Wiley.

Bernstein, D. (1991) 'Gender specific dangers in the female/female dyad in treatment', *Psychoanal. Rev.*, 78.

Bettleheim, B. (1985) *Freud and Man's Soul*, London: Fontana.

Bilger, A. (1986) 'Agieren: Problem und Chance', *Forum der Psychoanalyse*, 2: 294–308.

Bion, W. (1952) 'Group dynamics: a review', *Int. J. Psycho-Anal.*, 33: 235–47.

—— (1955) 'Language and the schizophrenic', in M. Klein, P Heimann, and R. Money-Kyrle (eds) *New Directions of Psychoanalysis*, London: Tavistock Publications, 220–39.

—— (1957) 'Differentiation of the psychotic from the non-psychotic personalities', *Int. J. Psycho-Anal.*, 38: 266–75.

—— (1959) 'Attacks on linking', *International Journal of Psychoanalysis*, 40: 308–15 (reprinted in Second Thoughts, London: Heinemann, 1967, pp. 93–109).

—— (1961) 'A theory of thinking', *Int. J. Psycho-Anal.*, 43: 306–10.

—— (1962) *Learning from Experience*, London: Heinemann.

—— (1963) *Elements of Psychoanalysis*, London: Heinemann.